U0378965

工程与哲学（第二卷）

——中国工程方法论最新研究（2017）

主　编　殷瑞钰

副主编　孙永福　汪应洛　李伯聪　丘亮辉

西安电子科技大学出版社

内 容 简 介

工程哲学兴起于 21 世纪初，作为一个新的研究方向和领域，它的兴起不仅得到了中国工程界和哲学界的重视，也引起了世界各国工程院的高度关注。全国工程哲学学术会议是由中国自然辩证法研究会工程哲学专业委员会主办的系列研讨会，2004 年首次举办，2005 年之后每两年举办一次，旨在通过工程界与哲学界的学术交流，共同促进工程哲学的学术发展以及工程哲学与工程实践的有机结合。

2017 年 9 月，中国自然辩证法研究会工程哲学专业委员会、中国工程院工程管理学部、中国科学院大学人文学院等主办单位联合在苏州太湖书院组织召开了第八次全国工程哲学学术会议，殷瑞钰院士主持了此次会议。在会上，15 位院士和众多专家学者围绕工程哲学理论问题和行业实践经验，从一般工程方法论、行业工程方法论等方面整体、系统、全面地进行了深入探讨和交流，将工程哲学的研究进展提高到新的高度。

《工程与哲学(第二卷)》是继《工程与哲学(第一卷)》后，以第八次全国工程哲学学术会议论文为基础，吸纳近几年来工程哲学研究的最新成果编辑出版的，希望本书的出版能够进一步激发社会各界对工程哲学的关注和重视，促进“天”、“地”、“人”、“工”的和谐发展，为国家的经济建设、文化建设和生态环境建设起到一定的启示作用。

图书在版编目(CIP)数据

工程与哲学. 第二卷，中国工程方法论最新研究：2017 / 殷瑞钰主编. —西安：西安电子科技大学出版社，2018.9
ISBN 978-7-5606-4966-5

Ⅰ. ① 工…　Ⅱ. ① 殷…　Ⅲ. ① 工程—科学哲学—研究　② 工程师—方法论—研究—中国—2017
Ⅳ. ① N02　② T-29

中国版本图书馆 CIP 数据核字(2018)第 159448 号

策划编辑　高维岳　邵汉平
责任编辑　高　媛　雷鸿俊
出版发行　西安电子科技大学出版社(西安市太白南路 2 号)
电　　话　(029)88242885　88201467　　邮　　编　710071
网　　址　www.xduph.com　　电子邮箱　xdupfxb001@163.com
经　　销　新华书店
印刷单位　陕西天意印务有限责任公司
版　　次　2018 年 9 月第 1 版　2018 年 9 月第 1 次印刷
开　　本　880 毫米×1230 毫米　1/16　印　张　15.5
字　　数　420 千字
印　　数　1～2000 册
定　　价　88.00 元
ISBN 978-7-5606-4966-5 / N

XDUP　5268001-1

如有印装问题可调换

第八次全国工程哲学学术会议

大会合影

(苏州太湖书院)

2017.9.19

中国工程院院士 张寿荣

中国工程院院士 殷瑞钰

中国工程院院士 王安

中国自然辩证法研究会理事长 吴启迪

中国工程院院士 王礼恒

太湖书院发起人、中宣部原副部长 龚心瀚

中国工程院工程管理学部主任、中国工程院院士 孙永福

中国工程院院士 陆佑楣

中国工程院院士 胡文瑞

中国科学院大学教授 李伯聪

中国工程院院士 何镜堂

中国工程院院士 刘玠

中国工程院院士 栾恩杰

中国工程院院士 王基铭

中国科协研究员、中国自然辩证法研究会原副理事长兼秘书长 丘亮辉

苏州市民政局副局长 胡耀忠　　　　　　江苏省科协调宣部部长 范银宏

中国工程院院士 王礼恒(右一)、中国工程院院士 朱高峰(左一)

太湖书院理事长 王跃程

会议现场

苏州市副市长吴庆文与院士们会晤并合影

工程与哲学(第二卷)

——工程方法论最新研究(2017)

编写委员会

主　编　殷瑞钰

副主编　孙永福　汪应洛　李伯聪　丘亮辉

编　委　(以姓氏笔画为序)

上官方钦　王　前　王　楠　王大洲　王礼恒　王宏波

王春河　王跃程　丘亮辉　丘　东　田鹏颖　丛杭青

安维复　邢怀滨　朱　菁　李三虎　李伯聪　肖　峰

张　晓　汪应洛　周　程　赵建军　胡志强　徐炎章

殷瑞钰　梁　淳　鲍　鸥

卷 首 语

2005 年，由殷瑞钰院士主编、北京理工大学出版社出版的《工程与哲学(第一卷)》记录了中国自然辩证法研究会工程哲学专业委员会和中国工程院等单位联合主办的第二次全国工程哲学年会的内容。阔别十三年，记录第八次全国工程哲学年会的《工程与哲学(第二卷)》编辑完成，并由西安电子科技大学出版社出版。

这十三年，是国内外工程哲学飞速发展的十二年。21 世纪初，工程哲学在我国和西方国家同时兴起。之后，在中国工程院、部分高校和有关单位的大力推动下，我国的工程哲学研究有了长足进展，相继出版了《工程哲学》(2007)、《工程演化论》(2011)、《工程哲学》(第二版，2013)、《工程方法论》(2017)四部专著，并计划于 2019 年出版《工程知识论》，这就初步形成了由科学技术工程三元论、工程演化论、工程本体论、工程方法论、工程知识论构成而以工程本体论为理论核心的具有中国特色、中国风格、中国气派的理论体系，形成了工程哲学的中国学派。这得益于我国工程界和哲学界的通力合作，也得益于这些年来我国极其丰富的工程实践，可以说是我国工程领域实力的象征和自信的体现。

作为工程哲学通往工程实践的桥梁，工程方法论是近几年我国工程哲学研究的热点。之所以如此，有两方面原因。从理论供给侧看，工程方法论是工程哲学通往工程实践的桥梁，没有工程方法论的工程哲学，势必会流于空洞。从理论需求侧看，我国正在实施创新驱动发展战略，一系列国家层面的战略性工程，其决策复杂性强，实施难度高，急需工程方法论层面的指导。正是基于这两方面的认识，中国工程院工程管理学部于 2014 年初立项预研工程方法论，2015 年正式立题研究工程方法论，2017 年则正式出版《工程方法论》一书，前后差不多用了四年时间。

正是在这个大背景下，2017 年 9 月 19 日至 20 日，以“工程方法论的理论与实践”为主题的第八次全国工程哲学学术会议得以召开。这次会议由中国工程院工程管理学部、中国自然辩证法研究会工程哲学专业委员会、中国科学院大学人文学院主办，苏州太湖书院承办，苏州科技大学教育与公共管理学院、苏州市科学技术协会、江苏乾宝投资集团协办。这次会议出席的各方面代表共 120 余人，其中有中国自然辩证法研究会工程哲学专业委员会理事长殷瑞钰院士，中宣部原副部长、太湖书院发起人之一龚心瀚同志，教育部原副部长、中国自然辩证法研究会理事长吴启迪教授，以及中国工程院孙永福等 15 位院士，可谓群贤毕至。在这次会议上，代表们从不同视野、不同维度、不同层次讨论了工程方法和工程方法论，主要涉及工程方法论的基本理论问题研究、行业领域中的工程方法论案例研究以及工程哲学其他相关问题研究，可谓成果丰硕。正如殷瑞钰院士在会议总结中所言，与往届全国工程哲学会议相比，此次会议特点鲜明：一是院士出席人数多，年轻新锐力量迸发，特别是产业界研究力量突起；二是研讨话题丰富，理论与实践结合更为紧密；三是坚持问题导向，聚焦热点难点，提问尖锐、讨论热烈。他还认为，与国外工程哲学发展相比，我国工程哲学发展独具特色，不但有很好的组织化基础，而且哲学界和工程界形成了牢固联盟，携手共进，因而堪称工程哲学的中国学派。

为了集中反映本次大会的学术成果，向广大读者推介工程方法论最新进展，中国自然辩证法研究会工程哲学专业委员会决定，将本次会议代表性论文结集出版。为此，在中国自然辩证法研究会工程哲学专业委员会理事长殷瑞钰院士、副理事长李伯聪教授、副理事长丘亮辉研究员的直接领导下，在与会代表的积极支持和配合下，工程哲学专业委员会会同西安电子科技大学出版社，成立了专门工作班子，加班加点，完成了论文遴选和编辑工作。

我们期待，本书的出版不仅能够推动工程方法论研究的深化，而且还将有助于工程方法论成果的普及；不仅可以给工程哲学的研究者以启发，而且能够为我国工程教育的变革和新工科建设，乃至为各行各业的广大工程师们解决重大工程问题，提供一定的理论资源。鉴于工程方法论需要在实践过程中验证、修正、升华和发展，因此，我们也期待，本书的出版能够进一步激发我国工程界投身工程哲学研究，就工程方法论以及其他工程哲学议题，与哲学家们紧密合作，促进实践智慧与理论智慧的充分交融。

当代新学科开创、发展和制度化进程的经验表明，对于一门新学科的开创、发展和制度化进程来说，专业性学术杂志的创办具有重要意义。在我国工程哲学的开创进程中，虽然已经在《工程研究——跨学科视野中的工程》中开辟了“工程哲学”栏目，但那毕竟只是一个栏目而不是一个“专业性期刊”。有鉴于此，这就有了 2007 年关于编辑和出版《工程与哲学(第一卷)》的创议。原先的设想是努力将其办成一个类似于专业年刊的系列出版物，但由于多种原因，《工程与哲学》出版第一卷后拖延十二年才出版本书作为第二卷。

现在之所以能出版《工程与哲学(第二卷)》，太湖书院和苏州市科学技术协会的资助是一个关键因素。苏州太湖书院秉承传统与现代相结合，基于“工程哲学开新篇”的宗旨，致力于用工程哲学的最新理论和现代易学的聪明智慧打造现代决策智库，长期致力于我国工程哲学的研究和普及工作，不仅是第八次全国工程哲学学术会议的承办者，而且是《工程与哲学(第二卷)》出版的推动者和赞助者。在此，我们要向苏州太湖书院表示特别的敬意和谢意，也要向参与本书编辑的太湖书院、苏州科技大学、中国科学院大学的编辑人员表示衷心的感谢。

今后《工程与哲学》还会有第三卷、第四卷……我们希望使其成为工程哲学学术探索的前沿阵地和学术交流的平台，从而不断续写中国工程哲学的辉煌篇章。

编　者

2018 年 3 月

目　　录

一般工程方法论

行业工程方法论

工　程　史

工 程 评 论

工 程 伦 理

工 程 教 育

学 术 动 态(第八次全国工程哲学学术会议)

一般工程方法论

工程哲学的新进展——工程方法论研究

殷瑞钰

摘要：工程是实践活动、造物活动。工程活动广泛地渗透在国民经济、社会发展的主战场中。工程活动是一个实现现实生产力的过程，工程活动离不开工程方法。没有相应的工程方法就不可能有一定的工程活动。工程方法论是以各类具体工程方法为研究对象的、从工程本体论出发的“二阶性”和多视野研究。一般工程方法论是在正确的、时代性的工程理念指引下，以整体论、系统论观念为主进行的对工程方法的研究，研究各类工程方法的共性特征和应该遵循的原则以及规律。专业性、产业性的工程方法论是在时代性的工程理念指引下，以整体论、过程论观念为主进行的对专业性工程方法的研究，研究该专业、该产业内不同工程方法的过程性特征和综合集成的原则或规律。工程方法论是工程哲学研究的重要领域，在当前形势下，我国工程界急需强化工程方法论意识，提高合理运用工程方法论的水平和自觉性，这是促进工程发展进入一个新阶段的关键环节之一。

关键词：工程哲学；工程方法论；共性特征；原则；规律

一、关于方法与工程方法

方法一般是指为获得某些东西或达到某种目的而采用的手段和采取的行为方式。对于方法，可广义解释，也可狭义解释。广义地讲，方法可以表现为方式、途径、步骤、手段等形式。其中所谓的手段，其最大的特征是以实体形态存在的，例如工具、器械、机器、装备、武器、控制系统等，又如斧头、车床、高炉、机关枪等，是“一物或诸物的复合体”，是通过自身具有的机械属性、物理属性和化学属性作用于客观对象的。因而，这类手段有时也被称之为“硬件”或“硬设备”。

方法的另外一个含义就是人们在某种活动过程中一连串动作、行为的关联方式。从这一意义上看，方法不同于物化了的手段。这个含义的方法是指人类认识客观世界和改造客观世界应遵循的某种(某些)方式、途径和程序的总和。可以把这种类型的方法看成是人的大脑扩展开来的一种“工具”或“手段”，可以称其为“软件”或“工艺软件”。

狭义工程方法的又一同义词是工程技术，例如人们习惯地把预测方法叫做预测技术、工程管理方法叫做工程管理技术、工程设计方法叫做工程设计技术等。

工程活动离不开组织管理，组织管理也有许多方法，有人把管理方法称为斡件(Orgware)。系统工程是组织管理的技术，是对所有工程系统都具有普遍意义的方法。

随着时代的发展，实践的多样性、思维的多样性、行为的多样性发展，方法的含义也越来越扩展，甚至涵盖了办法、做法、想法；技术、技巧、工艺；程序、步骤；规则、规章；规划、计划；策划、计谋、谋略等内涵。

总之，从“概念”上看，工程方法是一个“指向”“工程产品”和“工程目的”的过程性、中介性概念；而从“自身表现”和“自身存在”上看，工程方法常常表现为“硬件、软件、斡件统一”的、可运行的、形成生产能力的、创造价值的工程方法集；研究工程方法时，不仅要关注形成静态实体的方法，更要关注动态运行的方法，获得持续的实效。

二、工程的本质、内涵

工程本体论是研究工程方法论的“基点”。从工程本体论出发来认识和分析工程活动的特征，工程活动就是通过“选择—集成—建构”而实现在一定边界条件下“要素—结构—功能—效率”优化的人工存在物。工程活动的这些过程及其结果，都是通过工程方法而实现的，工程方法论的基本任务就是要在工程方法与工程过程、工程结果、工程意义等的相互作用中研究关于工程方法共性的诸多问题。

所谓“集成”不等于若干要素的拼凑或随机组合。工程作为人类的一项物质性社会活动，不但涉及思想、价值、知识方面的因素，而且必然涉及资源、资本、土地、设备、劳动力、市场、环境等要素，而且要经过对这些知识、工具、方法和要素进行选择、整合、互动、集成在一起，才能集成—建构出有结构、可运行，有功能、有价值的工程实体，体现为直接生产力，见图 1。

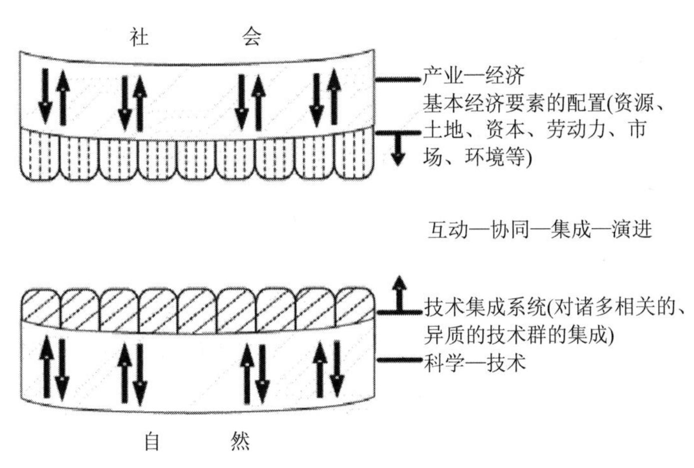

图 1　工程的内涵及其要素与集成

工程是人类有目的、有计划、有组织地运用知识(技术知识、科学知识、工程知识、产业知识、社会—经济知识等)和各种工具(各种手工工具、各种动力设备、工艺装备、管控设备、智能性设备等)，有效地配置各类资源(自然资源、经济资源、社会资源、知识资源等)，通过优化选择和动态地、有效地集成，构建并运行一个“人工实在”的物质性实践过程。

工程活动是一个实现现实生产力的过程。作为工程及其过程的内在特征是集成和构建。集成、构建是指对构成工程的要素进行识别和选择，然后将被选择的要素进行整合、协同、集成，构建出一个有结构的动态体系，并在一定条件下发挥这一工程体系的功能、效率、效力。

工程活动集成、构建的目标是为了实现要素—结构—功能—效率的协同—持续的优化，但工程活动的实际过程和效果往往是非常复杂的，因而是需要组织管理——工程管理的。在认识和评价工程问题时，不但要非常重视目的问题，而且必须高度重视对工程活动的过程及其效果、后果问题的研究。

三、工程和工程方法的外延结构

工程活动有着极其复杂的对象，分析和研究工程活动与工程方法时必须从不同的角度进行分析、观察和研究。如果仅仅局限于一个角度、一个观点、一个模型，往往会犯片面性的错误。在澄清工程概念的结构性含义时，不仅要非常注意从工程的本性、运行特征方面研究工程概念的结构性内涵，而且必须注意研究工程的行业分类所形成的诸多问题。

如果从行业(产业)视角观察工程，可以看出工程具有专业性、行业性(见图 2)。工程总类(Engineering)中包括各行各业、各种门类的工程(Engineerings)，例如农业工程、矿业工程、水利工程、冶金工程、化学工程、土木工程、机械工程、动力工程、纺织工程、医药工程、通信工程、航空航天工程等。在同一行业工程之下，又可以分为具体的工程项目(Engineering Projects)，例如在铁道工程下面，又可具体分为京沪高铁工程、青藏铁路工程等。这些工程项目，除了行业性、专业性特征之外，还具有当时当地性、时—空变异性的特点。

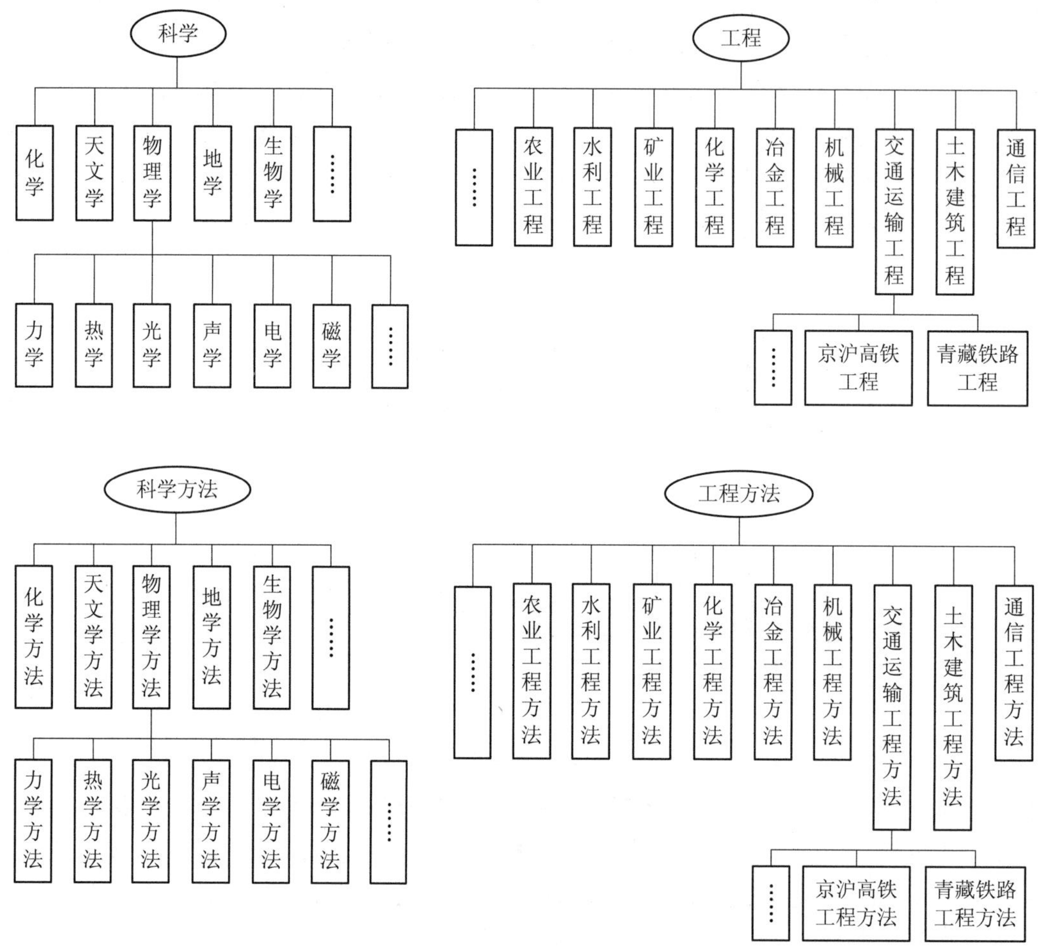

图2　关于科学、工程的层次结构和科学方法、工程方法的层次结构

从图 2 看，科学、工程，学科门类、工程行业，学科分支、工程项目之间存在着类似的概念分类结构。

从对工程概念的结构性含义所进行的分析中可以看出，在认识和把握工程的概念时，除了从工程与科学、技术相比得出的三元论概念之外，还必须从工程本体论来深化对工程概念和工程方法的认识。工程概念本身是有结构性的，有层次性的；可分类，具有专业性、行业性；工程活动——特别是具体工程项目是具有当时当地性、时—空变异性的。理清工程概念的结构性含义对理清工程方法论、工程方法的研究思路具有重要意义，否则，将引起思维混乱。

四、对工程方法论的认识

1. 什么是工程方法论

一般意义上的工程方法论是研究工程方法的共性特征和应遵循的原则和规律，旨在正确认识、正确评估和指导工程活动。工程方法论是工程哲学研究的重要组成部分和重要领域。

2. 工程方法论的立足点——工程本体论

立足于工程本体论，在认识工程活动和研究工程方法论理论时，应该特别注意以下几点：

(1) 工程具有整体性而且是一个复杂的整体。工程是通过对其所蕴涵的要素进行集成，建构形成的一个复杂的、特定的整体，而其功能只有形成整体系统后才能体现出来；要研究有关功能性、整体性、整体论方面理论和方法的问题。

(2) 工程是动态运行的且具有组织性的(即包括工程系统自身内部的自组织性和外界输入指令的它组织性)。工程是其活动主体在特定的外界条件下，按主体的需求来发挥工程的功能，进行工程过程动态有序的运行，而其动态运行的效率取决于其构成要素以及要素运行的程序化、协同化以及和谐化的自组织过程；要研究目的性、组织性、过程性、效率论方面的理论和方法问题。

(3) 工程必须通过结构化的集成，体现因果规律和相关关系。因果规律体现了必然性，相关关系体现了优化可能性。因果规律(功能性因果与效率性因果等)和相关关系不仅影响要素的选择和构成，而且影响要素之间合理配置和运动的结构。因此需要将相关的、异质、异构的工艺技术和装备进行集成，实现结构化，以其作为“因”，才能得到有效的、卓越的功能与效率，这是“因”之“果”，要研究结构化、集成性、因果论方面的理论和方法问题。

3. 研究工程方法论的思想进路

回顾工程活动的历史进程，从宏观和长时段来看，工程方法论思想经历了三个大的发展阶段(见图3)：最初是模糊整体论框架中的方法思想，后来发展为还原论框架中的以机械方法论为主的方法论思想，目前正在进入开放的、系统的、动态的整体论思想，正在把现代的工程方法论“思想”发展成为系统的“工程方法论”的理论。

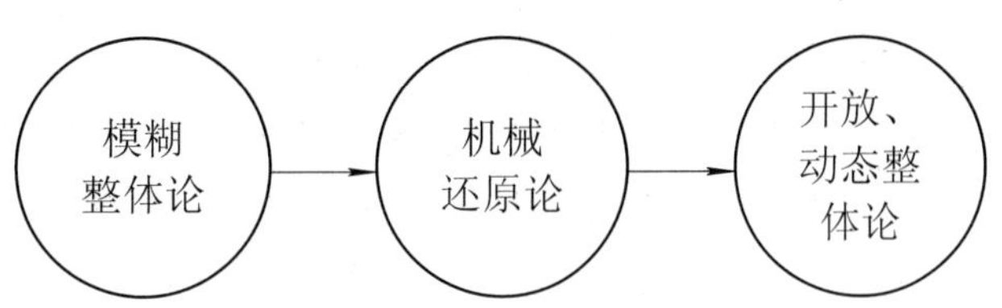

图3 工程方法论思想三个发展阶段

当代工程方法论应该在继承、扬弃和发展以往方法论思想成就的基础上，总结当代工程方法的实践，深化和升华为开放的、动态的、系统的整体方法论。现代工程方法论应该从整体结构、整体功能、效率优化和环境适应性、社会和谐性等要求出发，特别注意研究工程整体运行的原理和过程、工程的整体结构、局部技术/装置的合理运行窗口值和工序、装置之间协同运行的逻辑关系，研究过程系统的组织机制和重构优化的模式等复杂性的多元、多尺度、多层次过程的动态集成和建构贯通。

4. 一般意义上的工程方法论

一般意义上的工程方法论研究将涉及：

(1) 组成单元选择合理化的原则与进路：工程的设计、构建和运行着眼于工程系统是一个有组织的整体，这个有组织的整体从形成方法上看，首先在于对其组成单元进行合理选择(见图4)。

由于工程一般是由若干不同性质的、相互依存的单元组成的，因此，首先必须对组成单元进行合规律性、合目的性选择和环境适应选择，即选择—集成化。其内涵包括组成单元的种类、功能和数量的选择，组成单元之间互相依存、互相作用、互相制约关系的选择，组成单元与工程环境之间的适应性、和谐性选择等。

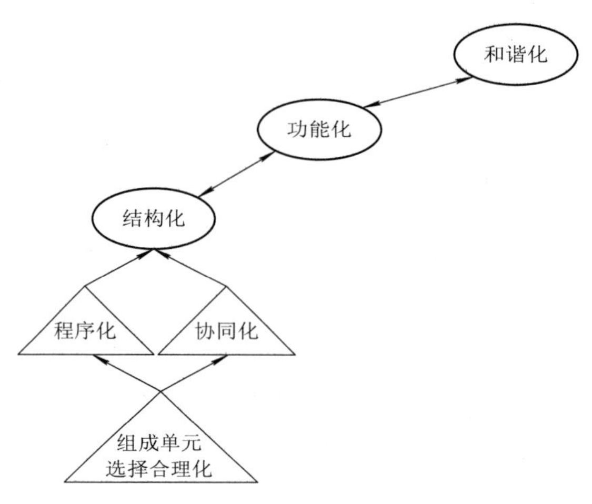

图 4　一般工程方法论的构成体系

(2) 体系结构化原则与进路——整体性思维进路与“要素—关联”结构性思维进路相结合。

这是使工程要素(组成单元)进入到工程体系结构化所必需的。工程体系结构化的内涵应包括静态性的结构和动态运行的结构。静态性的结构将涉及工程设计、构建活动，而动态运行的结构将直接体现出工程体系运行的功能、效率、调控和环境友好。

还原论方法长期主导着科学方法论。在工程实践中也曾有过还原论方法为主导的时期，这种方法的特征是将工程系统单向地“向下”分解、分割，形成不同的“最佳化”的单体、单元，然后将这些“最佳化”的单元机械地堆砌、拼接出一个体系结构，再体现出功能来，而其功能往往不佳，效率也不高。其原因是只重视组成单元优化而忽视了组成单元之间的关联关系的优化。这样的还原论方法在已有的工程设计、建造和运行过程中经常出现，这严重地限制着工程系统整体的结构优化、效率优化、功能优化，并将直接关联到工程的市场竞争力和可持续发展能力。

整体性思维进路与“要素—关联”结构性思维进路相结合的工程思维方法是以工程体系整体优化为主导，通过“解析—集成”、“集成—解析”的方法，以工程体系的结构优化、功能优化、效率优化为目标，通过要素(组成单元)间关联关系的反复整合、集成，形成一个结构—功能—效率优化的工程体系。

工程活动的演化发展，特别是大型的、复杂的、系统的工程活动的展开，带动着整体论思维和还原论思维的结合。

(3) 协同化原则与进路：工程体系的构成要素从性质上看是多元、多层次的异质、异构事物，而从量的角度上看，有的具有确定性，有的具有不确定性，因而工程均属复杂系统。要把这种复杂的工程系统综合集成运行起来，并体现出稳定的、有效的功能，必须重视协同论的方法和相关的数学方法，从而达到工程整体的结构优化、功能涌现和效率卓越。

非线性相互作用和动态耦合：工程系统中的技术性要素是由许多相关的、异质异构的技术单元集成、建构而成的，正是由于技术的异质、异构性，不能简单地用线性相关的方法来处理，因此，不同技术(工艺、装备)单元之间的关联，经常要通过非线性相互作用的方法来处理，并实现在不同时空条件下的动态耦合，从而形成一个动态—有序、协同—连续运行的工程整体。非线性相互作用和动态耦合，是形成工程动态结构并体现卓越、稳定功能的重要方法和一般方法。

(4) 程序化原则与进路：基于工程复杂系统的集成、建构过程，因此应该有符合工程事物本质的程序，其一般程序往往是理念—决策—规划—设计—建造—运行—管理—评价。这一程序化过程和方法，实际上对于所有工程都将经历，只不过是自觉程度不同，认真程度不同，科学化手段不同，或价值维度的权重不同而已。反之，如果在程序化过程中的某一或某些环节有所忽略或是出现失误，将对工程的成效甚至成败产生影响。对工程的决策、规划直到设计、建造、生产运行和管理等过程而言，程序化具有共性意义。

(5) 功能化原则与进路：工程是具有实用、实效性的，其实用、实效性首先是由工程系统的功能体现出来的。因此，正确定位工程的功能、目标将渗透在工程理念、工程决策、工程规划、工程设计、工程运行、工程管理、工程评价的全过程中，功能化也是工程通过集成—建构等方法的目标性、目的性体现。

(6) 和谐化原则与进路：工程涉及资源、能源、时间、空间、土地、资本、劳动力、市场、环境、生态和相关的各类信息，进而必然涉及自然、社会和人文，这些因素反过来影响工程的可行性、合理性、市场竞争力和可持续性。因此，从方法论角度上看，工程与自然、社会和人文维度上的适应性、和谐化是十分重要的。

可见，一般意义上的工程方法论不同于各种行业的、专业的工程方法论，也不是具体的工程方法，而是关于工程方法的理论，是讨论研究关于工程方法的共性、概括性、总体性的理论。具有“二阶性”和多视野性。

工程方法论的内容、作用和意义不但表现在研究“具体工程方法”的共性层次上，还表现在研究“工程方法集”层次上应遵循的原则和规律中。在形成“工程方法集”时，“选择”就是为了合理、恰当地配置、使用各类要素，“集成”发挥着关键性的作用，“建构”则是为了实现有结构、可运行，有功能、有价值的工程实体，使之体现为直接的、现实的生产力。

5. 行业性、专业性的工程方法论

对于行业性、专业性工程层次上的工程方法论，重要的是要对行业性、专业性工程进行分类归纳，例如流程制造业、装备加工制造业、交通运输业、土木建筑业、电子信息业等；在分类归纳的基础上，研究某一或某些产业工程的共性特征及其集成—结构化方式，重在突显行业—产业特征；同时，要分析归纳某一特定产业工程的产品标准化和资源要素组合优化规律。

作为产业—行业工程，一般都是由相似类型的企业(工程系统)和不同相关专业的企业(工程系统)组合构成的，因此，作为行业—专业性的工程必然会涉及企业(或工程项目)的区域布局的工程方法论，也将涉及不同产业工程系统之间产业生态集聚方法论等。因此，行业性、专业性工程方法论的研究中除了遵循“一般性工程方法论”所具有的共性和规律之外，还将进一步涉及该专业、该行业在具体工程活动的过程性特点和解析—集成，集成再解析等方法，其中包括了如下特点：

(1) 产业专业分类和归纳；

(2) 产业工程的共性技术、通用设备、集成理论和结构优化；

(3) 产品标准化；

(4) 资源—要素的综合组织；

(5) 工艺规范化和工程实体模型化；

(6) 产业的区域布局优化；

(7) 行业之间的生态集聚；

(8) 行业演化进程、发展阶段与“行业基本方法”的演化进程的关系等。

6. 工程方法论的层次性框架

在工程方法论研究中，既可以采用“两层次划分”及相应的研究进路，也可以采用“三层次划分”及相应的研究进路。二者的主要区别在于对具体工程方法进行“共性分析和研究”时，前者“一次性”地抽象和上升到“一般工程方法论”的层次，而后者则在对具体工程方法进行分析和研究时，主要着眼于抽象和上升到“中间层次”的“行业性工程方法论”(见图 5)。

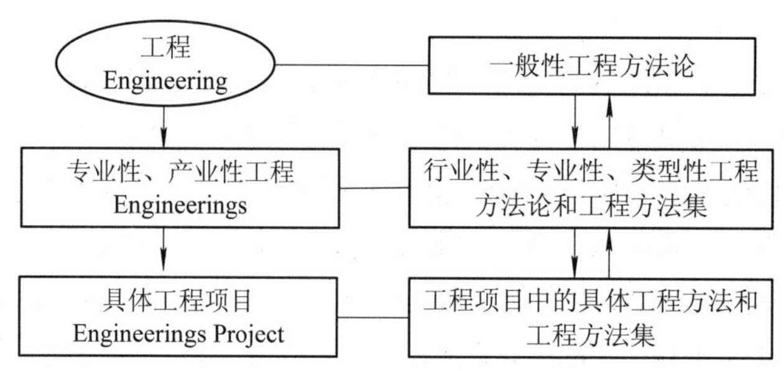

图 5　工程方法论的层次性框架

五、研究工程方法论的意义

一方面工程方法论是工程哲学的组成部分之一，另一方面，它也是方法论的组成部分之一。

- 工程哲学——包括工程本体论、工程演化论、工程方法论、工程知识论等。
- 方法论——包括科学方法论、工程方法论、艺术方法论、法律方法论等。

所以，工程方法论研究的意义不但表现为丰富和充实工程哲学的理论体系，而且表现为可以丰富和充实方法论的理论体系。由于工程方法论研究要涉及关于工程方法的诸多视野——管理学视野、社会学视野、经济学视野、伦理学视野等，因此工程方法论研究领域的进展必然也会丰富、充实和深化其他领域中对许多问题的认识。

在实践领域，工程方法问题是决定工程成败的关键性因素，其中选择、运用工程方法是否合理和得当，往往要发生直接影响。一般来说，恰当、合理、有效的工程方法的采用都离不开正确的工程方法论的指导、帮助和启发。

如果没有工程方法论的指引，工程设计、工程建物、工程运行、工程管理与工程方法可能是散乱的、混沌的、相互割裂的，甚至是相互矛盾的。然而，缺乏有效的、先进的、时代性的工程方法为基础，工程方法论只能停留在停滞不前的状态上，缺乏创新、进化的“支撑点”。可见，工程方法论与工程方法互为支持、相互作用、相互反馈。在工程活动中不断进化。

六、结语

工程是实践活动、造物活动。工程活动广泛地渗透在国民经济、社会发展的主战场中。工程活动是一个实现现实生产力的过程，离不开工程方法和工程方法论。

工程方法论是以各类具体工程方法为研究对象的、从工程本体论出发的“二阶性”和多视野研究。

一般工程方法论是在正确的、时代性的工程理念指引下，以整体论、系统论观念为主进行的对工程方法的研究，研究各类工程方法的共性特征和应该遵循的原则以及规律，是关于工程方法的总体性认识。

对于特定的具体工程项目而言，应该是在专业性、产业性工程方法论指导下的工程方法集合及其专业工程方法。

专业性、产业性的工程方法论是在时代性的工程理念指引下，以整体论、过程论观念为主进行的对专业性工程方法的研究，研究该专业、该产业内不同工程方法的过程性特征和综合集成的原则或规律。

在当前形势下，我国工程界急需强化工程方法论意识，提高合理运用工程方法论的自觉性，这是促进我国工程发展进入一个新阶段的关键要素和环节之一。

(作者单位：钢铁研究总院)

基于工程全生命周期的工程方法论

汪应洛院士团队　李永胜教授执笔

摘要：正像一个生命体要经历胚胎、诞生、发育、成长、衰老、死亡的过程一样，工程活动也要经历一个从出生到死亡的全生命周期。从全生命周期视域看，工程方法论是一种过程方法论，有其特定的概念模型。本文基于全生命周期视域讨论了顺应全生命周期进程的工程方法论，分析了工程全生命周期过程方法论的整体性与统一性问题，开辟了工程方法论研究的宽广视域，深化了工程方法论研究。

关键词：生命周期；工程；方法论

工程活动的产品既不是自古就有的，也不是永远存在的。如果从过程论观点看问题，工程活动的产品就会呈现为一个从“生”到“死”的过程，而工程活动也表现为一个全生命周期的过程。[1]

工程活动具有过程性、有序性、动态性、反馈性，是全生命周期的集成与构建系统。作为一个全生命过程的集成体，工程活动的研究不能离开过程论的视角。本文基于全生命周期过程视域讨论工程方法论，既从全生命周期的大视野讨论工程活动的阶段性及其规律，也从工程生命周期所经历的不同阶段性讨论各阶段的工程方法及其内在关联，最后着重探讨了工程方法的整体性和统一性问题。

一、工程方法论是一种全生命周期的过程方法论

工程活动的核心是造物，以造物方法为对象的工程方法论，离不开科学方法论和技术方法论。[2]科学方法论、技术方法论、工程方法论都属于方法论的范畴。科学方法论以科学方法为研究对象，是关于科学认识及其方法的学说或理论。技术方法论要研究各种技术方法、技术发明、技术革新的一般规律和理论问题。与此相对应，我们不妨可以说，工程方法论就是关于工程方法的理论，它是研究工程建构活动过程(造物活动)的一般规律和基本方法的理论。它把工程方法作为分析、考察、研究、思考的对象，通过对其进行理论分析、哲学思考与反思批判形成有关工程方法的规律性理论与系统性知识。工程方法论应该总结出关于工程活动、工程集成、工程建造全过程的合理有效的工作程序和逻辑步骤。

从过程论角度看，复杂的工程系统要经历一个选择、集成、建构、运行的动态持续过程，因此，工程活动必定有其共性程序。一般地说，其程序包括规划与决策、工程设计、工程实施与建造、工程运行与维护、工程退役等。这一程序化过程和方法，所有“正常的”工程活动、工程项目都会经历。大体而言，它普遍适用于一切工程活动，是贯穿于各种类型的工程活动之中的一般性方法。在此意义上，我们可以说，全生命周期方法和程序化方法是一种具有共性意义的工程方法。从程序化这一工程普遍方法的研究维度来看，工程方法论就是研究工程实践活动共同遵守的基本程序或秩序的理论，要研究先后次序、步骤环节、演进过程，以及各环节之间的因果联系与逻辑关联等。

1.1　工程活动是从生到死的全生命过程

工程活动是有目的、有计划地建构人工实在、人工系统的具体历史性实践过程，而人工实在并不是既成的、先在的、天然的存在，它不像自然物那样是脱离人的活动而自然而然生长出来的，而是在

人的某种观念、意识(理念)的主导下人为建构出来的，是思维引导存在、理念支配行动的自觉实践结果，打上了人的实践创造的深刻印记。工程活动是一个理念在先、观念先行，在某种理念引领下主动变革世界、建构人工实在(人工系统)的动态现实过程。人工系统、人工实在是倾注并嵌入了人的意向性的客观实在，是承载着人的理想、信仰与审美追求的有机体，是人、工具、物、信息、管理、技术等多元异质要素综合作用的系统。所以，现实的工程活动可以看做是有关理念的具象化、现实化与物化(客体化)的现实过程，是通过一定的意向性而产生的。任何一项工程活动，都需经历一个从潜在到现实，从理念孕育到变为实存，从施工建造到运行维护再到工程改造、更新，直到工程退役或自然终结的完整生命过程(生命周期)。一项工程，就像一个具有自然生长机理、血脉和灵魂的有机生命体一样，有其生长的客观规律。尽管不同类型工程的规模大小、生命周期长短不尽相同，甚至差异很大，但是对工程而言，这种生命周期性的存在无疑是客观的、共同的，具有普遍性的规律，值得我们予以高度关注。

工程方法论研究必须接工程实践的地气，深深地扎根于工程的生命周期之中，自觉运用哲学思维与方法对工程生命运动全过程进行深入分析、全面考察与系统研究。

从工程活动生命周期的过程维度来看，它必须遵循一定的程序和步骤，不是杂乱无章的堆砌，而是有规律可循的展开、建构、运行，是一个自组织与他组织相统一的过程，有其内在规律，这个规律就是，任何工程都具有程序化的逻辑次序，不可混淆，可有并且需要有合理的反馈，但这不意味着逻辑次序的随意颠倒。具体地说，这一程序化逻辑过程就是工程可行性研究→工程规划与决策→工程设计→工程实施与建造→工程运行与维护→工程退役。

从现实工程技术实践的角度看，任何一项工程，都要依次经过这些具体环节(阶段)，无一例外，各个阶段环环相扣、紧密衔接、相互补充、相互配合、协同作用，构成一个有机体系，由此形成工程活动的全生命周期。如果违背这一规律，将会遇到困难，甚至影响工程的成败。

从工程全生命周期的分析维度来看，工程方法论研究就是要系统分析与全面考察工程生命周期合理有效的工作程序和逻辑步骤，并通过深入研究各个不同生命阶段、环节的性质、特征以及它们之间的辩证有机联系(逻辑关联性)，挖掘、提炼和总结出工程生命周期全过程的一般方法和普遍规律，建立系统完整的工程生命周期相关方法的历史逻辑体系，提炼升华出所有工程项目普遍适用的一般工程方法原则与规律——工程建构合理有效的行动路线、工作程序和实施步骤框架模型，形成工程建设的一般指导性方法原则与工程方法论理论。

1.2 工程方法论是一种过程方法论

1.2.1 工程方法论是“生成和建构”的方法论。

工程方法论是一个从工程的“无”到“有”转变的“生成”方法论、“建构”方法论。“生成性”是工程方法论的本质特征，工程方法论就是紧紧围绕人工物生成中的各种工程方法及其演变而展开研究的，必须运用“生成性”思维来研究与思考。从哲学理论上说，工程哲学不是本质主义和预成论，而是生成论，它认为工程的本质是在集成建构人工物的感性实践中生成的。与此对应，必须在人工物的生成构建过程中具体把握工程方法。工程实在论不同于传统哲学中的物质实在论，它是一种过程实在论、建构实在论、人工实在论，而不是自然(实体)实在论。工程实在不是既定的、现存的、实然的客观事实，而是主体自觉建构的产物，是在特定时间空间境域中生成、演进、变动中的未定的、应然未然的客观存在，是与时间、空间、环境情景、人的操作活动紧密相关与耦合互动的复杂过程及其结果。与此相对应，工程方法也不是既有的、预成的、先在的方法，而是人们在集成、建构、优化并创造人工系统过程中发明、选择和创造出来的一系列方法，是伴随着人们所创造、正构建的、应然存在的人工系统由潜在到实存而逐渐显现、外化、生成、流变并成长完善的生命绵延过程。所以，工程方法存在于现实的造物过程与建构实践之中，它是面向应然世界、指向未来、处于动态开放的生成过程的方法论。工程是不断演变和发展的，从工程方法论的角度来看，工程的演变和发展，其实就是工程方法的创新、拓展、融合与转型升级的现实过程。所以说，工程方法不是预先存在、作为既定事实而被“发现”出来的，而是在选择—集成—构建人工系统的创造性活动中生发出来的，是“无”中生“有”，并不断地流变、演进、转型、升级的动态历史过程。

1.2.2　工程方法论是操作化程序化过程。

工程方法论是在各种工程要素选择、集成、构建基础上完成各种形式转变的程序化过程。动态转变性、发展阶段性、依次相继性是其重要特征，这就提出了工程方法的演变性与程序性问题。程序，一般意义上可以理解为一种合理有序的做事情的有预见性的周密安排。程序性，表明工程方法具有一定的先后顺序与合理次序。变化性，表明工程方法不是凝固不变的，而是随着工程活动阶段的改变而变化。因而，脱离工程活动的具体阶段，抽象地谈论工程方法是没有任何意义的。

工程活动作为集成和构建人工系统、人工物的创造性实践活动，通常是要通过各种不同类型的操作行为和多次连续有序的实际操作步骤和过程才可以完成。所谓操作，是指操作主体根据某种行动指令对操作对象施加的作用，它指的是某种类型的相互作用，而非实体。一项工程的构建实施过程是由一系列相互联系的具体操作活动(行动体系)组成的动态系统，我们可以把这个一连串的操作指令和规则称之为一套程序。对于现实的工程活动来说，操作程序问题是重大问题。因为工程的重心不是“思”或“想”的纯粹思辨问题，而是“做”和“行动“的构建问题(造物问题)。因此，工程方法论就不能不考虑工程程序的合理性问题了。

二、工程活动全生命周期过程的模型

正像一个生命体要经历胚胎、诞生、发育、成长、衰老、死亡的过程一样，工程活动和工程活动的产物也要经历类似的过程。从理论上分析和概括整个过程，可以提出一个关于工程活动全生命过程的概念模型。所谓模型，可有数学模型、物理模型、概念模型等多种形式，这里说的就是关于工程过程阶段性的概念模型。

根据工程生命周期模型图(见图 1)可以看出，工程活动全生命周期可以分为五个阶段，工程规划与决策阶段，工程设计阶段，工程建造阶段，工程运行与维护阶段，工程退役阶段。

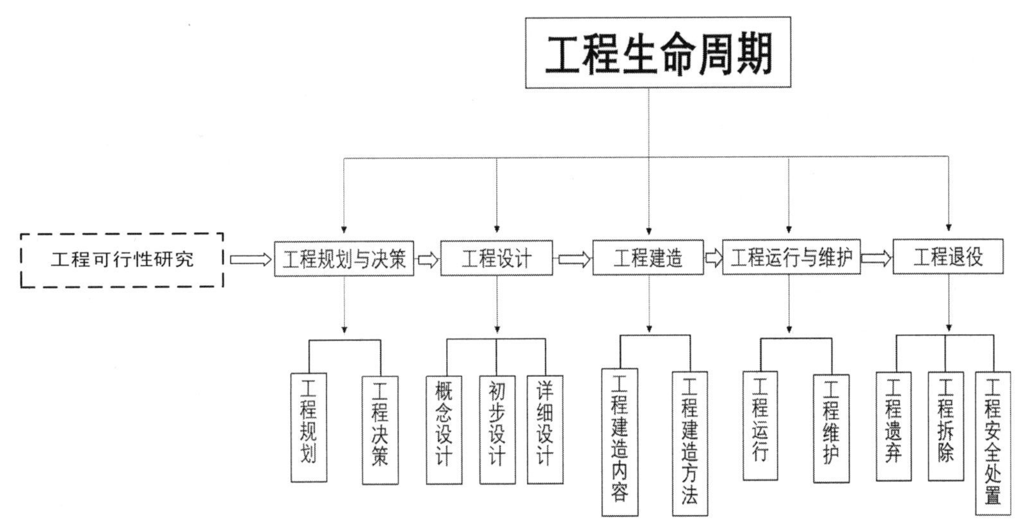

图 1　工程生命周期模型图

三、顺应工程全生命周期进程的方法论

在工程活动进程中，基于对各种工程要素的选择与集成阶段，形成了若干不同的操作单元和不同类型的具体方法——规划决策方法、设计方法、建造方法、运行维护方法、退役方法等，这些操作单元之间往往存在着“程序理性”问题。程序理性问题，通俗地讲，就是各种操作单元的行动排序的合理性问题。例如，先有工程规划与决策，后有工程设计与建造等，不能颠倒。因为，不同操作单元(不同方法)只有按照恰当合理的顺序完成排列组合，才能形成有序高效的特定行动操作体系，产生优化的系统结构、功能和效率。

工程造物活动是一个依时间、空间与人的操作指令而逐渐展开的动态过程(发育成长过程)。按照历史与逻辑相统一的方法，我们可以通过解剖一个具体的工程项目，例如一项土木建筑工程或一项水坝工程，达到见微知著，总结规律，发现并揭示本质。通过对典型工程项目的分析考察，不难发现其历史逻辑呈现为工程规划与决策、工程设计、工程建造、工程运行与维护、工程退役。与此历史逻辑相对应，在各个工程建构阶段(环节)生成的操作单元、工程方法依次表现为规划与决策方法、设计方法、建造方法、运行与维护方法和退役方法等。其中，每一操作单元、环节、阶段都有质的不同(形成阶段性部分质变)，例如设计方法与建造方法就有质的不同，具有明显的阶段性差异，但它们之间又具有内在关联性。每一单元、环节与前一单元、环节及后一单元、环节都是紧密衔接、依次进行、深度关联、层层递进、耦合互动的关系，它们彼此相互配合与系统集成，构成一个有机体系，它们合力完成了工程建构的系统目标，并在协同作用下造就了工程系统的整体功能。

下面简要讨论不同操作单元的工程方法。

(1) 工程规划与决策方法，即根据工程总目标和现实的约束条件，判断事物变化的趋势，围绕活动的任务或目标这个中心，进行周密而系统的全面构思与筹划，确定工程任务、工程进程、工程实施程序、步骤及效果，提出工程蓝图与总体方案，并做出工程决策的方法。规划与决策方法实施并完成后，工程活动便转化、跃升到下一个操作单元——工程设计阶段。

(2) 工程设计方法，它是一种从抽象到具体的思维方法，是指工程设计师在对工程所涉及的资源、要素、工艺、技术、设备、程序和系统等进行集成与整合的基础上，在头脑中将整个工程分解为若干子系统，对各种指标进行具体的、优化的、定量化、操作化的考察，并通过有序、有效、可操作实施的设计方案，来解决构建人工系统问题的行动结构(实际行动方法)。工程设计不仅是目标蓝图的模式设计，而且是过程、实践手段与方法的操作设计，即它是如何构建一个人工系统的过程与方法的完整设计，工程设计决定着工程活动的品质与价值。设计方法是工程设计主体在思维中、头脑中所进行的一种虚拟操作活动，而非感性的现实操作活动，当设计方法实施并完成后，便使工程活动转化并跃升为对象化、物化活动的现实实践操作单元——工程建造阶段。工程设计具有创造性、复杂性、选择性与妥协性特点。[3]

(3) 工程建造方法，建造方法是一个从抽象到具体的感性实践(物化)过程，它指工程主体按照工程设计方案(设计图等)，使用物质工具、手段、技术、设备等，对原材料进行一系列的实际操作和加工，从而制造、构建出合格的人工系统、人工实在(例如建成一座桥)，并实现工程目的的过程。建造过程还包括一系列组织管理与协调的方法。建造方法生成并完成后又要转化并跃升为更高一级的操作单元——工程运行和维护单元。

(4) 工程运行、维护、管理方法。工程活动中，造物的目的是为了用物。马克思说：“一条铁路，假如没有通车，不被磨损，不被消费，它只是可能性的铁路，不是现实性的铁路。”[4]一项人工物、人工系统构建并创造出来后，在其生命周期的成长过程中，为保持其功能的正常发挥，保证其高效、有序、协同并可持续地运行(生产)，还需要必要的日常维护与管理。例如，一部电梯工程制造完工，交付用户(消费者)使用后，还需要定期进行工程维护、保养与管理。否则，如果缺乏必要的合理的维护与保

养，轻则可能使其功能受损，寿命缩短，重则造成重大工程安全事故。所以，成功的工程活动的开展，离不开科学合理的工程运行、维护与管理方法。其中，维护管理方法是维系和保障工程系统正常运行与安全使用(消费)的重要方法，意义重大。可见，在工程全生命周期视域中，工程运行、维护与管理工作的重要性和有关方法论问题就显得至关重要，应当受到重视。

(5) 工程退役方法，指当工程活动完成了预定目标，或虽未完成目标但其功能失效，寿命终结，或危害生态环境，或不能适应客观要求的变化，或者因不可抗力造成工程运行终止时，对工程项目进行妥善清退与科学处置并使其退出工程运行过程的方法。[5]退役是工程全生命周期的最后一环，也是非常重要的一环。工程退役方法就是科学合理地终结工程生命使其合理消亡并无害化地融入生态循环之中的方法。值得注意的是，不同类型的工程，退役方式是不同的，甚至千差万别。但是，工程退役绝不仅仅是对作为工程客体、人工物、人工系统等的消极关闭、简单处理与报废，在当前环境问题日益重要，倡导绿色发展、建设美丽中国、促进人—工程—自然和谐发展的现实语境中，工程退役问题必须被纳入到有助于形成工业生态链、产业生态链与循环经济的战略高度来统筹考虑。可见，工程退役方法至关重要，它是关乎工程能否善终的大问题。工程退役是一个事关工程、经济、生态、环境、人文、社会的综合性问题。因此，工程退役方法是一个涉及科学、技术、人文、社会、生态的跨学科方法问题，极其复杂而困难。

从工程规划与决策方法、设计方法、建造方法、运行与维护方法到退役方法，构成不同操作单元的工程方法，每一环节、单元都有其阶段性目标或成果。例如，规划方法主要是获得规划蓝图，设计方法主要是取得设计方案，建造方法主要是完成工程建造各项任务，获得预期的可交付的工程成果。但它们彼此之间又是不断递进、彼此联结的，不断地发生形式转变与内容更新的一个生命成长的动态演变过程，体现了工程方法的动态性与演化性，生动地呈现出不同阶段有不同类型的工程方法并不断演进与转型升级。

上述若干阶段是工程生命周期中相对独立的几个阶段，具有明显的阶段性特征。此外，在工程全生命周期中，还存在一些并非完全独立，而是存在于各个阶段甚至贯穿于全过程的工程方法，例如工程评估方法、工程管理方法等。

工程评估方法。工程评估就是根据一定的评估标准(具体体现为反映评估标准的指标体系)，对工程的技术、质量、环境影响、投入产业效益、社会影响、人文、审美等而进行的综合评价。工程评估有事前评估、事中评估和事后评估。评估方法指采用科学的评价标准，立足于多向多维的综合性评价视野，站在更高的价值层面上——是否有利于人类的自由、幸福、全面发展与完善，对工程活动的美丑、优劣、善恶、好坏、价值大小等作出客观公正的评价。[6]它是根据工程实际运行状况及其客观效果——对自然生态和人文社会生态的影响及客观效应的观察、测量与判断来进行的。

工程的整个生命周期中都存在管理问题，所以管理方法论也是工程生命周期方法论的重要内容。限于篇幅，本文不作深入讨论。

如果说，工程方法论是以具体工程方法为研究对象的“二阶性研究”的话，那么，从工程全生命周期的维度来看，工程方法论就要进一步研究工程生命周期中呈现的规划与决策方法、设计方法、建造方法、运行与维护方法、退役方法等的特征、运用原则和规律，以及这些方法的因果联系及其如何转化的问题等。

四、工程全生命周期过程方法论的整体性与统一性问题

4.1 工程生命周期的整体性问题

4.1.1 工程活动是一个生命周期整体。

工程活动作为一个从出生到死亡的全生命周期，它既具有过程性、阶段性的具体特征，又具有连续性、整体性的内在统一特征。每一阶段的工程方法(如规划与决策方法、设计方法等)都隶属于、服务

于、统一于全生命周期的集成与建构目标。所以说，从工程全生命周期角度看，各阶段工程方法有差异，但它们之间又存在紧密联系与内在一致性，它们必须被统一和整合为一个整体目的——工程活动的全生命周期，形成一个围绕共同目标的方法链。

虽然从“直接表现形式”上看，工程全生命周期方法论凸显了工程活动的过程性和阶段性特征，但我们决不能因此而忽视从整体性和统一性方面认识工程全生命周期过程和工程全生命周期方法论的性质和意义。

4.1.2 *必须从全视野考察工程的全生命周期。*

工程方法论是有关各种不同类型具体工程方法的共性的、普遍的、具有规律性的一般理论。从各种各样不同类型的工程项目建设情况及具体过程来看，工程活动方法具有一些共同的逻辑模式与步骤。观察工程生命周期全过程，可以从几个不同维度予以研究：

(1) 价值维度。工程活动是价值定向的社会活动，它围绕一定价值目标而展开。工程思维是目的导向的思维活动，它始终围绕创造并构建满足人的价值理想的人工实在而展开。因此，工程方法从价值维度来看，其逻辑模式表现为价值创造方法(规划方法、设计方法、建造方法)→价值实现与消费方法(维护管理方法、运行方法)→价值认识与评价方法(评估方法)，如此构成一个价值生态链。

(2) 生命成长维度。从工程活动全过程即工程全生命成长维度看，工程方法是围绕工程孕育、出生、成长、反思、消亡而展开的历时态过程，因而工程方法的逻辑模式可表述为工程孕育方法(规划方法、设计方法)→工程出生方法(建造方法)→工程发育成长方法(运行维护方法)→工程反思与消亡方法(评估方法、退役方法)。

在上述工程生命周期活动中，每一阶段的具体工程方法都处于产生、变化、运动和消亡的动态演变过程中。同时，各种不同的工程方法又彼此联系、相互制约、相互作用，共同支撑并创造出工程的生命运动过程，并集成和建构了工程活动的本质特征。工程是通过对其所蕴含的各种复杂要素，所采用的诸种方法进行综合集成与建构而形成的一个复杂的、高效运行的特定系统整体，而其功能则是在形成特定的结构整体后才涌现出来的。所以，在工程生命周期过程中，各种工程方法无疑都参与了工程要素的集成与构建过程，都对系统的功能性、整体性、协同性有所贡献。各个工程方法都是工程生命运动体生态链条上的必要组成部分，不可或缺，不可分割。

(3) 从知行关系维度看。工程活动是理念引导行动、知行相统一的社会实践活动。工程活动既是物质性创造活动，又是精神性创造活动，它是物质与精神，知识、情感和意志，知与行相统一的复杂性社会活动。从知行关系维度看，工程生命周期过程中的工程方法，其逻辑模式表现为认知方法(规划方法、设计方法)→行动方法(建造方法、维护方法、运行方法、退役方法)→知行统一(合一)方法(评估方法、管理方法)。

(4) 从思维进程(方向)维度看，工程方法的逻辑模式表现为，由内到外，先虚后实，先抽象后具体，先离场后“在场”。工程方法首先生发于工程主体头脑中(规划方法、设计方法)，然后移出主体头脑，逐渐外化为一种外在的手段与方法(建造方法、运行方法、维护方法、评估方法、退役方法)；工程方法首先表现为一种虚拟的观念、思维、想法(蓝图)。然后，逐渐表现为比较实在的、具体的、有联系的实际操作方法(设计、建造方法等)；工程方法首先表现为一种抽象的宏大叙事(规划方案、愿景蓝图等)，然后表现为具体可操作的方法(设计方法、建造方法、运行方法、维护方法、评估方法、退役方法)；工程方法首先表现为主体不在场的方法(规划方法等)，然后表现为主体的“在场”“出场”，引起一系列方法链、方法集(建造方法、运行方法、评估方法、退役方法)。

4.2 工程生命周期的统一性问题

在认识和运用工程全生命周期方法时，决不能把各个阶段割裂开来，而必须深刻认识和把握工程全生命周期方法中的统一性。

4.2.1 工程全生命周期方法中阶段性与连续性的统一。

工程生命周期各阶段的工程方法不是孤立的，而是彼此联系、相互作用、耦合互动，形成一个有机整体，缺一不可。离开任一环节方法的支持配合与协同作用，工程生命运动的正常顺序都会被打乱，使工程系统运行发生紊乱而走向无序，甚至难以持续运行。因此，必须从整体论的视角看待工程方法论。各阶段的工程方法正是在整体功能的基础上展开各要素及其相互之间的活动，这些活动(如规划方法、设计方法、建造方法等)交互作用相互配合才能形成系统整体的功能行为——构建出特定功能与目的和高效运行的人工系统。

4.2.2 工程全生命周期方法中要素性与关联性的统一。

工程全生命周期中包含了许多要素性方法，它们既相互区别又紧密联系，形成一个结构复杂、功能多样的方法系统(方法集)，并围绕一个共同目标即一个特定功能的人工物(人工系统)而展开，其中，各种工程方法是相互配合、相互补充、耦合互动的，具有深度关联性。构成工程方法集的各种工程方法，通过系统集成与构建，形成了一个完整的工程集成体。

4.2.3 工程全生命周期方法中认知性与实践性的统一。

工程方法不仅是一种认知(认识方法)，而且更是一种实践的方法，是为人工造物活动而创立的，它是在人工造物的实实在在的感性实践活动中孕育、生长并演变发展的，它面向的是现实的、感性的人工造物活动，认知性和实践性深深地嵌入在工程生命周期的全过程之中，而绝不是科学方法或技术方法的简单应用和移植。

4.2.4 工程全生命周期方法中分工性与协同性的统一。

工程生命周期中的各种工程方法分别处在生命周期的不同阶段，各自扮演着不同的角色，它们是有分工的，但它们又都共同服务于工程生命的健康持续运行与发展演变。所以，各阶段的工程方法，并不是孤立的和各自单独发挥作用的，而是彼此有机联系的，通过相互补充、协同作用是实现其所构建的人工系统的动态有序运行，以达到工程整体的结构优化、功能涌现和效率卓越。所以，在工程生命周期中，各种工程方法的选择、运用、集成与整合，都不能只限于某一阶段、部分的优化，而应自觉地从系统整体协同的视角出发，运用协同化的方法，构建并营造各阶段不同方法相互促进、相互补充、相得益彰、协同作用的工程系统，以实现系统整体优化。

4.2.5 工程全生命周期方法中真善美的统一。

工程活动是合规律性与合目的性相统一的实践活动，这体现并反映在工程方法论之求真求善与趋美的统一上。工程方法既要体现真理尺度，讲究求真务实，实事求是，遵循事物发展的客观逻辑与内在规律，达到现实可行，又要体现人的价值尺度，体现应然逻辑，求善，趋美，构建反映人的理想、愿望与追求，符合人的审美趣味的好的、善的、美的、令人愉悦的人工系统，使自然世界和人工世界更加适合人的生存、完善与发展。这一特征始终贯穿渗透于工程全生命周期的各种工程方法之中。

4.2.6 工程全生命周期方法中讲求效力、效益与效率的统一。

工程是价值定向的社会经济活动，反映在工程方法论方面，集中体现为工程方法讲求效力、效益与效率。工程是一种以选择-集成-构建为基本特征并注重实效性的社会实践活动，最优化思维是工程活动经济性的集中体现，它强调工程活动要以最小的成本、最低的代价与风险获得最大的收益。工程活动中要追求效率(单位时间内完成的工作)、效益(效用和利益)、效力(“总量”的作用)，这三者是有联系的，但相互间有可能出现矛盾，在运用工程全生命周期方法时必须努力把对效力、效益与效率的追求统一起来，求得整体性的优化。这种优化原则和思维在工程方法论方面的表现就是要求工程方法要关注并讲求效益(经济、社会、生态等综合效益)与效率、效力(以效率效力为价值导向)，使相应的各种工程方法相互配合、协同，共同服务于工程活动。

从工程全生命周期视域研究工程方法论，开辟了工程方法论研究的宽广视野，加深了工程方法论研究，可以使我们对工程方法论的把握更加全面、系统和科学，对于工程方法论理论具有重大而深远的意义。

★ 参考文献

[1] 李永胜. 论工程理念在工程活动中的地位与作用[J]. 工程研究：跨学科视野中的工程，2016(4)：439-446.

[2] 李伯聪. 略谈科学技术工程[J]. 工程研究：跨学科视野中的工程，2014(1)：42-53.

[3] Dieter G E. Engineering design: A materials and processing approach[M].3rd ed. London: Mograw-Hill，2000：3.

[4] 马克思，恩格斯. 马克思恩格斯选集(第 2 卷)[M]. 北京：人民出版社，1972：94.

[5] 范春萍. 工程退役问题[J]. 工程研究：跨学科视野中的工程，2014(4)：399-411.

[6] 殷瑞钰，汪应洛，李伯聪. 工程哲学[M]. 2 版. 北京：高等教育出版社，2013：195.

(作者单位：西安交通大学马克思主义学院)

对运用工程方法"通用原则"的初步思考

李伯聪

摘要： 工程方法必须运用在工程实践之中，而工程方法的运用又必然是在一定原则指导之下的运用，而不是自以为是、各自为战、杂乱无章的运用。于是，工程方法的运用原则就成为了工程方法论理论体系中具有头等重要意义的内容和组成部分。本文分析了"原则"、"法律"和"客观规律"这三个术语的不同语义，指出工程方法的"通用原则"属于"原则"这个范畴，而不属于客观规律这个范畴。本文尝试性地把工程方法的通用原则归纳为六条，并对其进行一些简要分析和阐述。

关键词： 工程方法；工程方法论；运用；原则；集成；权衡

一般地说，无论是理论领域还是实践领域，人们不但重视方法问题而且重视方法论问题。虽然"方法"和"方法论"有密切联系，但二者毕竟不是一回事。因为方法不等于方法论，于是，人们不但可以看到有许多关于形形色色的具体"方法"的论著出版，而且可以看到有许多关于"方法论"的论著出版。例如，在科学领域，不但出版了许多关于各种具体的"科学方法"的著作，而且出版了许多关于"科学方法论"的著作，例如林定夷教授就出版了《科学逻辑与科学方法论》。[1]在经济学方法论领域，汉兹出版了《开放的经济学方法论》，[2]其他学者撰写的论述经济学方法论的著作也数量颇多。如果我们把"方法论研究"也看做是一个独立的学术领域，那么，在最近的二三十年中，国内方法论研究领域中最繁荣的"亚领域"大概要数"法律方法论"了。国内的法律方法论研究领域，自 20 世纪 80 年代开始译介国外有关著作，20 世纪 90 年代后快速发展，建立了专门研究机构，成立了专业性学术组织，出版了专业性集刊，开设了"法律方法论"课程，学术队伍迅速壮大，学术成果日益丰硕。据初步统计，自 20 世纪 80 年代以来已经出版了三百多种著作，[3]至于有关论文的数量，那就更加惊人了。与法律方法论研究的繁荣景象相比，工程方法论的研究景象就显得逊色多了。我国发展法律方法论的经验是值得工程方法论领域借鉴的。目前，在工程科技和工程研究领域，虽然关于各种具体工程方法的论著也出版了许多，可是，却鲜见关于工程方法论的研究论著出版。实际上，不但国内少见研究工程方法论的论著，国外也仅有少数著作出版。这就是说，在工程科技领域、工程哲学领域、方法论研究领域、跨学科工程研究领域，工程方法论都成为了一个薄弱环节，亟待投入力量，深化对工程方法论领域的诸多问题的研究。

工程方法论领域需要研究的问题有很多，例如，运用工程方法的"通用原则"就是工程方法论领域的重要问题之一。本文是作者对于这个问题的初步思考和一孔之见，希望能够起到抛砖引玉的作用。

一、工程方法"通用原则"的含义和意义

工程方法不是僵化在书本上的条条框框，不是仅仅供人观赏的"橱窗的摆设"，不是巫师口中"以

不变应万变”的“咒语”，工程方法的生命活跃和表现在工程方法的“运用”之中。

由于工程方法必须“运用”在工程实践之中，而工程方法的“运用”又必然是在一定“原则”指导之下的运用，而不是“自以为是”、“各自为战”、杂乱无章的运用。于是，工程方法的“运用原则”就成为了工程方法论理论体系中具有头等重要意义的内容和组成部分。

工程方法的运用原则是从工程活动的实践经验——包括正反两个方面的经验——中总结出来的。工程方法“运用原则”的基本内涵或主要内容是要回答和阐述三个方面的问题：一是阐明工程方法“运用原则”的理论基础、基本功能和社会意义，二是分析和阐明工程方法“实际运用中”的结构性、操作性、目的性方面的问题，三是分析和阐明工程方法“实际运用中”的可能性、条件性、演进性、准则、导向等方面的问题。

工程方法论不但要在“操作性水平”分析和研究工程方法的运用问题，而且必须在“理论水平”分析和研究工程方法的运用问题；不但要回答有关工程方法运用中的“是什么”和“怎么办”的问题，而且要回答有关“为什么”和“价值论”方面的问题。如果不能明确工程方法的“运用原则”，就不能正确、恰当地回答这些问题。虽然各个工程行业都有本行业的关于工程方法运用的“行业性原则”，但也应该承认还有普遍适用于各类工程和多种行业的关于运用工程方法的“通用原则”。

在哲学视野中，“原则”、“法律”和“客观规律”是三个既有联系又有区别的重要概念。从本性和存在状态看，“规律”是客观存在的，甚至在人类没有认识到它们存在的时候，规律也是客观存在的；而“法律”和“原则”却是通过一定程序被“制定”、被“确定”出来的，“法律”和“原则”在未被制定出来之前，它们是不存在的。从发挥作用的方式和途径看，自然界的客观规律是“不令自行”的，不管人类是否认识到了客观规律，不管人类是否有主观遵守客观规律的愿望，自然界的客观规律都要发挥其作用。例如，不管人类是否有遵守万有引力定律、库仑定律的主观愿望，这两个定律(客观规律)都要发挥其作用。不存在人类“是否愿意”遵守万有引力定律和库仑定律的问题。可是，法律和原则却是必须在被制定出来之后并且当事人“愿意遵守”(包括“被迫遵守”)和“把思想变成行动”时这些法律和原则才能发挥作用。如果有关当事人有意无意地“不遵守”有关法律和原则，这些法律和原则就无法发挥作用。在现实社会和现实生活中，那种在遵守法律和原则方面打折扣，甚至明目张胆地违背法律、违背原则的事情也并不鲜见。[4]

从概念和含义上看，工程方法的“运用原则”显然属于“原则”这个范畴，而不属于“客观规律”这个范畴。

“原则”和“法律”有许多相同或近似的地方，二者的不同在于法律的制定者是国家①，法律的制定和执行以国家权力为后盾，法律条文往往更加明确；而原则的制定者是社会中的其他有关主体，各种“原则”的制定和实行往往有不同的基础和途径，原则的内容和条文可能很明确但也可能比较模糊。在现实生活中，虽然法律和原则都是必须遵守的，但由于多种原因，也常常出现形形色色的“不遵守法律”和“不遵守原则”的现象，而后一种现象更加常见。

在概念关系上可以清楚看出，工程方法的“运用原则”就是一种具体类型的“原则”。工程方法论的重要内容之一就是要研究和阐述有关工程方法“运用原则”的诸多问题。

工程方法的运用原则在现实中可能有被打折扣甚至被违背这种现象的存在，不表明工程方法的运用原则不重要，恰恰相反，它表明工程从业者和社会各界应该在认识和执行这些运用原则时，不但要注意制定有关“落实”工程方法运用原则的有关制度问题，而且要更加注意有关“落实”工程方法运用原则的自觉性方面的问题。

---

① 本文不是法学论文，这里的讨论不涉及关于“国际法”的制定主体等情况。

总而言之，工程方法论的“通用原则”涉及了有关工程方法的多方面复杂而重要的内容，内容丰富，意义重大。从理论上看，工程方法的“运用原则”不但涉及了工程方法自身的结构、功能、目的、演化等方面的问题，而且涉及了工程方法的运用条件、价值评价、自然环境、社会影响、社会功能、近期和长期效果等方面的问题。在认识和研究工程方法的运用原则时不但要非常注意其重要性，而且更要注意其复杂性、情景性、实践性、价值性。

工程方法的“运用原则”主要有哪些呢？应该说，在以往的工程实践和工程经验的总结中，人们实际上已经对这个问题进行了一定的总结和归纳，但以往的归纳总结和概念阐述往往不那么明确，在理论形态上往往不那么系统。本节以下就尝试性地把工程方法的“通用原则”归纳为六条，并进行一些相应地简要分析和阐述。

二、运用工程方法的几个“通用原则”

2.1 工程方法和工程理念相互依存、相互作用的原则

1\. 工程理念和工程观的关系

工程理念和工程观是两个既有密切联系同时又有一定区别的概念。《工程哲学》一书认为：“工程理念是一个源于客观世界而表现在主观意识中的哲学概念，它是人们在长期、丰富的工程实践的基础上，经过长期、深入的理性思考而形成的对工程发展规律、发展方向和有关的思想信念、理想追求的集中概括和过渡升华。在工程活动中，工程理念发挥着根本性的作用。”[5]208 在研究工程方法论时绝不能忽视工程理念的这种根本性作用，各种工程方法在具体运用时绝不能脱离工程理念的指导。

《工程哲学》一书在第五章中不但阐述了“工程理念”这个概念，而且分别阐述了工程系统观、工程社会观、工程生态观、工程伦理观、工程文化观等工程观方面的问题。[5]207-276 实际上，对于“工程观”问题还有更多的内容可以进行其他方面的论述。

应该怎样认识工程理念和工程观的关系呢？

《工程哲学》一书指出，一方面需要把工程理念理解为关于工程活动的具有总体性的“最高概念”，另一方面，在另外的语境中，又需要具体分析工程理念含义中的“层次”和“范围”问题，换言之，在最高层次的工程理念之下还存在较低层次和较小范围的工程理念问题。而当谈到这些较小范围的工程理念问题时，其含义往往就与相应的工程观问题大体相同了。例如，就具体含义和具体内容而言，可以认为“工程的伦理理念”和“工程的伦理观”是基本相同的概念，“工程的生态理念”和“工程的生态观”是基本相同的概念。实际上，在日常语言中，许多人在使用工程理念和工程观这两个术语时，往往并没有刻意对其进行严格划一的定义，在不同的语境中其具体语义往往是比较模糊和可能有所变化的。也许可以说，在日常语言中，多人往往并没有严格区分工程理念和工程观这两个术语，往往会把二者当成含义相近的术语和概念①。本文在以下的论述中，不再严格区分工程理念和工程观这两个术语，希望读者注意。

2\. 工程方法和工程理念相互依存、相互作用原则的主要内容

在讨论工程方法“能否运用”和“如何运用”的问题时，虽然必然要以对“工程方法自身”的认识为基础和前提，但又要承认这绝不是一个孤立的“工程方法自身”的问题，绝不是一个可以“单纯囿于工程方法自身进行讨论”的问题，而是一个必须将其与工程理念和工程观结合在一起进行分析和认识的问题，于是“工程方法和工程理念的相互作用和相互渗透”就成为了工程方法运用的第一个

---

① 可以承认，如果在“世界观”范畴“之下”并且把“工程观”与“科学观”并列时，“工程观”也可以理解为一个关于工程活动的“总体性”概念。

原则。

在工程方法论领域，这个关于工程方法和工程理念(工程观)相互作用、相互渗透的原则，意义重大，内容丰富，以下就是认识和贯彻这个“原则”时必须注意的几个重要问题。

其一，工程理念要对工程方法的运用发挥指导、引导和评价标准的作用。工程方法的运用要服务于实现工程理念所设定的工程活动的目的，在实际运用中，工程方法不能脱离工程理念的指导而成为脱缰的野马或迷途的野马。

其二，工程理念和工程方法是相互依存、不可分离的，如果工程理念不能“落实到”和“落实为”一套具体的工程方法，工程理念就要成为空谈、空话，成为海市蜃楼，空中楼阁。

所谓工程观与工程方法的相互依存，一方面是指工程观必须落实到具体工程方法上，避免工程观在工程实践中成为被架空的工程观，另一方面是指工程方法必须体现工程观的导向，避免工程方法成为脱离工程观指导的盲目、失控的工程方法。

应该注意，工程观和工程方法都是不断发展变化的。于是，工程观和工程方法的相互渗透也就成为了在变化发展中动态地体现相互渗透的关系和过程。

在工程观的现代发展中，工程生态观的凸显和强化是一个重要内容。与以往的工程观中往往忽视生态问题不同，在现代工程所导致的污染等问题日益严重和突出的情况下，工程的生态观被明确提出，工程的生态观受到了工程界和全社会的重视。在工程生态观的指导下，人们对工程方法领域的许多问题的认识也随之发生了重大变化。在工程生态观的指导下并且依照工程生态观，以往的一些虽然污染后果严重但因为能赚钱而得以广泛运用的工程方法被摒弃甚至被禁用了，另外一些虽然具有绿色效应但经济效益稍差、成本较高的工程方法脱颖而出，受到青睐，在工程实践中有了用武之地。

以汽车燃油为例，不同的炼油方法会生产出品质不同、尾气排放指标不同的汽油。在现代工程体系中，工程方法的采用要受有关标准的制约，而具体标准的制定又受到工程观的制约。随着我国大气污染情况的日益严重，特别是随着对于工程生态观认识的日益深化，我国对汽车尾气排放标准的规定也陆续从国Ⅰ提高到国Ⅱ、国Ⅲ、国Ⅳ、国Ⅴ。从工程方法的角度看问题，我国成品油质量标准从国Ⅰ提高到国Ⅱ、国Ⅲ、国Ⅳ、国Ⅴ的变化所反映和表现出的正是石油产品技术和方法领域的一系列变化。例如，从国Ⅳ到国Ⅴ所发生的重要变化之一就是国Ⅴ标准禁止人为加入含锰添加剂。按照国Ⅱ、国Ⅲ和国Ⅳ标准，汽油中可以加入锰剂，以提高汽油牌号表现的辛烷值。锰剂的添加可以使炼油企业用较廉价的手段实现汽油标号的提高，提高获利水平。但锰剂的使用会增加有害颗粒物的排放，为降低不利的生态影响，应该减少乃至戒除锰剂的添加。为此，我国制定在国Ⅱ、国Ⅲ和国Ⅳ标准时采取了逐步减少锰剂添加的策略，规定汽油中的锰含量逐步从每升 18 毫克降低到 16 毫克、8 毫克。而国五标准中更直接规定不准添加锰剂，使我国告别了“锰时代”。从工程方法角度看，国家标准的每次变动往往都使得炼油企业必须进行生产装置改造、生产工艺调整以及催化剂升级等工程方法领域的升级和变化。在这个“标准变化”和相应的“工程方法变化”的过程中，人们看到了工程观和工程方法相互渗透的动态关系和动态过程。

其三，必须特别注意工程理念和实现工程理念的工程方法之间相互关系的复杂性、多样性、多变性问题，绝不能在认识和处理工程理念和工程方法相互关系时犯机械论、简单化、教条化、脱离实际、纸上谈兵的错误。

在这个二者相互关系的复杂性、多样性、多变性中，以下仅着重谈两个问题。

一是关于工程方法在落实工程理念和工程观时仍然需要与可能具有的主动性和灵活性问题。

虽然工程理念和工程观对工程方法有指导作用，但在认识工程方法和工程观的相互关系时，绝不能认为工程方法仅仅是被动性的方面和只能发挥被动性的作用。实际上，工程方法在与工程观的相互作用中，也会发挥一定的主动性和创新性的作用。绝不能忽视工程方法在“落实”和“促进”工程观发展方面所可能发挥的主动性影响和作用。

一般地说，对于任何工程活动来说，虽然其指导性的工程理念和工程观是明确的，但却不可能出现具有“唯一性”的工程方法，而是必然存在着多种可以相互替换或相互替代的工程方法。这就是说，在工程理论(工程观)和工程方法之间不可能存在“一一对应”的关系，换言之，在同样的工程理念和工程观之下，仍然有可能选择和采用不同的工程方法，这就出现了工程方法运用中的灵活性问题。

工程理念和工程观是工程活动的灵魂，必须树立工程方法服务于、“从属于”工程理念和工程观的意识，不能使工程方法脱离工程理念和工程观的指导和“约束”。但这绝不意味着工程方法的运用中没有了主动性、灵活性，相反，在许多情况下，只有充分发挥工程方法运用中的主动性、灵活性才能更好地贯彻和落实工程理念和工程观。绝不能教条主义地理解工程理念和工程方法的相互关系。

二是关于工程方法运用时可能出现异化现象、危害性后果的问题。

什么是异化现象呢？如果使用日常俗语进行解释，可以说异化现象常常指的就是那种“搬起石头砸自己的脚”的现象。

工程活动的目的本来应该是造福人类的，为什么工程活动中又会出现异化现象，产生危害性的后果呢？

工程异化现象的具体表现是多种多样的。在分析形形色色的工程异化现象时，人们会发现许多工程异化现象都要归因于和归结于运用工程方法时脱离和背离了正确工程观的指导和引导，在工程观上出了错误。例如，在矿山和隧道等工程施工过程中，会产生大量粉尘。根据保护劳动者健康的工程伦理观，必须在施工过程中采用降低粉尘、保护劳动者健康的工程措施和相应的工程方法，防止硅肺病(矽肺病)的发生。可是，我国一些企业没有采用预防硅肺病的工程措施和方法，导致许多工人患上了终生不可治愈的硅肺病，甚至因此丧失了宝贵的生命。很显然，这种现象的发生，不是没有相应的可以保护劳动者健康的工程方法，而是明明有预防硅肺病产生的工程方法而故意放弃不用，而其根本原因就在于工程负责人在工程伦理观上出了错误。

2.2 “硬件”、“软件”、“斡件”“三件合一”相互结合、相互作用的原则

1. “硬件”、“软件”和“斡件”的含义

“硬件”和“软件”本是计算机科技中的术语，这里借用于表示工程方法中的两类结构性成分。

在工程实践活动中，必须运用一定的机器设备、物质性工具和器具(例如发动机、电动机、推土机、水压机、起重机、筛子、锤子、刀子等)，如果没有一定的物质设备，工程活动就无法进行，我们可以把这些工程活动中必须运用的机器设备、物质性工具和器具泛称为“硬件”。

正像计算机的硬件必须和相应的软件相配合才能发挥计算机的功能一样，任何机器设备要发挥其功能，其使用者、操作者也都必须掌握与其相应的“操作程序”、“使用方法”、“器具结构和功能的有关知识”，我们可以把这些“工程硬件”的“操作程序”、“使用方法”等泛称为“软件”。如果只有硬件而没有相应的软件，工程设备也是不可能发挥其作用的。不但电动机、水压机等复杂设备必须有相应的“软件知识”才能发挥作用，甚至筛子、锤子的使用也需要有相应的“软件知识”才能发挥作用，这里出现的区别不是需要有相应“软件知识”，不是相应软件的“有”或“无”的区别，而仅仅是“相应软件”的“复杂”或“简单”的分别。

除硬件和软件外，国外有人又提出了 Orgware(“组织件”)这个概念。钱学森建议把 Orgware 翻译为“斡件”(来自“斡旋”一词)，我国许多人都接受了这个意见。因为工程活动——特别是现代工程活动——都是有组织的集体活动，如果没有一套组织管理的方法，如果工程活动缺少了组织管理，工程活动必然陷入混乱之中，工程活动不但不可能顺利完成，甚至连正常进行也是不可能的。一般地说，

斡件不但包括宏观范围的有关工程活动的制度，而且包括中观和微观领域的组织规范、各种有关制度等。

2. “硬件”、“软件”和“斡件”的关系

工程活动不但离不开一定的“硬件”和“软件”，而且离不开一定的“斡件”，于是，“硬件”、“软件”和“斡件”就成为了构成工程方法的三类基本要素。

在工程活动中，必要的“软件”、必要的“硬件”和必要的“斡件”三者是任何一个方面都不可缺少的。盲目地迷信设备，陷入“唯设备论”是错误的；另一方面，认为设备无关紧要，陷入“轻视设备论”也是错误的。如果有了必需的机器设备，有了好的硬件条件；同时又有了良好的配套“软件”，但如果在工程组织管理上出现了错误，那么，良好的硬件条件和软件条件也都“无所施其技”，不但“空有了一身好功夫”，甚至可能走向反面，“好设备”起到“坏作用”，甚至导致工程失败。

总而言之，在工程实践和工程方法的运用中，必须把工程方法整体中的“软件”、“硬件”和“斡件”结合起来，使三者相互渗透、相互结合、相互促进才是正确的工程方法运用原则。

2.3　工程方法运用中的选择、集成和权衡协调原则①

1. 工程方法运用时的选择和集成

在工程实践中，工程方法不是以“单一方法”的形式发挥作用而是以“工程方法集”的形式发挥作用的，于是，对诸多“单一工程方法”的“集成”就成为了工程方法运用中的一个基本原则。这个“集成原则”是工程方法运用中的一个具有普遍性和关键性的原则。许多工程实践者对于这个工程方法的集成原则的重要性都有深刻的体会。

工程方法运用中的集成原则和选择原则是密不可分的。具体的工程方法，千千万万，数不胜数，而最终能够进入“工程方法集”的那些方法都是被“选择”出来的方法。需要注意，在“选择”这个概念中必然同时包含“选中”和“被弃选”这两个方面，换言之，在出现某些工程方法“被选中”的同时必然还有许多方法“未能中选”而“被弃选”。于是，“选中”和“摒弃”就成为了同一过程的两个方面。

应该注意，在工程活动和工程方法论中，这个“选择原则”或“选择操作”不是仅仅在一个层次上运用，而是要在多层次上运用和使用的②。特别是在最高层次上，有关于“多个总体层次的备选设计方案”的“选择”问题，而每个“总体层次备选方案”中又都存在和进行了多个亚层次的对诸多工程方法的“选择”。

2. 权衡和协调原则及其重要性

如上所述，选择和集成是工程方法论中的重要原则。那么，究竟应该如何进行选择和集成呢？更具体地说，选择和集成原则有哪些具体内容呢？这实在是一个难于简单回答的问题。工程实践者、决策者、领导者在这些方面已经积累了丰富的经验。可是，迄今为止，理论上的总结、深化和升华仍然较少。本节在此也无法全面回答这个问题，以下只着重谈其中的一个关键性问题——“选择和集成”中的“权衡和协调”问题。

“权衡”二字在直接意义上是指秤锤和秤杆，可泛指称量物体轻重的器具、操作和过程。在中国文化传统中，孔子是影响最大的人物。应该注意的是，孔子已经强烈意识到权衡过程和权衡原则的重要性。孔子说：“可与共学，未可与适道；可与适道，未可与立；可与立，未可与权。”(《论语·子罕》)应该注意，这段话绝不是孔子的贸然言论或即兴话语，而是孔子对人生经验和社会经验的深刻总结和

① 选择、集成、权衡、协调都是多义词，其词义可指“操作”，或指“过程”，亦可指“原则”。这几个含义不完全相同，但又有密切联系。其具体含义在不同语境和具体行文中往往不难辨析出来。

② 集成也是适用于多层次的原则和需要在多层次进行的操作。

深刻体会。在这段话中，孔子强调了权衡原则的重要性和贯彻权衡原则的难度。对于工程活动和工程方法而言，不但必须进行技术领域的权衡，而且需要进行有关的经济、政治、社会、伦理、生态领域的权衡，特别是综合性的权衡，这就大大增加了工程活动和工程方法运用中进行权衡和把握权衡原则的难度。应该注意，权衡过程和权衡原则贯彻和渗透在每一次的“选择操作”之中，在工程活动和工程决策中，任何选择——从具体工程方法的选择到最终设计方案的选择——都是权衡的结果。

在工程活动和工程过程中，“选择和集成过程与原则”与“权衡和协调过程和原则”是密切联系的。其中，“选择”与“权衡”往往有更加密切的联系，而“集成”与“协调”往往有更加密切的联系。

工程活动中必然面临许多矛盾和冲突，在面对和处理这些形形色色、千变万化的矛盾冲突时，有关主体必须依照一定的协调原则进行协调工作。如果协调失败，工程活动往往就难以顺利进行。这意味着在许多情况下协调原则及其执行情况往往就是工程活动能否得以顺利进行和能否成功的关键环节。

作为一个原则，在协调的含义中无疑地包含着某种“妥协”或“让步”的“成分”，这就使“协调”原则与数学中的所谓“最优化”和伦理学中的所谓“绝对命令”有了含义上的差别。

从理论角度看，工程活动中确实应该重视数学中的最优化原则与方法，重视伦理学中的所谓“绝对命令伦理学”的合理含义，但它们都只能作为运用工程方法时的参考要素。一般地说，工程活动主体不能不加分析地、教条主义地依据数学最优原则和伦理学的绝对命令原则办事。换言之，工程活动主体应该把数学最优方法及其结果当做“被协调的因素之一”进行协调，而不能教条主义地直接依据数学最优化方法行事。因为虽然数学最优化方法本身无疑“在数学上”是正确的，可是由于工程的实际情况和条件(具体的约束条件、初始条件、边界条件、具体机制等)与数学最优化的数学要求不可能完全符合，二者不可避免地存在差距，这就导致了在工程活动中常常不能直接运用数学最优化方法而只能将其作为“参考性”要素之一在进行“协调”时加以考虑。

虽然“协调”的含义中包含着某种程度和某种含义的“妥协”“让步”的因素，但这绝不是说可以把“协调原则”与“无原则的妥协”混为一谈。对于现实生活中出现的形形色色的权钱交易、偷工减料、降低标准等丑恶、违法、不道德的行为和现象是绝不能“妥协”的。

从理论上看和从现实情况进行分析，必须进行协调的原因和坚持协调原则的重要性常常源于具体工程活动所具有的“特殊条件”、“具体环境”和“特殊的当时当地性”。从哲学上看，可以认为，协调原则的本质就是贯彻哲学理论中所强调的“具体情况具体分析和具体处理”的思想。

必须强调指出，贯彻“协调原则”的根本目的是实现和落实工程理念和正确的工程观，必须使协调过程在工程理念和正确的工程观的指导下进行，必须避免和反对那些以“协调名义”而进行的假公济私、因小失大、以邻为壑等错误行动和错误方法。

从哲学角度分析，可以认为协调原则是一个承认“相对性”的原则，其含义中难免包含某种“相对性”的充分，但这绝不是说协调原则是一个“相对主义”的原则。至于究竟如何在现实的工程活动中正确贯彻协调原则而不陷于相对主义，那就往往不是一个理论问题，而是“如何对具体问题进行具体分析”的问题了。一般地说，协调原则的难点在此，协调原则的关键在此，协调原则的威力和灵魂往往也在此处。

需要注意，对于科学活动、科学方法和科学目标来说，在“硬性”的真理标准面前，不能讲“妥协”，不能讲“协调”，不能让真理“委曲求全”——“委曲求全”的“真理”便不再是“真理”。可是，在工程活动中，各项矛盾的“要求”和“标准”往往是需要进行“妥协”和“协调”的，对于工程活动来说，必要的“妥协”、高明的“协调”、巧妙的“权衡”往往是工程方法论的关键内容，而在“协调”和“权衡”上的失败往往就意味着工程的失败。

2.4 工程方法运用的可行性、安全性、效益性原则

在工程方法的运用原则中，可行性原则、安全性原则和效益性原则这三个原则似乎都是具有“显而易见性”的原则，甚至可以说是无须深刻理论论证许多人便已经承认和接受的原则。

工程活动是实践活动。在工程方法的运用原则中，工程实践者——包括工程领导者、管理者、投资者、工程师、工人等——无不承认可行性原则的重要性，特别是那些具有丰富经验的工程实践者更对这个可行性原则有深刻的认识和体会，而脱离实际的人和某些初出茅庐的人却往往忽视这个可行性原则，而乐于纸上谈兵。纸上谈兵的方式和习惯往往会在口头上、纸面上很“吸引人”，但因为背离了可行性原则，其危害性常常是很大的。

在认识这个可行性原则时，应该注意的是，工程方法是否具有可行性，决定于一定的条件和环境。在许多工程活动中，随着环境和条件的变化，有些原先不具有可行性的方法有可能在新环境中成为具有可行性的方法。特别是工程实践者有可能通过创造新环境和新条件而使原先不具有可行性的方法“转变”为具有可行性的方法。

对于工程方法运用中的安全性原则，以往由于多种原因往往没有受到足够的重视。忽视安全性原则的原因是多种多样的，但无论是什么原因，那些忽视工程安全性原则的想法和做法都是错误的，是必须批评和纠正的。应该注意，所谓工程安全，不但是指保护劳动者、工程从业者的安全，而且是指不能让工程活动危害社会安全。例如，人们经常看到，许多工程事故不但造成了工程参与者的伤亡，而且造成了无辜民众的伤亡。

工程是讲究效益的，于是效益性原则就成为了工程方法的重要运用原则之一。以往有些人仅仅把效益性理解为经济效益，这种对效益概念的狭隘理解虽然在现实中仍然并不鲜见，但从理论上看，已经被摈弃了。对于工程活动来说，不但需要衡量其技术效率、经济效益，而且必须衡量其伦理意义、生态效果、社会影响、文化影响等广泛的方面，总而言之，必须从综合性和广义理解中认识和把握工程的效益性原则。

在贯彻可行性、安全性和效益性原则时，努力知己知彼和注意因时因地制宜往往是关键内容和环节。在最近几十年中，博弈论和利益相关者理论引起了广泛的关注，这些理论的某些内容使人情不自禁地想到了中国古代关于“知己知彼”和关于“因时因地制宜”的观点。在科学领域，要求其方法和结论能够“放之四海而皆准”，而不能具有时间和地域的特殊性，不能说在美国实验室中所应用的方法和所得到的结论到中国的实验室中就“不灵”了，必须“另作安排”了。相形之下，工程领域的活动却不可避免地具有“当时当地性”，需要“因时因地制宜”。例如桥梁工程、铁路工程、水利工程、建筑工程等领域，不可能有两个工程项目是条件和要求完全相同的，这就使工程方法的运用中必须讲求因时因地制宜的原则。在工程活动中，工程活动主体不但必须解决自然条件和自然环境方面的种种问题，而且必须解决社会环境、社会关系方面的种种问题，这就使工程活动的主体不但需要“知己”(包括清醒地了解和估计自身的“软件”、“硬件”、“斡件”条件、水平和能力等)，而且需要“知彼”(包括调查和确切掌握自然环境、社会环境方面的各种有关状况)，在“知己知彼”的基础上“因时因地制宜”地选择可行而适当的工程方法。在工程实践中，是否真正可行，是否真正适当，能否保证安全，效益如何，往往都取决于是否真正“知己知彼”，是否真正做到了“因时因地制宜”。

2.5 遵守工程规范和进行工程创新辩证统一的原则

对于规范的含义，《百度百科》和《百度词典》解释说：“规：尺规；范：模具。这两者分别是对物、料的约束器具，合用为‘规范’”；“规范可能与活动有关(如程序文件、过程规范和试验规范)或与产品有关(如产品规范、性能规范和图样)，拓展成为对思维和行为的约束力量”；“规范”就是“明文规定或约定俗成的标准，如道德规范、技术规范等。”

工程规范是工程活动经验——既包括成功的经验也包括失败的教训——的总结。为了保证工程活动的成功，避免失败，这就制定了工程规范。古代社会中，工程规范往往采用“约定俗成”、“行业传承”、“代代传承”的方式，但也可能采用明文规定的形式。可以认为，《考工记》就是我国最早的有关手工业技术规范的著作。到了近现代时期，工程规范逐渐更多和更明确地采取明文规定的形式。工程规范可由行业、企业颁布，也可由国家颁布。

在现代工程活动中，工程活动和工程方法的运用必须遵守有关规范已经成为公认的准则。如果不遵守工程规范而出现事故，有关人员甚至要承担法律责任，受到法律的惩罚。

在运用工程方法时，不但必须注意遵守工程规范的原则，而且也要努力在工程实践中勇于创新——包括原有工程方法的创新性运用和新工程方法的发明。

无论从历史角度看还是从现实状况看，人类的工程活动都在不断创新的进程之中。工程界必须戒除那种只知墨守成规、不思进取的倾向，必须树立工程创新的意识，必须敢于进行工程创新。否则，工程活动就不能进步，无法发展了。

在工程实践中，遵守工程规范和勇于工程创新是对立统一的关系。一方面，必须遵守有关的工程规范，不能蛮干，不能心存侥幸；另一方面，必须勇于创新，必须在必要时勇于破除陈旧过时规范的限制和约束，必须敢于以严肃、严格、严谨的态度大胆创新，并且在总结新经验的基础上，及时把新经验和新方法规定为新的工程规范。而在新方法成为新规范后，墨守旧方法就成为违背规范的事情了。

在工程方法论领域，认真分析和研究工程创新和工程规范的相互关系是一个重要课题和一项重要内容。在工程实践中，正确认识和恰当处理工程创新和工程规范的相互关系是保证工程活动成功、避免失败、促进工程健康发展的最重要的原则和最重要的条件之一。

2.6 约束条件下满意适当、追求“卓越与和谐”的原则

1. 中国传统哲学的和谐概念与西蒙的有限理性概念

在中国哲学传统中，和谐是一个重要概念，追求和谐是一种重要的哲学思想，不但向往和追求人与人关系的和谐，而且追求人与自然关系的和谐。在现代时期和现代社会中，我们无疑应该发扬这种思想和传统。

在中国和欧洲的哲学传统中，都存在着重视理性的长期传统。究竟应该如何认识和理解理性这个概念，古今哲学家见解不一，曾经提出了多种解释。在现代认知科学和经济学中，诺贝尔经济学奖得主西蒙独树一帜，大力弘扬“有限理性”观点和理论。“西蒙认为，有关决策的合理性理论必须考虑人的基本生理限制以及由此而引起的认知限制、动机限制及其相互影响的限制。从而所探讨的应当是有限的理性，而不是全知全能的理性；应当是过程合理性，而不是本质合理性；所考虑的人类选择机制应当是有限理性的适应机制，而不是完全理性的最优机制。决策者在决策之前没有全部备选方案和全部信息，而必须进行方案搜索和信息收集；决策者没有一个能度量的效用函数，从而也不是对效用函数求极大化，而只有一个可调节的欲望水平，这个欲望水平受决策者的理论和经验知识、搜索方案的难易、决策者的个性特征(如固执性)等因素调节，以此来决定方案的选定和搜索过程的结束，从而获得问题的满意解决。因此‘管理人’之所以接受足够好的解，并不是因为他宁劣勿优，而是因为他根本没有选择的余地，根本不可能获得最优解。”这个“有限理性”概念不但在经济学领域产生了重要影响，而且在其他领域乃至哲学领域也产生了重要影响。

2. 和谐概念和有限理性概念在工程方法运用原则中的表现和影响

在研究工程方法论时，我们应该高度重视哲学中的有限理性概念与和谐概念在工程方法运用原则中的表现和影响。

从方法论角度看，“和谐理念”不同于“斗争哲学”和“征服哲学”。“和谐理念”指导下的工程观

不同于"斗争哲学"和"征服哲学"指导下形成的强调"征服自然"的工程观。"有限理性"概念强调了理性能力的有限性，它不承认可能有什么达到"全知全能"的理性。依据"有限理性"理论，任何现实的工程方法在现实生活中都不可能达到严格意义的"尽善尽美"，而只能发扬"追求卓越"的精神，努力达到"约束条件下的满意适当"。

从哲学分析的角度看，工程方法论领域中的"约束条件下满意适当、追求'卓越与和谐'原则"就是和谐概念和有限理性概念的具体反映和具体表现。

任何工程活动都是在一定的约束条件下进行的。所谓约束，不但是指客观条件的约束(例如设备条件和自然条件的限制)，而且是指主观条件的限制(例如人的认识能力和所获得的有关信息不可能完备的限制)。正由于存在种种约束条件的限制，特别是由于人类不是"全知全能"的，人们在现实的工程活动中也就不可能达到真正的、理想性的尽善尽美，而只能达到"约束条件下满意适当"的目标。可是，这个"约束条件下满意适当"也绝不等于"降低标准"，绝不是"抛弃理想"，工程界必须念念不忘在工程活动中坚持"追求'卓越与和谐'的原则"。

工程界必须把坚持"约束条件下满意适当"的原则和"追求'卓越与和谐'的原则"统一起来，而不是把二者对立起来。二者是需要与可能统一起来的，但二者又不是可以轻而易举地就统一起来的。工程活动是现实性和理想性的统一，如果说"约束条件下满意适当"的原则更多地反映和表现了工程活动中现实性的方面和现实性的要求，那么"追求'卓越与和谐'的原则"就更多地反映和表现了工程活动中理想性的方面和理想性的要求。工程活动正是在这两个方面的对立统一中不断演化、不断发展、不断前进的。

以上六条就是对工程方法"通用原则"的简要理论分析与阐述。由于工程方法的运用原则绝不是可以"不令自行"的。所以，为了使工程方法的运用原则得以顺利贯彻和实行，不但需要培养和形成对于工程方法运用原则的正确认识和正确态度，还需要在此基础上进一步形成有关的"制度"，通过制度的方式和途径保证工程方法的运用原则得以顺利贯彻实行。事实证明，必须把思想认识、心理态度和有关制度的方式和力量结合起来，才能形成更加有效的措施和力量来保证工程方法运用原则得到认真贯彻和实行。

★ 参考文献

[1] 林定夷. 科学逻辑与科学方法论[M]. 成都：电子科技大学出版社，2003.

[2] 汉兹. 开放的经济学方法论[M]. 武汉：武汉大学出版社，2009.

[3] 陈金钊，焦宝乾，等. 中国法律方法论研究报告[M]. 北京：北京大学出版社，2012：313-328.

[4] 李伯聪. 规律、规则和规则遵循[J]. 哲学研究，2001(12).

[5] 殷瑞钰，汪应洛，李伯聪，等. 工程哲学[M]. 2 版. 北京：高等教育出版社，2013.

[6] 《百度百科》条目. https://baike.baidu.com/item/赫伯特·西蒙/4822514?fr=aladdin.

(作者单位：中国科学院大学)

工程方法与技术方法的比较

陈凡　傅畅梅

摘要：工程方法与技术方法比较的逻辑前提和基础在于工程与技术的相对独立性及其二者之间的密切关联。基于工程与技术关系的考察，可以认为工程方法与技术方法既存在差异性，又存在统一性。工程与技术的相对独立性必然导致工程方法与技术方法存在差异性，工程与技术的密切关联性必然导致工程方法与技术方法存在统一性。工程与技术的相对独立性和密切关联性是工程与技术之间的异质性及其生活世界界面的具体呈现。工程方法与技术方法比较的研究，无疑会对工程哲学与技术哲学、工程实践与技术实践具有重要的理论意义和实践价值。

关键词：工程；技术；工程方法；技术方法；比较

工程方法与技术方法的比较，首先应该讨论的是究竟是否存在着相对独立的工程方法和技术方法，工程方法可否界定为技术方法在工程领域(工程活动)的应用和具体化。如果认为工程与技术没有质的差别，工程只是技术的运用，工程方法与技术方法也就不会有原则性的不同。当然，如果阐述不清工程方法与技术方法有什么重要的区别，工程方法有哪些特殊性质，也就难以看到工程与技术的差别。

一、工程方法与技术方法比较的可能性：源于工程与技术的关系

通过对“工程”和“技术”概念不断发展的梳理也可以使这两个概念的内涵和外延更加明晰。“技术”一词最早在德国的词源涵义包含两种意思，即技术(德文 Technik)与技术学(德文 Technologie)，在英文中是一个词，表达的也是两种意思。发展到今天，作为方法的“技术方法”所对应的是技术而非技术学。在狄德罗主编的《百科全书》中的“技术”(Art)指的是为完成特定目标而协调动作的方法、手段和规则相结合的体系。20 世纪后期，技术被定义为“人类改造或控制客观环境的手段或活动”。[1]也有将技术定义为人类为了满足人类的社会需要而依靠自然界的物质、能量和信息来创造、控制和改造自然系统的手段与方法。[2]当然，关于技术的涵义还有不同的见解。但总体来说，共同一致的看法就是技术的本质，主要是指技能、方法、手段和知识体系的运用等。值得一提的是，技术的发展也经历了逐渐与科学结合的过程，进而形成了奠基于科学的技术观，并广泛地应用于社会，科学技术化、技术科学化，科学、技术、经济与社会相互作用，科学技术成为社会发展的有力杠杆，广泛且深刻地影响着社会，从这个意义上讲，工程被包含在技术之中。在西方，“工程”一词产生于 17 至 18 世纪之间，到 18 世纪下半叶，严格意义上的工程科学才正式出现。在西方，“工程”一词自出现之初，就与近代技术科学具有密切的联系，技术、科学以规模化、组织化、体系化等形式展现为现代性的工程。著名思想家波塞尔认为，工程与技术之间没有必要区分且难以区分。[3]著名技术哲学家海德格尔将现代技术的本质界定为“座架”，现今技术哲学家伯格曼将现代技术的本质界定为“装置范式”，其实质是对工

程全面技术化的描述和批判。

基于对西方工程哲学思想的历史考察与分析可以认为，工程与技术是渐进分离的，并不具有完全独立的特征，二者之间存在一个共同的交叉领域，即工程技术。[4]它既强调了工程与技术的相对独立性，也阐述了二者之间的联系及其渐进式分离过程。

重视工程，前提是要清楚工程及其工程的意义，工程和技术往往被混为一谈，似乎工程与技术没有区别，似乎工程就是技术，技术就是工程，而从实质上讲，工程与技术之间存在不可忽视的差别，并认为，工程有其相对独立性，需要对工程问题做专门的探讨。[5]工程不能仅仅单指技术，还包括经济、管理等诸多方面，技术不能统摄造物活动的所有领域，工程只有在工程的事实域中才能成为可能。[6]工程与技术是两个不同的研究对象，是有其本质区别的，工程活动是以建造为核心的人类活动，技术活动是以发明为核心的人类活动，并将此作为工程哲学的逻辑前提。[7]可以看出，认识到工程相对独立性具有重要意义，提出了科学、技术与工程各有其特殊性特征，为工程哲学的发展提供了必要的前提。

基于以上的观点，可以认为，工程与技术是既有其密切联系的方面，又有其差异性的方面。工程与技术差异性要求其方法，即工程方法与技术方法也必然具有不同的特征；而工程技术相互联系的方面所展现的是工程方法与技术方法的在生活世界境域中的统一。

二、工程方法与技术方法的差异性：源于工程与技术的异质性

方法是人们用以实现目标的手段。工程方法与技术方法的差异性首先表现在二者的内涵与外延不同。从内涵上讲，技术方法主要是指人们从事技术活动所采取的手段、途径及行为方式的总和。主要解决的问题是“做什么”、“怎么做”和“怎么做得更好”。技术方法的内涵界定是从本质上界定了技术方法的范围。从技术方法的外延来看，技术方法呈现以下特征：技术原理使用的无极致性，技术方法的工具蕴含性，技术方法运用的灵活性和技术方法的综合性。([8], pp. 129-134)工程涵盖的范围，涉及的领域比技术要宽泛得多。工程不仅包括技术的集成，还包括技术与经济、技术与社会、技术与文化等其他要素的集成过程。工程方法主要包括在工程活动中所使用的各种各样的具体方法和作为形形色色的工程方法的总称。[9]工程方法包括精神性和物质性的方法，具体来说是指工程思维方法和工程工具方法。工程方法的整体结构包括硬件、软件和斡件三个部分。硬件是指工程活动所必需的工具、设备等，软件则是指硬件的操作方法、程序、工序等，斡件是指工程活动的工程管理。[10]

工程方法与技术方法的差异性其次表现在二者所包括的具体内容不同。技术方法主要包括技术发明方法、技术设计方法、技术预测与评价方法。技术发明方法主要是指发明的程序、从技术措施到方法学体系、成对措施、成组措施、成套措施等。技术设计是科技成果的物化环节，其地位至关重要，技术设计方法主要是指分析需求、确定技术参数和方案设计、模型试验和试制。技术预测与评价方法是指科技发展到现代后的时代要求，主要包括直观型预测方法、探索型预测方法、规范型预测方法和反馈型预测方法。技术评价从不同的角度又可划分为不同的评价类型和评价内容，表现为不同的评价方法。工程方法主要包括：工程的系统分析方法、工程决策方法、工程设计方法和工程风险评估方法。工程的系统分析方法主要包括霍尔的三维结构模型和钱学森的综合集成的方法。工程决策方法主要是指可以普遍适用于工程决策活动并有其指导作用的范畴、原则和手段的总和，包括相应的程序和机制。工程设计方法是指在工程决策之后工程设计的一般程序和具体方法。工程风险评估方法主要包括安全检查表法、失效模式与效应分析法、事件树分析法、故障树分析法和导次分析法。([8], pp. 135-176)

工程方法与技术方法差异性的其他方面具体呈现可见表 1。

表 1　工程方法与技术方法的区别

	工程方法[10]	技术方法[11]
与目的的关系	源于“现实的需求”，并指向和服务于产品和工艺 提高功效和创造价值：创造和提高效力、效率和效益	设定目的，实行控制、变革、造成现实性 通过试验和试错，对设计、方案进行选择与优化 确立规则、程序和手段，积累经验，重视实践
与结果的关系	尽可能地预见可能出现的复杂结果，但出现意外结果的可能性依然不能完全排除	力求合理、有效、有必要的折中，留有余地，功利性标准
要解决的问题	“行不行”与“好不好”	“做什么”、“怎么做”和“怎么做得更好”
呈现的总体特征	包括技术维度、经济维度、管理维度、社会维度、生态维度等，需要在综合思路上分析和研究方法问题	从普遍到特殊，从抽象到具体，实现从主观客观化，并与诸多社会人文因素密切相关

三、工程方法与技术方法的统一性：源于工程与技术的生活世界界面

基于工程与技术的密切关联，工程方法与技术方法在任何时空条件下都是不可分离的，二者共同的赖以存在的视域是人类的生活世界。因此，对于工程方法与技术方法差异性与统一性的探究，都是源于生活世界的生存论视域。

在生活世界中，一切科学技术的产生和发生作用的方式、一切价值、责任、伦理和生存的意义，共同构成了工程形成的基础和方向，并因此而成为工程方法的生存论视域。

20 世纪初，胡塞尔在“欧洲科学的危机”中关于“生活世界”的思想，为关于工程方法与技术方法的问题，提供了重要的启示。欧洲科学的危机，其实质是意义的退隐，是指由于现代性的发展所导致的生活世界的数学化与科学化的危机。[12]随着科学技术的发展与应用，“工程”一词应运而生，从其产生的境遇来看，工程是在科学精神正面效应充分展现的时代，是在科学、技术精神主宰的远离生活世界的科学技术的应用中产生的，工程只是在科学与技术的世界中才能得到理解，工程似乎只是一种技术化的操作。

自胡塞尔以降，现象学视域下的生活世界是指原初的、未被课题化的、前科学的世界，这种原初存在的和未被课题化的生活世界为我们深刻理解工程与技术、工程方法与技术方法提供了面向工程本身和面向技术本身的可行性路径。

生活世界是指有意义有目的的事物，而非无意义的装置，沿着这一路径，技术与工程可以通过悬置回到其源初的地方，工程与技术一起，可以植根于同一地平线，并借此获得自己的合法地位。在生活世界中，实践是人的存在方式，而人类最基本的实践活动就是工程。马克思认为，如果把工业看成人本质力量的公开展示，那么人的本质，也就可以理解了。[13]海德格尔在《存在与时间》一书中，强调人在世界中居于基础和前提性的地位，也就是说，通过生活中最基本的实践使世界能够达到这个目的。工程实质就是人在世的操劳、面向未来的筹划和人在世界的所是。基于此，可以认为，不管是技术形态的演化，还是技术创新和产业技术创新，抑或技术与文化和技术的社会建构，从更广泛的意义上讲，技术依存于工程而存在。但不能因此就认为，工程领域全面地包含了技术领域，两者是存在差异性的在生活世界中的统一。

在工程与技术的关系问题上，既没有无技术的工程，也没有纯技术的工程，工程不仅包含技术要素，更需要管理要素、经济要素、伦理要素等。

任何工程活动都依存于作为活动手段的技术，任何技术都不可能脱离工程而存在和发展，技术是工程的重要因素，工程是技术发挥作用的平台。工程与技术可以类比为手心与手背的关系，既有其各自相对独立性，不可互相替代，又相互依存，相互牵动，密切关联。以造物活动为对象的工程方法与以发明革新为对象的技术方法之间有着互相依存，难以划定界限的特点。[14]

基于工程方法与技术方法的统一性源于工程与技术的生活世界界面，工程方法与技术方法的统一性首先表现在工程方法与技术方法实现的主体是人。方法的实现依存于人的主体作用。人是工程方法与技术方法实现的必要条件。方法源于人的发明创造，方法的功能和作用的发挥源于人将其运用于社会以达到的预期目的，当然，并不排除有可能出现作为主体的人未曾预料到的结果。

工程方法与技术方法的统一性其次表现在工程方法与技术方法在方法论体系中是处于同一层次的方法。方法论体系既包括一般意义上的哲学方法，又包括特殊意义上的工程方法、技术方法和科学方法，还包括个别意义上的具体方法。从一般、特殊和个别的意义上讲，工程方法与技术方法是处于“同一层次”的方法。

在工程方法与技术方法的认识上，不仅要认识知性工程观、技术工程观、管理工程观，而且要回到生活世界中的工程事例中，面向工程事实本身，只有这样，才能真正看到工程方法与技术方法共同发生作用的境遇——生活世界。

四、工程方法与技术方法比较的意义：源于工程与技术的现实性

工程方法与技术方法比较的意义首先在于在认识的层面上可以获得关于二者及其关系更为清楚的理解和把握。技术发明与科学发现相比，技术发明与现实实践更为紧密相连，工程在某种意义上，可以说是技术的集成在现实中的体现，表现出更大的现实性特征，工程与技术的现实性要求对技术方法和工程方法有更为清晰的认识，而比较有助于获得关于工程方法与技术方法更为清楚的认识。基于工程与技术既存在异质性、差异性特征，又具有统一性、交互性特征，要求对工程方法和技术方法的认识上要具有辩证思维，既要看到各自的特殊性特征，又要看到二者的共性特征。对技术的认识，主要包括对技术成果的认识和技术方法的认识，相对于技术成果，技术方法更具有传承性特征，其意义更为深远。与对技术的认识类似，对工程的认识，主要包括对于工程创造物的认识和工程方法的认识，相比于工程创造物，工程方法也更具有普遍和稳定的特征，其影响也更为广泛和深远。从技术的历史发展来看，技术成果的增长是处于不断变化之中，具有迅速性和无限性的特征，工程创造物也是处于不断地扩展中，大型工程不断实现，展现出人类改造世界的力量。而工程方法和技术方法则是相对稳定的。在这个意义上，可以认为，工程方法和技术方法要比工程创造物和技术成果更为基础，更为重要，如何在不同的时空条件下恰当地、正确地运用工程方法和技术方法就显得尤其重要。通过对工程方法和技术方法的比较，获得较为明确清晰的认识，不仅有助于对现代技术和现代工程的整体理解和全面把握，也有助于灵活运用各种工程方法和技术方法，在广度和深度上加强对工程方法和技术方法的认识。

工程方法与技术方法比较的意义其次在于在实践的层面上可以给予现实的技术发明和工程创造以智力支持。工程方法和技术方法一方面能为哲学家争论了几个世纪的问题给以启迪，[15]另一方面也在于方法对于工程和技术发展是有其重要意义的，与科学相比，技术与工程都具有极强的现实性。科学发现、技术发明、科学技术的大范围社会推广和应用形成工程，科学、技术是工程的基础，工程使科学、技术成为社会化的现实力量。从科学技术化再到技术工程化，呈现的是科学、技术和工程之间的“内在逻辑”，呈现的是科学、技术和工程的递进关系，其实质是知识的力量逐步社会化的过程。科学、技术与工程之间不仅有其内在的逻辑，而且也有其“外在逻辑”，即科学、技术和工程都内在地蕴含着伦理和人文的因素，受社会文化和制度因素的影响。基于技术和工程的现实性特征，方法也就越发地

显现出其不可以忽视的重要性。毛泽东曾经说过，如果我们的任务是过河，那么没有桥或者船等工具就过不去。不解决桥或者船的问题，过河就是一句空话。那么，同样道理，方法问题不解决，任务也只能是瞎说一顿。[16]正确的、恰当的工程方法和技术方法，不仅有助于工程和技术的发展，并且对于工程技术研究人员才能的发挥，也有着极其重要的意义。前苏联的巴甫洛夫也曾指出过研究法对于初期研究的重要意义，认为科学是随着研究法的不断进步而前进的。并且进一步认为，研究法每前进一步，科学研究也会前进一步，研究视域也会随之拓展，也就会出现一个充满种种新鲜事物的、更广阔的前景。[17]可以看出，研究方法对于科学发展的重要性，同此道理，奠基于科学的工程活动和技术活动的方法也具有不可或缺的重要地位，对现实工程活动和技术活动的开展，都具有极其重要的现实价值，通过工程方法与技术方法的比较，明晰二者之间的关系，在实践的层面上，将更有助于技术的进一步创新及其在社会范围的推广与应用，形成产业技术创新，也有助于工程伦理的构建，有助于工程主体能动作用的发挥，有助于工程系统的科学开展和有助于工程生态的保护。

工程方法与技术方法比较的意义最后在于在方法论的层面上有助于工程方法和技术方法的进一步拓展。技术方法可以分为三个层次：特殊技术方法、一般技术方法和哲学方法。工程方法也包括三个层次：特殊工程方法、一般工程方法和哲学方法。文中所探讨的工程方法与技术方法的比较，是中间层次的工程方法与技术方法的比较，技术方法主要是指技术发明、设计、预测和评价等方法，工程方法主要是指工程思维和工具方法，比较典型的是工程系统分析方法，工程的系统工程分析方法包括三维结构分析方法和网络分析方法，工程方法中的综合集成方法包括定性综合集成、定量综合集成和系统综合集成。[18]对于工程方法与技术方法中间层次的比较，居于承上启下的地位，连接着工程技术实践与辩证唯物主义方法论，因此，比较既离不开对于特殊的技术方法的考量，也离不开哲学方法的世界观和方法论指导。二者之间的比较，既可以通过工程与技术之间的既相互区别又有其密切联系关系的方面，也可以从工程活动与技术活动的区分、工程与技术所蕴涵的伦理和人文意蕴等方面对工程方法和技术方法进行比较，以此来丰富和深化对技术方法和工程方法的方法论认识。因此，要做到既要考察技术与技术活动的历史发展脉络，也要考察工程与工程活动的历史演化，从中探讨出技术方法和工程方法各自的进化过程和进化规律；既要考察技术发明、技术应用，也要考察技术集成、工程创造，从中探究现实状态下技术方法和工程方法的现实运用的状况，揭示技术方法和工程方法运用的客观基础、适用范围及其运用技巧，达到对技术方法和工程方法现实运用的本质性认识，以拓展工程方法和技术方法的方法论。

★ 参考文献

[1] 《简明不列颠百科全书》编辑部. 简明不列颠百科全书(第 4 卷)[M]. 北京：中国大百科全书出版社，1985：233.

[2] 《自然辩证法百科全书》编委会. 自然辩证法百科全书[M]. 北京：中国大百科全书出版社，1995：214.

[3] 波塞尔，刘则渊，李文潮. 中德学者关于技术与哲学的对话[A]. 工程·技术·哲学[C]. 刘则渊，王续琨主编，大连：大连理工大学出版社，2002：195.

[4] 张铃. 西方工程哲学思想的历史考察与分析[M]. 沈阳：东北大学出版社，2008：152.

[5] 陈昌曙. 重视工程、工程技术与工程家[A]. 工程·技术·哲学年鉴[C]. 刘则渊，王续昆主编，大连：大连理工大学出版社，2001：29.

[6] 程秋君. 技术哲学与工程哲学的界面[D]. 西安建筑科技大学，2005：19.

[7] 李伯聪. 工程哲学引论：我造物故我在[M]. 郑州：大象出版社，2002：5.

[8] 中共辽宁省委高校工委，辽宁省教育厅组. 自然辩证法概论[M]. 沈阳：辽宁大学出版社，2014.

[9] 殷瑞钰. 关于工程方法论研究的初步构想[J]. 自然辩证法研究，2014(10)：35-40.
[10] 李伯聪. 关于方法、工程方法和工程方法论研究的几个问题[J]. 自然辩证法研究，2014(10)：41-47.
[11] 陈昌曙. 技术哲学引论[M]. 北京：科学出版社，2012：148.
[12] 克劳斯·黑尔德. 生活世界现象学[M]. 倪梁康，张廷国，译. 上海：上海译文出版社，2002：34.
[13] 马克思. 1844年经济学哲学手稿[M]. 北京：人民出版社，2000：89.
[14] 宋刚，王续琨. 工程方法论：学科定位和研究思路[J]. 科学技术哲学研究，2014(06)：60-64.
[15] Mccarthy N. What Use is Philosophy of Engineering? [J]. Interdisciplinary Science Reviews, 2007, 32(4)：320-325.
[16] 毛泽东. 毛泽东选集(第一卷)[C]. 北京：人民出版社，1957：134.
[17] 自然辩证法讲义编写组. 自然辩证法讲义[M]. 北京：人民教育出版社，1979：235.
[18] 郑好. 工程哲学理论及其应用研究[D]. 南京理工大学，2013.

(作者单位：陈凡：东北大学马克思主义学院哲学系；傅畅梅：沈阳航空航天大学马克思主义学院)

工 程 树

吕乃基

摘要： 工程犹如一棵树。从决策到构思到完成设计，相当于从地下的根须到主根形成及地面上的主干破土而出。从设计图纸到施工到竣工，相当于从主干挺拔到枝叶枝繁叶茂。而后的维护运行，相当于树的生命延续。

关键词： 工程树；港珠澳大桥；责任树；责任链

工程犹如一棵树。

从决策到构思到完成设计，相当于从地下的根须到主根形成及地面上的主干破土而出。从设计图纸到施工到竣工，相当于从主干挺拔到枝繁叶茂。而后的维护运行，相当于树的生命延续。

一、由根系到主干的三个三角形：协商能

1. 价值整合：正三角形

目前的工程哲学较少涉及价值领域。实际上，从科学哲学、技术哲学到工程哲学，价值介入越来越深入，以及全程全方位都有介入。在某种意义上可以说，价值介入成为工程哲学的一个核心特征。

所有工程的第一步，首先面对的就是各利益相关方的价值诉求，譬如桥梁的两岸会有差异，苏通大桥涉及苏州与南通的不同经济社会发展程度和地理自然条件，港珠澳大桥涉及三地，还叠加了政治制度的差别。涉及各类主体，如政府、工商界和社会，以及在工程建设前后和过程中可能的利益受损方，如航运，拆迁以及包括来自自然界的主体(白海豚)，还需要考虑各方的权重。这些主体及其价值诉求都根植于特定的初始条件与边界条件之中。

这就是“工程树”的根系。在考虑上述各方和各种因素的前提下，对各种价值诉求逐一整合，由最细的根须到较粗的根，这一整合过程犹如一个正三角形，由纷繁的根须整合为主根。三角形要有“底边”，也就是各种价值诉求不可逾越的底线。港珠澳大桥在交通、航道、海事、渔业、水利、环保等方面，均适用于内地司法行政管辖。三角形的“两腰”是投资、工期、社会和自然环境等的约束，两腰之间是有待整合的尽可能多的相关利益方和各种有待考虑的因素。经过多套方案的权衡比选，形成各方所共同可以接受的最终方案，可以称之为各方之间的“最小公倍数”，收拢到“三角形的顶角”。

价值整合三角形中固然有理性因素，但在相当程度上需要各方之间的反复磋商；固然有权力因素，但更多的是彼此的协商。粤港方的协商模式、粤澳方的协商模式、港澳方的协商模式都不一样，有些问题甚至会存在较大差异，在与各方的沟通中“尊重差异、加强沟通、善于妥协、达成共识”，这就是价值整合阶段的“协商能”。

目前看来，价值毫无疑问属于哲学，但上述整合过程似乎还不能说是“方法”。在看得见的时间段，难以对不同区域之制度、文化、心理、标准等做科学定量，权重科学量化也难有可行的基础，实际可行的是定量和定性综合集成和协商的方式。

今后的发展趋势，是否可以考虑把各方的价值诉求及其权重逐步细化量化，把价值整合的过程通过编程智能化，以降低这一过程中的人为因素、不确定因素和时间成本，更重要的是，逐步形成价值整合过程的方法，使之在一定程度上有规可循。

2. 知识积累：倒三角形

上一阶段正三角形的顶点，就是这一阶段倒三角形的顶点，作为目的，在价值上起到对知识扩展与积累的引导作用。倒三角形的两腰，就是资金、周期、社会因素和各种自然地理等条件，在两腰的约束下，扩展、收集、积累本行业和其他行业的经验，判断是否可能为本工程所用。

港珠澳大桥在交通行业首次引进国际通行的石化行业职业健康、安全、环保体系(HSE)；首次借鉴核电行业信息资源规划经验，开发并完善综合信息管理系统；借鉴汽车制造业的质量管理体系，推行标准化、工厂化、6S管理等，试图将传统土木工程生产方式转变为工业制造方式，将传统土木工程开放性作业环境尽可能转变为封闭或准封闭性作业环境。在这一积累和借鉴的过程中，“嵌入编码知识”由一种语境转移到另一种语境，这一转移过程就是创新。

上一阶段的正三角形有清晰的底边，就是工程不可逾越的法律和道德底线；这一阶段的倒三角形在理论上没有清晰的底边，知识的积累多多益善，没有边界，但在实际上有“底边”，一方面至少要达到某种阈值，可以形成“蓝图”，以进入实际的设计阶段；另一方面受到财力、人力和时间的限制。

3. 设计：正三角形

上一阶段倒三角形的底边也是这一阶段正三角形的底边，两腰与倒三角形的相同。两腰的收缩，是知识的筛选、比较、组合、集成，关键是嵌入于本工程特定的语境之中，最终形成正三角形的顶点——设计书(图)，工程树的主根上生长出主干。

三个三角形之间并非截然分明，价值整合阶段实际上需要不断从知识库中寻觅可行与否的依据，设计阶段的倒三角还会发现问题而不时退回到上一个倒三角，继续搜索积累知识，甚至回溯质疑一开始的正三角，也就是第一阶段价值整合的合理性。

二、由主干到树冠枝叶：执行力

1. 责任树与责任链

由主干到树冠枝叶，总体目标逐一分解为大项目，随后是小项目、更小的事项，这些由大到小，由整体到局部的项目关系就构成了由主干到枝干到枝叶的“责任树”。责任树实际上只是工程树的“树冠”部分，这是从空间(广义)来看。

港珠澳大桥的各个枝干各有特色。岛隧工程推行“设计施工总承包”模式，桥面铺装以“露天工厂化”为管理理念：提出“以认证保材料，以考核保人员，以设备保工艺，以工艺保质量”的管控手段；交通工程推行“系统集成、综合平衡”管理理念，采用系统集成总承包模式；管养中心房建工程根据建筑用地处在群山之中，确立了“筑隐于山”的建筑理念，推行“粗才精做、样板先行”的施工管控模式。然后各个枝干再分别导向各自的枝叶。

项目通常还有前后工序，工序之间的前后承接，就构成了“责任链”，这是从时间上看。

每一个项目，无论责任大小，都有自身的边界，不能承担“无限责任”，在过程上具有起始点与结束点，于是就存在在空间和时间上与其他项目在责任上的界面，在界面上发生与其他项目单向、双向或多向的关系。

厘清责任树和责任链，也就清楚了责任的分配、传递与追究，以及便于各级管理者的协调与激励、问责。厘清责任树和责任链，还有助于考虑一旦某个环节的主体失责，在该环节本身及时空上的关系环节可能会发生的后果，从而设置各种应急预案。

2. 工程共同体执行力

由根系到主干的阶段主要依靠协调能，由主干到树冠枝叶主要需要执行力。黄埔大桥针对工程建设过程中执行力不足、责权利不清和管理模式可复制性低等难题，基于执行力理论和管理控制原理，深度剖析“执行”与“控制”既相对独立又相互作用的内在机理，提出了“执行控制”的理念，提炼出执行控制的关键基因，构建了由文化子系统、目标子系统、组织子系统、CPF(合同 + 程序 + 格式)子系统、信息化子系统和评价子系统构成的执行控制管理体系，体系中各子系统既相互独立又相互支撑，是一个动态、开放的有机整体，将“执行与控制”和“凡事重在落实”作为所有行为的最高准则和终极目标，贯穿于项目建设的全过程(桥梁工程的方法论与方法研究报告)。

显然，责任树和责任链，是执行力的落脚点，使得执行可操作。

各项责任及其在时间和空间上与其他责任关系的依据是各种级别和类型的契约、合同。就此而言，区块链技术，或许可能在由主干到枝叶，在工程的这一阶段发挥作用，从而在整体上提升工程的管理水平。

三、运行维护阶段

作为工程哲学和工程树的一部分，工程的运行维护阶段与其他阶段的一大差别是，就认识论与方法论的对象而言，工程由设计到施工，对象从无到有“建构”起来；而在运行维护阶段，对象已经存在，例如对既有悬索桥主缆钢丝锈蚀情况的认识。

再以寻找合适的桥面铺装层材料结构为例。自 1999 年建成通车以来，江阴大桥历经了 3 种铺装结构类型(单层同质、双层同质、双层异质)、7 种主要铺装结构形式(单层浇注、双层浇注、双层环氧、双层高强 SMA、下层浇注+上层环氧、下层浇注+上层反应性树脂混凝土、下层 FRP+ 上层反应性树脂混凝土)的桥面铺装方案，在特定的时间环境条件下，通过综合、协调、权衡和妥协而得到了相对优化的结果，寻找到了特定阶段适合江阴大桥的钢桥面铺装层材料结构。

在上述两个案例中，不同程度上体现了科学方法与工程方法的结合。

一般而言，运行维护阶段的特点在于：

其一，常规化科学化的管理，包括管理创新。江阴大桥节假日在收费站两端的措施，很好地体现了逆向思维。

其二，尽可能延续工程的生命周期。江阴大桥(悬索桥)1385 米长钢箱梁体在纵向上不仅随温度变化而伸缩，而且由于车辆、风的激励作用产生每天累积达到近百米的往复震荡位移和较大的冲击加速度。大约两年的累积位移就能消耗完伸缩缝滑块的磨耗层，使滑块失灵，造成伸缩缝损坏。作为首座超千米大桥，上述情况是当初设计时未能预见的，亦是国外伸缩缝厂家未遇到过的。2006 年，江阴大桥实施伸缩缝更换时改进了滑块材料，同时安装梁端纵向阻尼器等技术措施，使得大桥至今运行状态良好。这一“延续性再造”的经验有效指导了随后建造的特大型索桥的体系设计和伸缩缝技术标准要求。

其三，运行维护阶段对之前阶段的反馈、追责。实际上，工程树的一大特点是，所有后面的阶段是对之前阶段的反馈。在竣工之时，回望责任树与责任链的合理性，在运行维护阶段回望施工阶段是否存在问题，进而回望设计与价值整合阶段。通常的追责主要是施工过程，设计，乃至价值整合过程同样需纳入追责的对象之列。在某种程度上可以说，后面之所以出现这样或那样的问题，其根源在设计，在价值整合过程中。譬如，降低初期建设成本不能以增加后期维修成本为代价，要克服追求建造成本较低而招致服务维护期高额养管费用的弊病。

★ 参考文献

[1] 交通运输部科学研究院，桥梁工程的方法论与方法研究报告(简本).

[2] 张劲文(港珠澳大桥管理局). 桥梁工程工业化建设的哲学思维：中国港珠澳大桥主体工程建设管理策划[J]. 桥梁，2017(06).

[3] 饶建辉(江苏扬子大桥股份有限公司)，基于工程哲学思维的大跨悬索桥营运与养护实践.

[4] 何光(安徽省交通工程质量监督局)，工程方法论在工程建设项目管理中的实践与探索.

(作者单位：太湖书院、东南大学)

工程的社会评估方法论刍议

王大洲

摘要：讨论了工程的社会评估的必要性、过程与逻辑、基本性质、制度条件及局限性。提出工程的社会评估导源于工程的社会性，只有对工程进行恰当的社会评估，才能更好地将工程嵌入社会；工程的社会评估具有包容性、建构性和实验性，因而是建设更负责任的工程的一种必要手段；对工程进行社会评估的有效性取决于人文社会科学家的深度介入、利益相关者的广泛参与以及相关制度安排；工程的社会评估有局限性，需要在包容性和敏捷性之间求得平衡。

关键词：工程；工程的社会评估；工程方法论；利益相关

工程实践离不开工程方法，将工程方法作为研究对象的工程方法论，是工程哲学不可或缺的组成部分。美国学者考恩(B.V.Koen)的《工程方法论》一书，可以说是工程方法论的开拓性著作，本书的宗旨是要陈明在工程领域中被广泛运用的启发法(Heuristics)实际上是人类行动中的普适性方法。[1]近年来，我国学者开始重点关注工程方法论问题研究。例如，中国工程院 2013 年开始进行工程方法论预研，2015 年初正式立项开展工程方法论研究，目前已取得阶段性成果，[2][3][4]2016 年《工程研究——跨学科视野中的工程》杂志还为此出版了专辑(第 5 期)。尽管关于工程的社会评估实践已经展开，有关理论研究也有所积累。[5][6]但是，在现有工程方法论著述中，还缺少针对工程的社会评估的方法论探讨。因此，本文将从方法论角度探讨工程的社会评估，包括其必要性、过程与逻辑、基本性质、相关条件及限度，并在“负责任工程”的脉络里加以审视，借此丰富当前关于工程方法论的讨论。

一、工程的社会评估的必要性

工程是社会发展的基本环节。鉴于工程的社会性——工程中渗透着政治、经济、法律、文化等一系列社会要素，同时工程又会对社会产生广泛的渗透性影响，因此，无论工程处在立项、建设还是运行阶段，总是有可能造成一种势态，从而成为公共议题甚至激发出社会政治事件。从转基因作物的开发、纳米技术的应用这类新兴工程活动，到核电站选址、化工厂选址乃至垃圾焚烧厂建设这类看似成熟的工程活动，莫不如此。

可以说，工程实践总是关乎利益相关者的切身利益，意味着现有利益格局的改变或者新的利益关系的塑造，从而激发出各方参与工程的活力。既然如此，工程的利弊得失就需要从社会层面加以审视，而不是只看经济、只论政绩。换言之，对工程进行社会评估就成为了一项必须开展的工作。所谓工程的社会评估，就是对工程项目的社会影响以及影响工程项目的社会因素进行调查、分析和评价，进而提出避免或尽量减少负面社会影响的对策建议和行动方案的过程。工程的社会评估将社会分析和公众参与融入到工程设计和实施过程中，有助于工程项目更加符合实际情况和利益相关者的诉求，进而为社会发展目标(例如减轻或消除贫困、维护社会稳定、可持续发展等)做出贡献。[5, p.1-4][7]就此而言，工程的社会评估是对工程的财务评估、经济评估以及环境评估的扩展和补充。

可以想见，通过对工程进行社会评估，各类利益相关者就有机会参与进来，从而可以使工程更好地“嵌入”社会。通过社会评估并采取相应措施，工程的负面影响特别是社会不稳定风险，可望得到一定程度的缓解乃至消除。工程的社会评估促使工程决策者和建设者充分听取民意，因而也就成为了塑造政府良好形象、促进社会稳定的重要保证。

或可认为，现代工程的复杂性远远超出了一般公民的知识范围，利益相关者尤其是公众的广泛参与大概只能是一种幻觉，不可能产生什么正面价值。这直接关联着20世纪上半叶发生在美国的“杜威—李普曼之争”——究竟是高扬公众参与式的广泛民主还是回到精英主义治理。现在看来，杜威的观点还是站得住脚的。[8]正因为工程越来越复杂，相关责任问题越来越大，所以不能只是留给专家或者领导闭门决策，而应该开放给公民，通过实践摸索新的民主形式，从而使工程的收益和风险得以更好匹配。这意味着面对工程带来的“不确定性”，只有通过利益相关者包括公众的广泛参与才有可能找到更好的问题解决方案，而封闭的管理体制只能使工程的负面效应积重难返，并且使工程事故的危害成倍放大。

当前，工程的社会评估开始走向前台，也是个人权利意识和公民意识觉醒的必然结果。在信息开放和网络高度发达的今天，工程已经不大可能绕开社会力量的介入了。正是在这种情况下，政府开始推动工程的社会评估。特别是作为社会评估一个方面的“社会稳定风险评估”——对象是各种潜在的“社会不稳定”，在我国语境中特指大规模信访、越级上访、群体性事件、极端事件、网络舆情等[9]——已经被有关政府部门确定为工程可行性论证的必要组成部分。

二、工程的社会评估过程和基本逻辑

1. 工程的社会评估的工作过程

根据以往的社会评估实践和理论总结，工程的社会评估通常分为如下四个阶段：

(1) 社会评估工作的规划。主要任务是，设立评估小组，界定评估问题，确定评估范围，选择适当方法，编制评估规划。为此，需要针对工程项目涉及的重大事项，开展深入细致的调查，广泛征求各方面意见。

(2) 社会评估工作的展开。主要进行工程项目社会经济影响调查、工程项目备选方案的确定、社会分析及预见评估、最优方案的选择以及利益相关者参与框架的建立等五个方面的工作。针对每个方面，都需要邀请相关专家和各方人士召开评估会和听证会等合作完成。

(3) 社会评估报告的撰写。根据上述评估工作，编制社会评估报告，并对评估报告进行评估，然后定稿，其中要有工程项目改进建议甚至停止实施的建议。在这个过程中，需要邀请有关专家以及关键利益相关者参与评审，如有必要，还要返工继续进行调查和分析。

(4) 社会评估结果的运用。向有关部门提交评估报告，并将评估结果运用于工程项目之中。同时，基于这个运用过程，进行社会评估学习，以便改进后续社会评估工作。

当然，上述四个阶段并不是截然分割的，也不是完全线性展开的，而是存在着交叉和反馈。

2. 工程的社会评估的基本逻辑

工程的社会评估旨在把握工程嵌入社会的过程中可能引发的冲突并找到解决方案，因此，无论采用何种具体评估方法，利益相关者始终都是焦点所在。其逻辑展开主要包括如下基本环节：

(1) 识别利益相关者。工程的社会评估面临的首要问题就是识别工程的利益相关者及其利益诉求、期望和行为表现。所谓工程的利益相关者，是指那些受工程项目影响并能够影响工程项目的任何个人、群体或机构，可以包括政府、实施机构、目标人群或者社区组织等相关群体。为了识别利益相关者，就需要针对特定机构或目标人群开展基础调研以获取有关信息。其中有些可以从现有数据库、统计部门或其他政府部门获取，而许多深层信息尤其是关乎特定利益关系和风土人情的信息，则需要通过参与式观察、个人访谈及小组会议等方式获取。鉴于利益相关者会随时间推移发生变化，评估者还要特别关注工程的整个生命周期中利益相关者的动态演变，寻求通过协商、参与、合作等机制化解可能出现的新冲突。因此，工程人员就要做好利益相关者的动态“审计”工作，具体包括三个方面：一是绘制并不断更新工程项目的利益相关者图谱；二是评估来自不同利益相关者的不同需求及其可能变化；三是提出应对这些需求的可供选择的方案。[10]

(2) 分析利益相关者。在识别利益相关者的基础上，还要分析利益相关者特别是主要利益相关者的利益所在以及工程项目对其利益产生的可能影响，同时分析每一个利益相关者的重要性及影响力。为了评估利益相关者的利益所在，需要持续追问下列关键问题：利益相关者对工程项目有什么期望？工程项目可以为其带来何种好处？工程项目是否会对其产生不利影响？利益相关者拥有哪些资源以及他们是否愿意动用这些资源来支持工程项目的开展？为了分析利益相关者的影响力，还要从以下方面进行评估：利益相关者的权利和地位、他们对战略资源的控制力、他们拥有的其他非正式影响力、利益相关者之间的利益关系以及他们对项目取得成功的重要程度。[5, p.45-47]为此，评估小组需要组织座谈会、研讨会，使其明了社会评估的重要性并愿意支持配合。

(3) 携手利益相关者。识别利益相关者的目的是为其开辟参与工程的渠道。利益相关者的参与包括参与式评价和参与式行动两个层面。参与式评价主要强调本土知识对专家知识的补充和完善，其中特别关注那些受工程项目消极影响的人的信息。而参与式行动则偏重于让利益相关者在决策和实施中发挥实际作用。通过参与，各方可以共同对工程项目所面临的问题和机遇进行分析，共同制定行动方案并使方案付诸实施。参与式方法的有效运用，有助于社会评估更全面、更有针对性。由此提出的行动建议，也更易于被相关人士所接受，从而为工程项目的开展创造良好条件。

(4) 厘定社会风险。识别可能的社会风险并采取必要的防范措施，对于工程的开展至关重要。在社会评估过程中，要不断追问：什么地方可能出现问题？应该设计何种措施应对风险？鉴于这些风险，工程项目是否仍然合理？是否需要调整工程方案？为此，社会评估小组可以邀请工程决策者和利益相关者代表一起进行情景分析，甚至还可以运用仿真和大数据分析，判断工程项目的各类风险及其发生的可能性高低。根据工程风险的重要性及风险程度，评估者需要给出基本判断，无外乎如下五种情况：风险程度很低，基本上可以忽略不计；风险程度较低或者风险的重要性较低，可以对工程方案进行再审核，以加强风险控制；尽管风险程度不高，但风险的重要性较高，因此需要改善方案，采取措施减缓负面影响；风险程度和风险的重要性都较高，应对原有设计方案进行重大修改，以弥补缺陷；风险程度和风险重要性都很高，只好淘汰方案，从头再来。

(5) 给出行动建议。基于上述工作，社会评估者需要会同决策者形成可行的应对措施，包括出台新的补偿方案、重新设计工程方案甚至放弃工程方案等。而控制社会风险的根本，仍在于推进各类利益相关者的早期介入，以便尽早识别潜在的社会风险并提前化解风险。这种参与的基本逻辑是信息公开，引发利益相关者出场，进而让其发出声音，参与谈判协商，最后达成一致，由此形成良性循环。否则，堵塞了参与渠道，往往会逼迫利益相关者进入信访、集体抗议、无组织暴力以至于低度有组织暴力的恶性循环。[11]因此，评估者还要给出利益相关者参与指南，并帮助建立参与的社会条件。

三、工程的社会评估的基本性质与价值目标

1. 工程的社会评估的基本性质

基于上述分析，可以将工程的社会评估的基本性质概括如下：

(1) 包容性。工程的核心价值是以人为本，这就要求在工程的社会评估中，将人的因素放在中心位

置。工程的社会评估特别强调各类利益相关者的“出场”和参与，而不是简单抛给作为评估者的专家进行闭门“论证”，更不是由政府部门或者工程建设者单方面说了算。在这个过程中，特别要关注弱势群体尤其是老人、妇女、儿童、残疾人、少数民族等的利益，因为他们不仅有特殊需求，而且在遭受风险的情况下获得资产补偿的机会和应对风险的能力都比较有限，尤其是那些工程可能引发的非自愿移民，他们面临着土地资源丧失、生存技能贬值以及社会资本贬值的特殊困境，更要倍加重视。正是基于利益相关者的全面参与，关于工程的种种问题和诉求才会被完整揭示，并经由利益相关者之间的磋商和交易，最终就相关问题达成某种解决方案。如此看来，将利益相关者充分包容进来，就使社会评估成为了提升工程“包容性”的可行方式，因而也就成为了技术时代促进社会包容性发展的基本策略。

(2) 建构性。工程的社会评估绝不是“静态”地对“客观”现实的审视，也不是对工程的未来进行的单纯预测，而是对期望的、可接受的未来工程/社会状态的前瞻性“建构”。通过这个过程，有关问题可以被提前识别并加以解决或防范。这个建构当然不是将社会随意“剪裁”供自己所用，而是有关利益相关者彼此磋商乃至抗争的结果。评估者要利用自己的专长，对接各类利益相关者拥有的本土知识、习俗和需求，通过互动学习致力于消除现有工程方案存在的各种问题，帮助形成更具前瞻性、可行性的工程建设方案。正是在这个过程中，各类利益相关者共同评估特定工程方案或活动的可能后果，共同发现并避开潜在风险，共同构想未来希望达成的事态及其实现路径。

(3) 试验性。社会科学知识是有限的，评估者的认识能力和判断能力也是有限的。作为社会评估的对象和参与者，工程的利益相关者又永远处在变化之中。事实上，每一个行动者，无论是人还是非人，都是“转译”者，都会持续不断地给世界带来不同。在这种情况下，对于任何工程/社会的关联体来说，始终存在着再发现和再阐释的过程。因此，也就没有一劳永逸的社会评估，只有“反思性”和“试验性”的社会评估。换言之，工程的社会评估注定是一个试验过程。通过工程的社会评估实践，可以尝试建立工程/社会的关联体，并不断进行调试，最终帮助工程调整自身的同时，再造社会并嵌入社会。从这个意义上说，社会评估应该贯穿于工程的整个生命周期。

2. 工程的社会评估的价值目标

工程的社会评估意味着社会研究者乃至普通公众有机会深度参与工程，这将有助于工程走向“更为负责任”的工程，从而成为“工程自身”。

实际上，这也是当前发达国家工程实践活动的基本趋向。在美国，不少大企业几年前就开始招募社会科学家进入其研发机构；在欧洲，已经出现一种机制，要求在价值敏感性强的、应用导向的大科学研究项目中，必须有人文与社会科学家的参与。之所以如此，其主要目的就在于增进社会敏感性，推进“负责任的研究与创新”(Responsible Research and Innovation)。[12]事实上，工程的社会评估也发挥着类似作用，就是增进工程的社会敏感性，建设“负责任的工程”。

这倒不是说过去的工程不负责任。而是说，任何工程都存在不负责任的可能性，都需要不断拓展责任的范围。从工程伦理的历史进程看，工程师从最初的只对雇主负责，逐步走向对用户负责，对员工负责，再到对普通公众负责，一直到现在的对环境负责，实际上是一部责任范围不断扩展的历史。通过社会评估这类机制，促进人文学者及社会科学家介入工程实践，可以进一步增进工程实践者对社会因素以及可持续发展的敏感性，因而有助于建设更具责任心的工程。

事实上，理解社会世界对于工程的成功而言极为重要。工程的社会评估是将人文社会科学知识引入工程的一个重要通道，同时也是将地方性知识引入工程的一个重要通道，因而是将社会知识全面融入工程活动的过程。其实，任何人都有局限性。尽管在一些学者看来，工程师以及工程管理者同时也是社会学家，甚至是很高明的社会学家，[13]但是他们依然有自己的局限性——既有知识的局限性，也有视野的局限性，当然也会有特殊利益的考虑。而这些局限性，一定程度上可以由人文社会科学家的参与来加以弥补。[14]而工程师和人文社会科学家作为专业人士的局限性，又可以在一定程度上由利益相关者的广泛参与来弥补。这样，逐步扩展了的社会合作秩序，将使工程更加接近于工程的理想，即追求人—社会—自然的和谐，或者说“天人合一”、“安身立命”。[15]这当然是工程的社会评估的终极价值追求。

四、工程的社会评估的制度条件

工程的社会评估固然有很多好处，但是，如果相关体制和机制不配套，社会评估就有可能流于形式。相关制度条件主要涉及如下四个方面：

1. 法律捍卫下的信息公开和公民参与

工程的社会评估意味着识别利益相关者并为其提供参与框架，因此，从法律层面确保工程尤其是公共工程的信息公开，确保公民参与工程的权利，是开展社会评估的基本前提。在当今网络时代，可以将涉及公众切身利益的工程决策事项在网上予以公布，设立可以自由发表意见的在线论坛，让各类利益相关者“自行出场”，任由其挖掘工程建设方案的不合理之处，借此评估者就可以大体判定究竟谁才是利益相关者，谁才是关键利益相关者，他们究竟有多大影响力以及他们之间可能存在什么样的利益关系。否则，利益相关者就很有可能被压制，就此埋下隐患，到头来反而会加剧公众对工程决策者或建设者的不信任。从这个意义上说，工程的社会评估绝不是一个理论分析过程，而是一个依据法律“激发”利益相关者并为其开辟参与渠道的过程。

2. 官方认可的社会评估操作规范

为了规范工程的社会评估，有关政府部门应该明确什么类型的工程项目必须进行社会评估、什么机构才有资格开展社会评估、社会评估结论应该如何使用等，以政府法规形式甚至立法形式确定下来并在全国范围内实施。不仅如此，鉴于工程的行业特征十分突出——例如水利工程、化工工程、核能工程、交通工程就各具特色，应当据此制定不同行业领域工程项目的社会评估标准和具体操作规范。只有具备了所有这些评估程序和规范，工程的社会评估才能有章可循，也才有可能达到预期目的。

3. 独立第三方评估机构的发育

第三方评估是与“自评估”相对应的举措。如果社会评估只是部门内或相关部门间的闭门讨论，没有利益相关者的广泛参与，那么，社会评估也就只能是自评自断，评而不用，避重就轻，敷衍应付，最终演变成单纯为工程项目“开绿灯”的作秀，甚至造成政府公信力的丧失，从而埋下巨大的风险隐患。[16][17]独立的第三方评估机构的加入，可以提升社会评估的专业化程度，真正形成化解社会矛盾的“缓冲区”，消除政府出于自身利益考量而可能产生的盲点，从而取得单靠政府部门难以达到的工作成效。立足于第三方评估，还有助于防范政府权力在工程活动中的“任性”而为。因此，政府应通过立法、规章形式，明确委托责任和评估责任，确保第三方评估工作的质量。

4. 重大工程决策机制的改善

当前我国工程决策存在的根本问题是一些政府部门不讲程序、“任性决策”，结果就是“评归评，干归干”、“先上马，后评估”、“边实施边补充”。许多工程失败即由此造成。因此，迫切需要改善工程决策机制，做到决策的科学化和民主化，按照法定程序办事，并在工程的可行性论证中依法纳入社会评估的内容。只有将工程的社会评估提升为“程序性”要求，才能增强其约束力，真正发挥主动防范、动态治理的作用。因此，强调工程的社会评估，实质上就要求工程决策机制的进一步优化。

五、工程的社会评估的局限性

在这里，需要说明的是，工程建设者向来都会进行某种形式的社会评估并将其植入于工程实施方案中。只不过，这种评估是自发的、非正式的，其公正性和有效性都值得存疑，因为这种评估很有可能系统性地忽视甚至剥夺某些利益相关者的利益。从这个意义上说，相对于这种自发的、非正式的社会评估，正式的、独立第三方社会评估自然有其特殊价值。后者可以系统性地发掘几乎所有利益相关者的诉求以及他们掌握的本土知识，并尽可能将其协调起来并融入工程方案之中，从而有助于建设更好的工程/社会。

但是，从方法论的角度看，这种正式的社会评估也并非没有局限性。可以想见，将尽量多的利益相关者纳入工程的社会评估之中，从而将其诉求纳入工程实践之中，的确是工程的社会评估的内在要求，也是提升工程的包容性、建设"更为负责"的工程的必要途径。但是，这势必增加行动者之间的协调成本，降低评估团队的敏捷性，造成议而不决的现象，从而降低整个工程运作的效率甚至贻误"战机"。这实际上就要求在工程的社会评估的"包容性"和"敏捷性"之间求得平衡。

当前，随着信息技术的广泛渗透，尤其是社交网络的普遍使用以及大数据分析技术的出现，工程-社会关联体的透明性和可见性大为提升，由此可望将敏捷性和包容性之间的平衡关系推向新的层次。具体而言，就是通过运用网络技术，开发社会评估支持平台，建立可审计的利益相关者网络，既可以将更多的利益相关者包容进来，又可以大大降低他们之间的沟通和协调成本，从而同时提升工程的社会评估的包容性和敏捷性(尽管仍然无法完全消除两者之间的内在冲突)。这就要求评估者充分利用移动互联网和大数据分析技术，以便更好地完成社会评估工作。

从应用角度看，要使工程的社会评估发挥作用，其质量需有保证才行。这不仅取决于评估者的资质、水平和担当，也取决于社会评估市场的发育程度和相关制度的健全程度。无论如何，评估者都要为自己的评估负起责任，要开展"负责任的社会评估"(尽管这种责任并非无限责任，毕竟社会评估结论本身还只是为有关决策提供参考)。进而言之，工程的社会评估也还只是"工程方法集"中的一个子集。即使工程的社会评估是高质量的，也不可能凭其本身就能推动工程走向"更为负责的工程"。只有将高质量的社会评估与经济评估、环境评估乃至其他工程方法协同使用，才有可能达到预定目标。

六、结语

工程的社会性决定了，只有对工程进行系统的社会评估，才能更好地将工程嵌入社会；工程的社会评估具有包容性、建构性和试验性，因而是建设更负责任的工程的一种必要手段；对工程进行社会评估的有效性取决于人文社会科学家的深度介入、利益相关者的广泛参与以及相关制度安排；工程的社会评估不是万能的，需要在工程的敏捷性和包容性之间求得平衡。当然，工程的社会评估方法只是"工程方法集"中的一个子集。只有将工程的社会评估与其他工程方法协同使用，才有可能达到预定工程目标。

★ 参考文献

[1] 殷瑞钰. 关于工程方法论研究的初步思考[J]. 自然辩证法研究，2014(10)：35-40.

[2] 李伯聪. 关于方法、工程方法和工程方法论研究的几个问题[J]. 自然辩证法研究，2014(10)：41-47.

[3] 殷瑞钰，傅志寰. 李伯聪. 工程哲学新进展：工程方法论研究[J]. 工程研究：跨学科视野中的工程，2016(5)：455-471.

[4] Koen BV. Discussion of the Method：Conducting the Engineer's Approach to Problem Solving[M].

Oxfordshire：Oxford University Press, 2003：Part Ⅱ.
[5] 李开孟. 工程项目社会评价理论及应用[M]. 北京：中国电力出版社，2015：1-4；45-47.
[6] 胡象明，王锋，王丽. 大型工程的社会稳定风险管理[M]. 北京：新华出版社，2013.
[7] 施国庆，董铭. 投资项目社会评价研究[J]. 河海大学学报(哲学社会科学版)，2003，5(2)：49-53.
[8] 杜威. 公众及其问题[M]. 上海：复旦大学出版社，2015：第五章.
[9] Cai Yongshun. Collective Resistance in China. Stanford[M]. Stanford University Press, 2010：191.
[10] 王锋，胡象明. 重大项目社会稳定风险评估模型研究：利益相关者的视角[J]. 新视野，2012(4)：58-62.
[11] 朱德米. 社会稳定风险评估的社会理论图景[J]. 南京社会科学，2014(4)：58-66.
[12] European Commission. Options for Strengthening Responsible Research and Innovation：Report of the Expert Group on the State of Art in Europe on Responsible Research and Innovation[C]. Luxembourg: European Union, 2013：5.
[13] Latour B. Aramis or the Love for Technology[M]. Cambridge, MA：Harvard University Press, 1996.
[14] 梅杰斯. 技术与工程科学哲学[M]. 北京：北京师范大学出版社，2016：109-136.
[15] 李伯聪. 工程哲学引论[M]. 郑州：大象出版社，2002.
[16] 徐亚文，伍德志. 论社会稳定风险评估机制的局限性及其建构[J]. 政治与法律，2012(1)：71-79.
[17] 刘泽照，朱正威. 掣肘与矫正：中国社会稳定风险评估制度十年发展省思[J]. 政治学研究，2015(4)：118-128.

(作者单位：中国科学院大学人文学院)

我国“工程方法论”研究的发展路径与走向

张　晓

摘要：我国理论者在近年从工程和工程哲学本身的内涵出发，把握工程方法论的本质和特征，分析工程方法论与工程认识论、工程本体论、工程演化论等工程哲学范畴的理论联系，归纳工程方法论发展应当继续将科学、技术、工程的“三元论”作为开展工程科学、工程哲学研究的认知前提，积极拓展同其他外延理论的关系研究，充分意识到要用辩证性视角发展工程方法论。

关键词：工程方法论；工程；工程哲学；科学、技术、工程“三元论”

我国社会主义建设事业的持续开展，为工程科学的发展带来了重大契机。随着研究的持续进行，也有越来越多的科研工作者体会到，要从哲学方法论的高度，对工程的内涵和方法进行深入反思，并由此正式开始了对工程方法论的全面研究。[1]随后，研究者们遵循“从工程方法论内涵出发，向发展工程方法论内在逻辑架构和外在发展原则同时进行”的研究思路，开展了一系列围绕如何正确认识工程和工程方法的讨论，形成众多重要的工程方法论研究成果，努力探索着具有中国特色的“新的工程理念”。

一、“工程方法论”的内涵研究

“工程方法论”的研究在我国仍属于一个新兴的学术话题，它是随着工程哲学的发展而渐渐被研究者提出和重视起来的。新世纪以来，中国的工程哲学理论不论在体制上还是在研究水平上都得到了长足发展。在研究机制化方面，2004 年，第一届全国工程哲学年会的召开，中国自然辩证法研究会工程哲学专业委员会的成立，标志了工程哲学研究正式迈入了体制化进程。在研究成果方面，2002 年出版的李伯聪教授的著作《工程哲学引论》，2007 年和 2011 年由殷瑞钰院士、汪应洛院士、李伯聪教授等完成并出版的《工程哲学》、《工程演化论》等著作，对“工程”和“工程哲学”的诸多范畴进行了系统、深刻的研究，为工程哲学的研究提供了重要方向。在此形势下，对工程方法论的探究工作也逐步从多层次、多角度开展起来。

在围绕工程方法论的内涵研究过程中，研究者主要是从工程本身的内涵和实质出发，延伸到对工程方法论的探讨。2004 年，时任中国工程院院长的徐匡迪院士指出，工程是人类利用自然和改造自然的实践过程，工程哲学的发展应当同工程实践紧密联系起来。工程实践本身孕育和发展了工程哲学。具体表现在，前者为后者不断提出新的命题和方法引导：“工程实践中蕴含着许许多多的哲学问题，整个工程系统都需要运用哲学思维来分析研究和统筹综合，以达到尽可能接近事物的本质和客观规律的目的，实现理想的工程目标，努力与周边的社会和环境生态和谐相处。这一过程也孕育了工程哲学的发展，并为工程哲学理论体系的建立和完善提供了广阔的试验场。”[2]对于工程问题的思考不应该停留于实践本身，而是应当基于实践过程，进行一种认知论上的拓展。因此，“工程问题显然不单纯是技术问题，重大的工程问题中必定有深刻、复杂的哲学问题。工程需要哲学支撑，工程需要有哲学思辨的能力。”[3]

2014 年，殷瑞钰院士在《关于工程方法论研究的初步构想》一文中，对工程方法论进行了全面分析。对于工程方法，殷瑞钰院士指出，工程方法既可以指在工程活动中所使用的各种各样的具体方法，又可以指各种工程方法的总称。“现代工程活动中无疑也使用了许多科学方法——特别是技术方法，同时，工程活动中更运用了数不胜数、千变万化、因地制宜的需要称之为‘工程方法’的内容，这些是科学方法、技术方法所不能涵盖的，这就使工程方法论成为一个与科学方法论、技术方法论并列的研究领域。对于各种各样的工程方法，需要通过分析、总结、概括而想成工程方法论的理论系统，使其成为与科学方法论、技术方法论并列的领域。”[4]从工程到工程方法研究的深入，是上升到工程方法论的必要环节。这代表着对工程的研究上升到了归纳，是工程反思的一种体现。

工程方法论既受到哲学方法论的指导，又是工程的分析、概括和升华。因此，工程方法论是介于哲学方法论和工程具体方法论的，是与科学方法论处于同一层次的理论。殷瑞钰院士提到：“哲学方法论是关于人们认识世界、改造世界的一般方法的理论。在哲学领域，哲学家对世界观和方法论的相互关系进行了许多研究，类似地，在工程哲学领域，工程师和哲学工作者也需要研究‘工程管理’和工程方法论的相互关系。”[5]37 应当说，从工程哲学在我国得到讨论以来，“工程方法论”的重要性就一直得到了体现，或者说，工程方法论实际上是随着对工程哲学的思考发展起来的。杜祥琬、傅志寰、陆佑楣、王礼恒、王众托等院士，先后从多个方面谈到了工程哲学在科学发展过程中所体现的方法论地位。在工程的实际进展中充满了质与量、矛与盾、精神与物质、速度与质量、人与自然的关系等众多哲学概念，这些问题是工程实施者必须面对和缕清的问题。

二、对工程方法论的内在结构性分析

工程哲学研究在我国已经呈现出清晰的脉络，那就是以科学、技术、工程三元论为认知前提，引申出对包括工程方法论在内的其他工程哲学子范畴的讨论。李伯聪教授指出，科学、技术、工程的三元论，是要承认和主张科学、技术和工程是三个不同的对象、三种不同的社会活动，防止将三者混为一谈。[6]48 事实上，对于三者的分辨涉及如何正确认知它们本质特征的问题，这对指导实践具有不可忽视的意义，否则会引发多种不良影响。在三元论提出之前，就已经有科学家围绕科学与技术的“一元论”和“二元论”进行过讨论。主要的讨论内容是科学和技术之间究竟哪一方更具基础性地位，或者是二者互为基础。这种争论的意义在于教会人们要认识到人在工程科学活动中的认知机制，这对于从理论上弄清工程哲学和工程理论的进展，以及劳动者、劳动资料和劳动对象这生产力三要素的关系，为工程科学理论的探究提供了正确的理论视域。科学、技术、工程三元论，是“一元论”和“二元论”的重大发展，是我国学术界正确认识工程、工程思维、工程哲学的关键性环节，也是对工程理论进行科学架构的主要依据。因此，确定了三元论在工程理论中的基础性认知地位，就为构建工程理论和工程哲学框架提供了依据，对工程方法论的研究也有迹可循。对于工程方法论的研究也可以寻找到与之相联系的众多哲学范畴。

第一，是揭示工程认识论与工程方法论的关系。如何在提升工程水平的同时，提升工程思维，是工程问题的一个独特话题。徐匡迪指出，20 世纪下半叶以来，科学、技术、经济、社会、文化一体化发展的趋势；各种大型工程现象的出现；社会主义制度及其不同模式的遭遇；中国改革开放二十年来的成功经验等，提出并探讨了真理的实现方式和模式问题，这正是工程哲学的核心问题。[7]61 而工程由于其本身特有的现实特性，使得其方法论和认识论也具有特殊的视角。汪应洛等阐明工程思维的特性，成为工程认识论的一种重要体现：首先，工程思维所要考察的对象在现实中是不存在的，因此，工程思维及其活动的对象具有虚拟性；其次，工程思维是人的主观意图的体现，因此具有理想性；再次，工程思维是人依据意图，重新整合技术资源和物质资源的过程，因此具有建构性；最后，工程思维是将观念转化为现实的过程，因此具有转化性；第五，工程思维需要处理多种规律的冲入问题和多种条件的约束问题，因此具有协调性。[7]61

第二，是揭示工程本体论与工程方法论的联系。在哲学范畴中，本体论所追问的，是存在的本质。

工程本体论是对工程本质的考察，因此，工程本体论是研究工程方法论的重要基础，是“最根本的立场和观点”。殷瑞钰院士在《工程哲学》中指出：“工程本体论是关于工程的本源、基质和本根的哲学探讨。所谓工程本体论，就是要从人类生存与发展的角度看工程，特别是要阐明工程活动在人类的生存、社会的发展以及人与自然关系、人与社会关系的建构和重建等哲学视野上认识工程活动所具有的根本性的地位和作用。”[8]赋予工程以本体论地位，能够明确工程在科学、技术中的独特意义，能够更加明确工程本体论、工程方法论之间的理论定位。通过工程方法论的研究，能够更加诠释工程在人类社会发展史中的实践本质，而通过工程本体论研究，亦能够更好地展现工程方法论的理论和实践使命。“从本体论出发看工程，就是要确认工程的本根和主体位置，从直接生产力的评价标准出发，在认识和处理工程与科学、技术的相互关系时，以工程为主体，强调以工程为主体的选择、集成和建构过程和效果，高度重视选择-集成-建构的特征和机制。”[9]不论是在理论层面还是在实践层面，工程本体论都是工程方法论的发展依据，而工程方法论又能推动工程本体论的再发展。

第三，是揭示工程演化论与工程方法论的关系。工程演化论与工程方法论互为依托，共同发展。汪应洛院士指出，传统工程观注重人与自然关系中人改造自然的一面，忽视了自然对人类的限制和反作用的一面，以及不重视工程活动对社会结构变迁的影响。工程活动要与社会发展相协调。[10]工程是社会发展的重要形成，而社会又是工程发展的重要载体。因此，工程的发展与社会的发展同步进行，因此，工程演化论与工程方法论互为指导。围绕工程演化论，殷瑞钰院士、王礼恒院士、李伯聪教授、李永胜教授等展开了相关研究。殷瑞钰院士指出，工程发展史是直接生产力发展的历史，工程演化论是关于生产力演化的理论。[11]75 工程活动是物质与人类意识的结合，生产力创作具有历史性特征，因而工程本身也具有历史性特征，即工程的演化过程。王礼恒院士指出，工程演化论是以历史为线索，体现史论结合，价值观导向的工程史方面的研究，涉及工程哲学、工程社会学、工程知识论、方法论、价值论、工程创新等众多领域。[12]李伯聪教授指出，工程演化论能够为工程创新、工程决策、制定工程发展战略提供理论支持，培养出“工程与自然、社会、经济、政治、文化等多方面相互关系的新视野。”[13]13 李永胜教授指出：“工程演化论的研究对象是工程的演变发展和历史进程，它是以生物进化论作为理论基础，用动态的、演化发展的观点对工程的产生、变化与发展过程进行系统研究，其中既包括理论方面的分析和探讨，也包括历史事实(工程历史发展)的回顾、总结和梳理概括，就是说，工程演化论的研究对象是工程演化发展的历史事实、基本过程、演化机制、模式和规律”，进而能够提供更为科学合理的哲学认识论解释，提高我们从认识论高度去思考工程的客观性、整体性、合理性和相对性的能力。[14]

三、“工程方法论”的外在发展原则研究

作为一门新兴理论，工程方法论经过几年的发展，研究者们已经在认知基础、框架构建方面创造了一系列重要成果。同时，对于工程方法论今后的发展方向，也开展了重要尝试，并提出了若干重要的发展原则。

第一，要注重工程方法论同工程哲学其他重要范畴的体系化探讨。殷瑞钰指出，对工程应当从六个方面进行开展：一，工程的定义、范畴、层次、尺度问题；二，工程活动在社会活动中的位置和工程发展规律的问题；三，关于工程理念、决策和实施问题的理论分析和哲学研究；四，工程伦理、工程美学问题的研究；五，重大工程案例分析和工程史研究；六，工程教育和公众理解方面的问题。[15]106 第一方面，是关于工程自身的甄别；后面五个方面，是工程哲学需要考察的几个重要的向度。以此为依据，工程方法论同工程哲学内部多元范畴的联系可从以下几个方面入手。

首先是要继续坚持把“科学、技术、工程”三元论作为研究工程方法论的前提。科学、技术、工程三元论避免了人们将所有关于物质创造的活动混淆起来，这使得工程方法论区别于科学方法论和技

术方法论而成为一个相对独立的考察对象，并且具有相对独立的考察标准。但是，科学、技术和工程具有“复杂”的内在联系，相互渗透、相互影响，共同成为工程哲学认识论的重要有机部分。科学是工程的理论基础，技术是工程的基本要素，而工程是技术的优化继承，又是产业的发展基础。社会生产实践的多元性决定了工程及其方法的多元性。因此，需要对工程、技术和科学既区分又联系，才能形成全面、明晰的工程方法论，让工程更有效、更高效地为社会发展服务。

其次是工程的历史发展观和工程方法论的结合。马克思指出，对于社会及其机构的考察，不应仅仅从人们单纯的想象出发，而是要从实际活动的人以及人的现实生活中进行总结，从而描绘出基于人的生活和社会发展之上的社会意识形态。[16]525 基于现实而总结现实，是任何理论保持科学性、客观性的保证。因此，要形成正确的工程方法论，必须基于社会和工程发展的真实历史，并采用科学的归纳方法。要正确认识到，“历史不过是追求着自己目的的人的活动而已”[16]295，因此，工程的历史“体现着自然界与人工界在要素配置方面的综合集成和与之相关的理念、决策、设计、构建、运行、管理等过程”。[11]78 研究工程发展史，能够为工程方法论提供人类思维方法、价值取向、生产方式、管理方式等全方位素材。马克思说：“人们在自己生活的社会生产中发生一定的、必然的、不以他们的意志为转移的关系，即同他们的物质生产力的一定发展阶段相适合的生产关系。这些生产关系综合构成社会的经济结构，即有法律的和政治的上层建筑树立其上并有一定的社会意识形态与之相适应的现实基础。”[17] 人类的历史是劳动的历史，人类的社会是劳动创造的。作为劳动的一部分，工程自然成为创造人类社会成果的重要组成部分。因此，对工程本身的历史考察，也成为发展工程方法论的重要一环。

最后是要注重工程本体论和工程方法论的结合。工程本体论是对工程进行哲学反思的认识前提，要从本体论的角度思考工程，并以之为基础，衍生出与科学、技术、工程的“三元论”哲学观点相对应的科学方法论、技术方法论和工程方法论。李伯聪指出，科学活动、技术活动和工程活动的“活动主体”是不同的。科学活动的主角应当是从事理论工作的科学家，对象是带有一定普遍性和可重复性的“规律”；技术活动的主角应当是从事创造性制造的发明家，对象是带有一定普遍性和可重复性的“方法”；而工程活动的主体应当是具有强大现实创造力的企业家、工程师和工人，但是与其他两种活动截然相反，工程活动的对象事件不可重复，是一次性的个体事件。对工程本质内涵的研究，是展开工程哲学研究的核心问题。只有正确把握工程的涵义，了解工程的内在性质以及在人类发展过程中的地位，才能够不断探索出适合社会发展的新型方法论。

第二，要积极拓展同其他外延理论的相关研究。汪应洛院士认为，在对工程进行研究时，应当从以下五个方面开展：第一，具有可持续发展内涵和可持续发展利益的工程观研究；第二，工程辩证观研究；第三，工程系统观研究；第四，工程生态观研究；第五，工程价值观研究。[15]106 李伯聪认为，工程研究应当是一个独立学科，但是，它的发展应当来自多学科领域，因而是一门跨学科的理论工作，他称为“科学、技术、工程三元论的一个‘逻辑推论’”。[6]52 在《关于工程方法论的初步构想》中，殷瑞钰指出了工程方法论还将涉及的一些重要范畴，包括强调整体性思维与“要素——过程”结构性思维相结合的“体系结构范畴”；协同多元、多层次，以及确定性、不确定性工程构成要素的“协同化”范畴；由技术的异质、异构性带来的“非线性相互作用和动态耦合”范畴；由工程复杂系统的集成、建构特征决定的程序化特征；由工程涉及的广泛领域，包括资源、能源、时间、空间、土地、劳动力、市场、环境、生态等自然、社会和人文因素等多元性决定的“和谐化”范畴。[5]39 随着工程哲学和工程方法论的不断发展，必然会有更多理论话题得到发掘和关注，这也是相关理论不断被赋予解释世界、改造世界使命的必然趋势。

第三，要充分运用辩证性视角发展工程方法论。汪应洛指出：工程活动具有辩证思维特性，包括虚拟性、理想性、建构性、转化性、协调性。工程哲学不应当仅仅涉及真理性规定，还应当注重模式创造，以避免陷入科学主义和教条主义的困境。同时，又不能忽视真理性规定，而过于注重模式创造，否则就会误入实用主义歧途。[15]106 李伯聪教授在《工程演化论》绪论中也指出："工程哲学如果没有工程史的支持和配合难免陷于空洞，而工程史研究如果没有工程哲学的理论指导难免陷于盲目。"[13]12 要充分意识到史学研究与理论研究的辩证关系，从自然与社会的辩证发展之中寻得物质和意识的统一，进而获得新事物、新知识。发展工程哲学，就是要在新时期开辟出工程认识论、方法论的新样式，即丘亮辉教授所提的要培养出一种创新型的"工程意识"。[18]马克思和恩格斯在《德意志意识形态》中说道："我们仅仅知道一门唯一的科学，即历史科学。历史可以从两方面来考察，可以把它划分为自然史和人类史。但是这两个方面是不可分割的；只要有人存在，自然史和人类史就彼此相互制约。"[16]516 自然辩证法和人类社会发展的辩证法共同组成唯物史观的整体。离开人谈自然，或者离开自然空谈人类发展，都是荒唐的。只有在对大自然的不断认知、探索的基础上，从科学技术革命及其社会应用中吸取新的研究手段并加以运用，[19]才能使工程科学、工程哲学在工程建设中继续发挥解释和指导作用，不断孕育符合社会发展需求、贴合社会发展现实的正确的方法论。

★ 参考文献

[1] 殷瑞钰. 关于工程方法论研究的初步构想[J]. 自然辩证法研究，2014(10).

[2] 徐匡迪. 发展工程哲学落实科学发展观[J]. 北京师范大学学报(社会科学版)，2008(01)：91.

[3] 徐匡迪. 树立工程新理念推动生产力的新发展[J]. 学习时报，2004-12-20.

[4] 殷瑞钰，傅志寰，李伯聪. 工程哲学新进展：工程方法论研究[J]. 工程研究：跨学科视野中的工程，2016(05)：456.

[5] 殷瑞钰. 关于工程方法论研究的初步构想[J]. 自然辩证法研究，2014(10)：37.

[6] 李伯聪. 略谈科学技术工程三元论[J]. 工程研究：跨学科视野中的工程，2004(00).

[7] 汪应洛，王宏波. 工程科学与工程哲学[J]. 自然辩证法研究，2005(09).

[8] 殷瑞钰，汪应洛，李伯聪，等. 工程哲学[M]. 北京：高等教育出版社，2007：15.

[9] 殷瑞钰，李伯聪. 关于本体论的认识[J]. 自然辩证法研究，2013(07)：47-48.

[10] 梁军，杨建科. 2007 年全国工程哲学学术年会综述[J]. 自然辩证法研究，2007(10)：109.

[11] 殷瑞钰. 工程演化论初议[J]. 工程研究：跨学科视野中的工程，2009(01).

[12] 李永胜. 工程哲学研究的新进展[J]. 自然辩证法研究，2010(3)：76.

[13] 殷瑞钰，李伯聪，汪应洛，等. 工程演化论[M]. 北京：高等教育出版社，2011.

[14] 李永胜. 工程演化论的研究内容、范畴、方法与意义[J]. 自然辩证法研究，2011(08)：34,38.

[15] 赵建军. "工程哲学与科学发展观"研讨会暨第一届全国工程哲学年会综述[J]. 自然辩证法研究，2005(05).

[16] 中共中央马克思恩格斯. 马克思恩格斯文集(第 1 卷)[M]. 北京：人民出版社，2009.

[17] 列宁斯大林著作编译局. 马克思恩格斯文集(第 2 卷)[M]. 北京：人民出版社，2009：591.

[18] 丘亮辉. 新世纪自然辩证法研究的两个方向：工程哲学和周易哲学[J].自然辩证法研究，2006(08): 94.

[19] 陈凡，李勇. 面向实践的技术知识：人类学视野的技术观[J]. 哲学研究，2012(11)：96.

(作者单位：苏州科技大学马克思主义学院)

行业工程方法论

中国载人航天工程的工程方法论研究(节选)

王礼恒　侯深渊　王春河

摘要：本文介绍了我国载人航天工程前期论证过程中发展途径的综合论证、一期工程中神舟飞船总体方案设计和三期工程中空间站总体方案设计优化以及一期工程中的神舟飞船空间环境地面模拟试验所运用的工程方法和应用实施过程，从工程方法论的角度分析和阐述了在载人航天工程中应用钱学森先生提出的"从定性到定量综合集成方法"和多学科设计优化(MDO)方法对上述几个阶段或环节科学论证和正确决策发挥的重要作用，并从工程哲学和方法论的角度展开思考和研究，以期一般大型工程有所借鉴。

关键词：载人航天；发展途径；空间站；设计优化；地面试验；方法；研究

一、载人航天工程发展概况

航天工程是探索、开发和利用太空(地球大气层以外的宇宙空间)以及地球以外天体的大型综合性工程，工程任务是构建航天工程大系统。航天工程大系统一般包括航天器系统、运载器(运载火箭、航天飞机)系统、发射场系统、测控通信系统、空间应用系统等，实施载人航天任务，还包括航天员系统和着陆场系统。载人航天工程分为载人飞船(包括卫星式载人飞船和登月载人飞船等)航天工程、空间站工程和航天飞机工程等。载人航天工程是规模最大、系统最复杂、技术难度最高、最具挑战性的航天工程，具有高技术、高投入、高风险和高效益的显著特点，至今只有苏联/俄罗斯、美国和中国开展了载人航天工程。

1. 国外载人航天工程发展历程

从载人航天工程的发展历程来看，苏联/俄罗斯和美国都是从载人飞船起步开展载人航天工程，最后聚焦在空间站工程的。中国首次提出载人航天工程始于20世纪60年代。1970年载人航天工程正式立项，代号为"714"工程，飞船取名为"曙光一号"，后因政治、经济和技术等原因在1975年工程终止。20世纪80年代，正值美国航天飞机工程不断取得成功的时期，一些发达国家和地区竞相筹划发展载人航天工程。欧空局设想建立欧洲独立的载人航天工程体系，法国提出要研制小型航天飞机，德国和英国提出了空天飞机方案，设想跨过发展载人飞船阶段，加快发展载人航天工程。日本也提出要发展无人小型航天飞机和大型运载火箭。正是在这样的国际背景下，1985年中国再次启动了载人航天工程的前期论证。

2. 我国载人航天工程发展历程

20世纪80年代中期，中国改革开放以后经济实力显著增强，科技和工业水平大幅提升，航天技术也取得了长足进步，我国已拥有系列化的运载火箭，成功地发射了多种卫星，并掌握了卫星返回技术，建立了配套的科研生产和试验体系，这些为开展载人航天工程奠定了坚实的技术基础。

1986 年，国家制定了《高技术研究发展计划(863 计划)纲要》，载人航天工程再次提上议事日程。1987 年 1 月 5 日，在国防科工委召开的首届航天领域情报分析会上，钱学森指出：“要对各国发展航天技术的历史进行分析。分析这些国家走过的道路，总结他们的经验非常重要，这个经验不仅是科学技术的，还有政治、经济、军事、国际形势以至于它本国内人民的思想意识。总结到什么程度呢？我想就是要说清楚问题：苏联、美国、日本为什么这样搞？西欧、法国、英国、德国为什么这样搞？要弄清楚他们什么做对了，什么做得不对。”中国载人航天工程从 1985 年开始预先研究，后由“863-2”专家委员会正式提出“飞船方案”，此后三个研究院分别提出载人飞船工程可行性论证报告，到 1992 年立项，历时 7 年，论证经历阶段包括概念性研究、发展战略研究、工程方案设计、可行性研究、技术及经济可行性论证等。最初提出几种发展途径，最后集中在研制两种不同的天地往返运输系统之争上：一种是由载人飞船和运载火箭组成的一次性使用的运输系统；另一种是可以部分重复使用的小型航天飞机运输系统。从不带主动力的小型航天飞机，带主动力的航天飞机，垂直起飞、水平着陆的火箭飞机，定点着陆的载人、载货飞船，水平起降的空天飞机中进行选择。中国在载人航天工程立项之前，开展了 7 年的前期论证，工程立项后实施了“三步走”发展战略，分为一期、二期和三期工程，分别称为载人飞船工程(神舟飞船工程)、空间实验室工程和空间站工程。为期 13 年的一期工程，核心部分是构建神舟载人飞船，2003 年 10 月 16 日中国首次载人航天飞行获得圆满成功，实现了中国载人航天的历史性突破，2005 年 11 月载人航天一期工程取得圆满成功，之后实施了 10 年的二期工程(2017 年完成)，工程核心部分是构建空间实验室。2010 年启动了三期工程(预计 2022 年建成)，工程核心部分是构建空间站。载人航天工程是中国国家级重大高科技工程，是中国航天工程自主创新的成功范例，也是中国重大工程自主创新的成功范例。从中国载人航天工程前期论证至今历经 30 年，其中一些重要阶段或环节具有载人航天工程的特征，体现了航天工程思维和航天工程方法的特点。

二、中国载人航天工程发展途径综合论证的方法——从定性到定量综合集成

1. 钱学森综合集成理论的形成和发展

在中国载人航天工程发展途径的综合论证过程中，始终坚持民主化、科学化，应用钱学森先生提出的“从定性到定量综合集成方法”开展了专项研究工作，对科学论证和正确决策发挥了重要作用。1953 年，钱学森在美国加州理工学院讲授《工程控制论》，1954—1957 年该著作陆续在美、俄、德、中出版。他说：“系统工程方法在第二次世界大战中叫‘军事运筹学’。这个方法很灵，很解决问题。所以在战后就用到公司、企业的经营管理中，就把以前的‘科学管理’换成了‘管理科学’。”“把工程控制论建成一门技术科学(基础科学、技术科学、工程技术)的好处就是：工程控制论使我们可能有更广阔的眼界用更系统的方法来观察有关的问题，因而往往可以得到解决旧问题的更有效的新方法，而且工程控制论还可能揭示新的以前没有看到过的前景。”1955 年 10 月，钱学森与许国志在归国的轮船上，讨论把“运筹学”运用到新中国的建设中；1956 年初，钱学森创建中国科学院力学所，设立了“运筹学小组”；1956 年 10 月至 1970 年代中期，钱学森在航天型号科研、生产、试验中，运用系统工程方法，在实践中进行了探索和总结工作；1978 年 9 月钱学森、许国志、王寿云发表文章《组织管理的技术——系统工程》；1979 年 10 月钱学森主持的系统工程学术讨论会，提出建立中国系统工程学会；1980 年 11 月系统工程学会正式成立。30 多年来，先后成立了 20 多个专业委员会，各省市也建立了相应的组织，研究和实践成果斐然。1986 年 1 月 7 日钱老在系统学研讨班上说：“在 1978 年以前，对于什么系统、系统科学、系统工程，什么运筹学这些东西，我也是稀里糊涂的，并不清楚，仅仅是感到有那么一些事要干。所以那时候在七机部五院宣传这个事，但是没有一个条理。”“开

始稍微有些条理是在 1978 年 9 月 27 日，在《文汇报》上我和许国志、王寿云合写了一篇东西(《组织管理的技术——系统工程》)。”钱老对系统科学最重要的贡献是他发展了系统学和开放的复杂巨系统的方法论。在 1990 年 10 月 16 日系统学讨论班的讲话中他指出：“我们所说的开放复杂巨系统的一个特点是，从可观测的整体系统到子系统，层次很多，中间的层次又不认识；甚至连有几个层次也不清楚。对于这样的系统，用还原论的方法去处理就不行了。怎么办？我们在这个讨论班上找到了一个方法，即从定性到定量的综合集成技术。”在简单巨系统的研究中，随着计算机的发展，定量分析的比重将逐步增加；但是，对于属于复杂巨系统的问题，却只能采用以人为主，人机结合，从定性到定量的综合集成法了。他特别指出：当人们寻求用定量方法处理复杂行为系统时，容易注重数学模型的逻辑处理，这样的数学模型看起来“理论性”很强，其实不免牵强附会、脱离实际。与其如此，倒不如从建模一开始就老老实实承认理论的不足，而求援于经验判断，让定性的方法与定量的方法结合起来，最后定量。

在实践和总结研讨的过程中，钱学森综合集成的方法和理论不断丰富和发展。

2. 综合集成方法

综合集成方法的实质是把专家体系、数据和信息体系以及计算机体系有机结合起来，构成一个以人为主的高度智能化的人机结合系统。这是通过人机结合获得知识和智慧的方法，具有系统的综合优势、整体优势和智能优势。具体而言，综合集成方法包括定性综合集成、定性定量相结合综合集成和从定性到定量综合集成 3 种方法。

1) 定性综合集成

定性综合集成由不同学科、不同领域专家组成专家体系，从不同层次、不同方面和不同角度去分析所研究的问题，经过深入研究、反复研讨、逐步形成对所研究问题的定性判断，如思路、对策、方案等，所形成的定性判断往往有多种。这个过程体现了不同学科、不同领域知识的交叉研究，所得出的定性判断综合集成了各方面专家的理论、经验知识和智慧。但它还是经验性判断，是否正确、是否可行，需要用科学方式加以证明。然而这一步是非常关键的，许多原创思想是从这里产生的，机器体系是提不出来的，这一步是准确把握问题的实质和定量研究的基础。

2) 定性定量相结合综合集成

定性定量相结合综合集成是为了用严谨科学的方式证明经验性判断正确与否，需要把对所有研究问题的定性描述上升到系统整体的定量描述，并从整体行为上对它进行研究。首先，用系统科学的术语和观点界定有关概念和描述所研究的问题，将所研究的问题看成是一个相互关联、相互影响并具有某种功能的实际系统，对系统整体的定量描述可以采用指标体系，包括描述性指标(如系统状态变量、观测变量、环境变量、调控变量)以及评价指标等，为系统建模提供定性基础。其次，对所研究问题进行系统建模。用模型描述系统是系统定量研究的有效方式。模型是为了研究实际系统而对其进行理想化的抽象或简化表示，用于描述所研究的系统对象。对结构化较强的系统如工程系统，系统建模较为容易处理，但对复杂系统，特别复杂巨系统，没有工程系统那样的定量规律可循，只能从对系统的真实理解甚至经验知识出发，再借助于大量的、结构复杂的实际统计数据去提炼信息，同时还需要新的建模方法。利用数学和计算机手段建立数学模型和计算机模型，将二者结合起来的系统模型是对所研究问题的近似描述，系统模型应尽可能逼近实际系统，其逼近程度取决于所研究问题的精度要求，只要是抓住主要矛盾建立的模型并能满足所研究问题的精度要求，这样的系统模型就是可依赖的。

3) 从定性到定量综合集成

运用从定性到定量综合集成的方法，首先由专家体系对系统仿真和实验的定量结果进行综合集成，把原先的经验性判断上升到定量结论，然后由专家们判定定量结论是否可信。如果是不可信的，需要进行改进，例如调整模型或调整参数等，再重复上述过程。这个过程可能要重复多次，经过反复比对、逐次逼近，直到专家们都认为这些定量结论是可信的，它不同于先前的定性判断，而是有了足够定量依据的，这样便获得科学认识的定量结论。钱学森在《创建系统学》中认为："当你定量解决了很多很多问题，你有一个概括的提高的认识了，这又是从定量上升到定性了。自然，这个定性应该是更高层次的定性认识了。因此，定性和定量的关系，是认识过程的一个描述，循环往复，永远如此。"

4) 从定性到定量综合集成在中国载人航天工程发展途径综合论证中的应用

在中国载人航天工程发展途径的综合论证过程中，成立了由我国航空航天领域以及相关领域众多专家组成的专家体系，包括很多国内顶级专家。同时建立了计算机软、硬件和网络构成的机器体系，开展了专家体系和机器体系相结合的分析研究，论证过程大致分为三个阶段：第一阶段是专家体系开展定性综合集成研究。专家体系采用集体工作方式对各种发展途径进行定性分析研究，着重从 5 个方面做具体比较分析：任务目标和要求的适应程度、关键技术及解决途径、现在条件的适应能力和需要创造的条件、全成本费用分析、研制程序及研制周期。通过把专家们的各种看法进行归纳和综合，提出几种发展思路和方案，形成了初始定性判断。第二阶段是应用机器体系开展定性定量相结合综合集成研究。首先将所研究问题看成是一个系统，从整体行为上进行研究。把所要分析的 5 个方面构成一个相互关联、相互影响并具有某种功能的系统，还需要明确哪些是系统环境变量、状态变量、调控变量和输出变量，为系统建模提供定量基础。其次，在机器体系的支持下，借助数学和计算机手段对所研究问题进行系统建模。系统建模既需要理论方法又需要经验知识，还需要真实的统计数据和有关信息资料。系统建模是定量研究的难点所在。再次，运用系统模型对初始定性判断进行系统仿真实验，经过多次仿真实验，给出多个定量描述结果，这是定性与定量结合研究的成果。例如：在对不同的发展途径的全成本定量分析中看出，载人飞船全成本费用是经济的，小型航天飞机只是在频繁发射和运送大量载荷时，才可能降低费用。第三阶段是专家体系与机器体系配合开展从定性到定量综合集成研究。专家体系把初始定性判断与定量描述结果结合起来，形成首次定量结论，专家体系对此结论进行判定，一些专家认为可信，另一些专家认为不可信。通过几次改进系统仿真和实验，多次比对、逐步逼近，直到专家们都认为定量结论是可信的，便完成了从定性认识上升到定量认识，再到科学认识的定量结论。最后专家体系对大家都认可的定量结论进行综合分析，一致同意中国载人航天工程选择以载人飞船起步的发展途径。

3. 认识和思考

(1) 中国载人航天工程发展途径的综合论证，是工程前期论证的重要组成部分。综合论证不仅是在技术层面的多种技术途径和技术方案的比较选择，而且涉及国家财力、工业基础、研制周期、人才结构和政治影响等非技术层面的诸多方面，需要进行技术层面与非技术层面的各种要素的综合分析和权衡比较，才能取得正确、合理的结论。这一论证的过程和方法反映了大型工程前期论证的一些基本特征。

(2) 从定性到定量综合集成方法在中国载人航天工程发展途径的综合论证中得到了成功应用，也是在中国航天工程领域的首次应用。它作为一种科学的复杂系统和开放的复杂巨系统的研究方法，不仅适用于其他重大航天工程的前期论证，如发展途径论证、工程技术及经济可行性论证等，也适用于其他复杂巨系统集成(优化)论证。这种方法具有普适性特征，在社会系统中宏观经济问题、军事系统中军事对阵和现代作战模拟研究、人体系统中多种学科综合研究等方面也得到了成功应用。

(3) 从系统科学和科学方法论视角来审视和思考，钱学森先生提出的综合集成方法是一种全新的系统方法理论(方法论)，不同于一般系统论方法，它吸收了还原论方法和整体论方法的长处，同时弥补了各自的局限性，它是两种方法的辩证统一，既超越了还原论方法，又发展了整体论方法，是科学方法理论上的重大进展，具有深远的影响。

(4) 这种方法具有人机结合、以人为主的重要特点，又得益于以计算机技术为主的现代信息技术的发展，这种方法具有高度智能化优势，已成为人机结合的信息处理系统、知识生产系统、智慧集成系统，为复杂系统和开放的复杂巨系统的研究开辟了一条新的途径。从定性到定量综合集成方法提出至今二十多年，在理论和应用方面都取得了可喜进展，但仍需要不断探索、丰富和发展。

三、在空间站总体方案设计中采用的多学科设计优化(MDO)方法

1. 多学科设计优化——MDO

针对提高现代飞行器设计性能和效率的需求，1982 年美国 NASA(国家航空航天局)科学家 J.S.Sobieski 提出多学科设计优化(Multidisciplinary Design Optimization，MDO)概念，迅速得到航空航天领域的认同，并得到了广泛研究和长足发展。根据 NASA 对于 MDO 的定义，MDO 是一种通过充分探索和利用系统中相互作用的协同机制来设计复杂系统和子系统的方法理论(方法论)(Methodology)。其主要理念是在复杂系统设计过程中集成各个学科(子系统)的知识，应用有效的设计优化策略和分布式计算机网络技术，组织和管理设计过程，通过充分利用各个学科(子系统)之间的相互作用所产生的协同效应，获得系统的整体最优解。

MDO 策略又称 MDO 算法或 MDO 过程，它是 MDO 研究的最核心内容，其任务是按照某种规则将原优化问题分解、处理耦合、协调系统任务和各学科(子系统)任务以及组织 MDO 问题的实现过程。

2. MDO 在空间站总体参数优化中的应用研究

空间站总体参数优化中开展了 MDO 应用研究，其工作过程大致分为 5 个步骤：第一步：进行设计问题 MDO 表述；第二步：深入研究 MDO 策略；第三步：综合优化目标以及约束条件；第四步：构建 MDO 环境的硬件和开发软件；第五步：在 MDO 环境支持下，执行 MDO 求解过程。应用研究表明，MDO 方法对于充分利用学科(分系统)间耦合关系，提高系统设计性能和效率是有效的，是具有高度专业化特征的工程系统设计优化方法。它为各类复杂工程系统提高设计性能和效率提供了一种有效手段。

在空间站总体方案设计优化中引入 MDO 方法，能使空间站总体方案设计更加科学、精准和规范，有助于提高设计性能、降低设计成本和缩短设计周期。

四、神舟飞船空间环境地面模拟试验及方法

地面试验的重要性在于，飞船系统复杂、技术跨度大、可靠性和安全性要求高、工程风险大、经费投入大。但根据我国国情，不可能在首次载人飞行之前进行较多的无人飞船飞行试验，必须通过大力加强地面试验，充分暴露飞船设计和制造的缺陷和薄弱环节，积极采取有效的改进措施。经过地面试验验证、产品改进的多次反复过程，大大提高了飞船的性能、质量、可靠性和安全性，保障了用较低的投入、较短的时间取得首次及连续载人飞行的圆满成功。

神舟飞船地面试验，按飞船研制程序分类，地面试验分为方案阶段试验、初样阶段试验、正样阶段试验；按飞船组装级别分类，地面试验分为(敏感)材料和器件试验、部组件级试验、分系统级试验、

系统级(整船)试验、(载人飞船工程)大系统接口试验。正样阶段的地面试验以系统级(整船)试验为主。神舟飞船整船地面试验主要是环境试验，而空间环境试验是其主要内容。

空间环境试验方法包括物理模拟试验方法、效应模拟试验方法和数值模拟试验方法。物理模拟试验方法是用实物或真实尺寸的模型，通过试验设备模拟真实物理过程的试验方法；效应模拟试验方法是在相关设施中，形成与真实空间环境产生同等或近似的作用和效果；数值模拟试验方法是用相似技术和数学分析方法，建立描述实际系统的特征及与外界联系的数学模型，在计算机上对数学模型进行实验，代替实际系统的模拟试验。

一般而言，选取试验方法主要基于试验有效性原则、技术可行性原则、经济可行性原则和安全可靠原则。

随着中国航天工程的迅速发展，各类航天器的空间环境试验方法有了长足进步，发展了很多先进的、具有中国特色的试验方法，基本满足中国各类航天器的试验需求。

(作者单位：中国航天科技集团公司)

石油化工工程方法案例研究

王基铭

摘要：石油化工工程是我国国民经济的基础，是现代人类大型工程的典范，不仅关系到国计民生，更关系到我国在世界上的地位。因此在当代，对于石油化工工程方法的研究显得尤为重要。本文主要分为五个章节，第一章主要从国内、国外两个方面梳理了石油化工建设项目管理的发展历程和发展趋势；第二章节论述石油化工工程建设项目生命周期过程与方法，强调必须遵循必要的建设程序，严密组织各阶段工作的开展；第三章节介绍了工程设计集成化和项目管理集成化方面取得的重要进展；第四章节介绍并论述了数字化工厂和智能化工厂对石化产业的现实意义和长远意义；在第五章节本文提出了关于石化工程建设项目工程方法的若干认识。

关键词：石油化工；工程方法；工程集成化；数字化工厂；智能化工厂

石油化工工业是基础性产业，在国民经济中占有举足轻重的地位。石油化工工程的主要任务是建设炼油、石化工厂、装置及相关配套的设施。石化工程项目具有技术复杂、涉及专业多、关联范围广、集成程度高、工程投资大、建造周期长和质量安全环保要求高等特点，是一个复杂的大型工程。工程建设项目管理方法水平的高低，将直接决定投资效益，决定建设项目的成败，决定石化产业的持续健康发展。随着时代的发展、科技的进步和管理理论的创新，石油化工工程方法也在不断地丰富发展。

一、我国石化工程建设工程项目管理的发展历程

在计划经济体制下，我国工程建设项目通常采用传统的管理模式，从建设单位自营制，到以建设单位为主的建设单位、施工单位、设计单位(甲、乙、丙)三方协作制，再发展到“工程指挥部”的组织形式。改革开放以后，石油化工工程建设项目管理从学习引进国外先进管理技术，到消化吸收全面实施现代化项目管理，经历了三个发展阶段：

(1) 引进学习与试点阶段(1982—1991 年)。20 世纪 70 年代我国石化工业得到迅速发展，引进了一批现代化的石油化工生产装置，同时一些国际大型工程公司进入中国工程建设市场，带来了先进的项目管理理念和方法。1984 年，中国石油化工总公司试点建设工程总承包。

(2) 建制推广阶段(1992—1999 年)。为了推进工程建设管理体制的改革，石化行业逐步推行了项目法人制、建设监理制、工程承包制、招标投标制，大力推进工厂设计模式改革，国家和各层面发布了一系列法律法规和标准规范，对规范和提升建设工程管理水平发挥了重要作用。

(3) 规范发展阶段(2000 年至今)。2000 年以后，我国石油化工工程建设项目管理基本与国际接轨，进入了规范化发展的新阶段。上海赛科(SECCO)乙烯工程建设项目结合自身特点，实行了自主创新的 IPMT 管理模式，既发挥了我国石化企业丰富的工程建设经验和人才优势，又发挥了国际工程公司先进管理的优势，取得了较好的效果，并已在石化系统推广应用。同期，南海石化项目和扬—巴乙烯项目实行了国际通用的 PMC 管理模式。

二、石油化工工程建设项目生命周期

石化工程建设是一个复杂的系统工程，必须遵循科学的建设程序，周密组织好全生命周期各个阶段的工作，这是石化工程项目建设的主要方法。

1. 石化工程建设项目建设周期的阶段划分

按照项目实施的进程，石化工程建设项目的建设过程通常可分为五个阶段：一是前期工作阶段，二是项目定义阶段，三是项目实施阶段，四是试运行与竣工验收阶段，五是后评价阶段。

2. 石化工程建设项目各阶段的子过程划分

石化工程项目建设过程十分复杂，按照科学、合理的工程项目建设程序，依据不同工作过程，石化工程建设项目的五个阶段可划分为如下主要子过程。

(1) 前期工作阶段：包括确定前期项目管理组织机构，区域/行业规划，投资机会研究，厂址选择，市场研究(原料、产品)，方案研究/预可行性研究，资金筹措，可行性研究及审查，规划选址预审及用地预审，环评报告评估及审批，项目申请报告评估及核准/备案，安全预评价、审查及批准，职业病危害预评价、审查及批准等13个子过程。

(2) 项目定义阶段：包括确定工程建设管理模式和实施方式以及建立项目管理实施组织机构，用地规划正式许可，工艺技术选择确定，工艺包设计及审查，编制项目统一规定以及确定设计原则、技术标准、设计基础，编制总体设计、审查和批准，地质勘探，基础工程设计、审查和批准，编制采购策略，长周期设备订货，可施工性研究，办理征地手续，办理建设工程规划许可证，“四通一平”，建筑工程施工许可证和项目开工报告编审，建设资金落实，确定监理承包商和工程承包商等16个子过程。

(3) 项目实施阶段：包括确定生产管理模式、建立生产准备、试生产组织机构、生产准备与人员培训，编审《总体统筹控制计划》，工程监理，工程质量监督，详细工程设计，工程物资采购，关键设备材料监造，工程施工(包括地基处理，土建工程，安装工程)，生产准备，单机试运、吹扫气密，“三查四定”、工程中间交接等10个子过程。

(4) 试运行及竣工验收阶段：包括联动试车，试生产方案安全报备，特种设备注册登记，消防验收及环保预验收，投料试车，职业卫生、劳动安全、环保专项验收，生产考核与标定，交工验收，竣工决算，项目审计，项目档案验收，竣工验收等12个子过程。

(5) 后评价阶段：包括自评价和独立评价2个子过程。

三、石油化工工程集成化

随着社会发展，科技进步，经济全球化，国际工程建设市场竞争日趋激烈。由于工程实践的不断积累和发展以及管理手段的日益现代化、信息化，为工程集成化创造了十分有利的条件。工程集成化成为石化工程项目管理的主要方法和手段。工程集成化概括说，包括设计集成化与项目管理集成化等。

1. 标准化设计、模块化建设和标准化采购

实现工程集成化首要任务就是建立科学高效的标准化管理体系。通过完善标准规范、固化业务流程、规范设计文件、整合信息资源等来实现。为此中国石化大力推进“标准化设计、模块化建设、标准化采购”，着力提高工程建设的质量和效益，增强市场竞争力。

2. 工程设计集成化

工程设计是工程项目的核心，也是工程项目的灵魂。优化设计流程，提高设计质量，加快设计进

度，降低项目投资，是工程建设的重要课题。随着计算机和信息网络技术的不断完善和发展，工程建设构建以数据库为核心的数字化设计集成平台，用信息化、数字化和集成化等技术与手段构建协同工作平台成为现实，工程建设的质量和效率必将发生革命性的飞跃。

目前，国内众多工程设计企业都在大力推进设计集成化，同时国外工程公司也都在积极研究和实施基于网络环境的工程设计信息一体化解决方案。目前国际上应用比较广泛的集成化设计平台有两大体系，其中一个是美国体系，以 INTERGRAPH 公司的产品为代表；另外一个是欧洲体系，以 AVEVA 公司的产品为代表。中国石化工程建设有限公司(简称 SEI)分别基于 INTERGRAPH 和 AVEVA 两大国际知名平台开展工程设计集成化，分别结合中海油惠州炼化二期项目汽油加氢装置和中国石化元坝天然气净化厂项目，建设了专业集成化和协同设计平台。

近年来，以工艺设计集成系统和多专业三维协同设计为代表的集成化设计平台的开发应用，发挥了软件集成化的效益，实现了专业内、专业间的设计数据共享，大幅提高了设计质量和效率。

3. 项目管理集成化

1) 概述

近年来，SEI 在项目管理集成化方面取得了实质性进展，该公司在研究和探索的基础上，建立了集成化项目管理平台，同时开发完成了项目成本管理系统，并且在多个工程项目中实际试用。

2) 项目管理集成平台

企业级项目管理集成平台，采用 Oracle Primavera Unifier 产品为基础架构，经过不断地开发，SEI 项目管理集成平台已初见成效，为各项应用集成奠定了基础。

在此平台上开发的项目成本管理系统，实现了项目成本管理的各项主要功能，满足了项目成本管理通过统一 CBS(费用分解结构)标准、统一业务流程标准、监控公司所有项目成本的要求，满足了费控工程师通过统一业务平台执行费控全流程业务的要求。

3) 项目管理集成化主要内容

(1) 项目编码体系及编码管理系统开发；

(2) 项目成本管理系统；

(3) 材料管理系统(SPM)；

(4) 采购综合管理系统(IPMS)；

(5) 施工综合管理系统(CSPC)；

(6) 文档管理系统(Documentum)；

(7) Primavera Risk Analysis 风险管理软件。

四、石油化工数字化工厂

经过几十年的快速发展，我国已经跻身全球石油化学工业大国，但是“大而不强、快而不优”的问题依然突出。如何实现由石化大国向石化强国的转变？中国石化提出了以信息化支撑和引领石化产业迈向中高端的发展思路，积极推动数字化工厂和智能化工厂建设。

1. 石化数字化工厂

1) 数字化工厂定义

数字化工厂是以工厂对象为核心，包括与之相关联的数据、文档、模型及其相互关联关系等组成的信息模型，它将不同类型、不同来源、不同时期产生的数据构成了完整、一致、相互关联的信息网。

2) 数字化工厂的意义和作用

数字化工厂通过数字化平台发挥数据库的功能，为工厂的运行、维护、改扩建、安全管理提供合理的数据支撑，打通工厂生命周期的信息流，使之变成工厂宝贵的虚拟资产。

第一，实现了专业集成，各设计阶段数据流转，最新信息传输，降低了查找和分享信息的成本和时间，提高工作效率，降低项目成本。

第二，数据和文档集中统一管理，权限控制以及全程历史记录使其有更好的安全性。对企业的核心信息，如工艺包等提供了更好的保护。

第三，由于项目参与方大量信息没有制定交换标准和很好地实现交换和交付，致使建设期间、工厂运维期间以及工厂生命周期内的信息不能很好地利用，产生了大量的重复工作和信息不一致性，信息利用率低下。而数字化工厂建设将有效解决这些问题，实现数字化移交。

第四，工厂全生命周期数字化中，工厂设计信息数字化，设计技术手段数字化、网络化为工厂实现全面数字化、信息化奠定了坚实的基础。

3) 数字化工厂的功能框架结构和构建方法

(1) 功能框架结构。

数字化工厂包括了实体资产的全部设计、采购、施工、运营维护的信息与数据，不同类型、不同来源、不同时期产生的数据构成了完整、一致、相互关联的信息网，为提高运营和维护效率提供了有效帮助。

综上所述，“数字化工厂”是综合智能数字化系统，是既包括数据层、集成层和业务应用层等各作业层级的所有功能，还包括能够实现工艺设计、工程设计、工程物资采购、工程施工、开车和项目管理全过程工作的数字化集成平台。

(2) 功能。

“数字化工厂”面向工厂业主的功能主要有五个：

① 可以对应物理意义的石油化工工厂，展示数字化信息；

② 借助数字化信息，开展生产管理和人员仿真培训；

③ 根据相应的数字化信息，策划检维修方案和措施；

④ 根据相关的数字化信息，策划改扩建方案和措施；

⑤ 为智能化工厂建设奠定坚实基础。

“数字化工厂”面向工程建设企业的功能主要有五个：

① 促成 EPC 集成化实现，提高 EPC 总承包的业务能力和水平；

② 实现工厂层面上的标准化 EPC，提高 EPC 工作效率；

③ 为企业实现大数据管理奠定坚实基础；

④ 扩大 EPC 市场业务；

⑤ 降低工程建设成本，提高企业核心竞争力。

数字化工厂解决了产品设计和产品制造之间的脱节，优化了产品生命周期中的设计、制造、物流等各个方面的工作流程，降低了设计到工厂建造之间的不确定性。在虚拟环境下，实物工厂建设的过程得以评估与检验，从而缩短从设计到建造的转化时间，提高工程的成功率与效率。

(3) 构建方法。

数字化工厂建设以设计为源头，通过工程设计数字化、施工可视化、运营智能化等分阶段实现。构建数字化工厂重点做好以下几个方面的工作：

① 标准化。形成标准的实体对象分类、属性及关联关系数据库(简称关联数据库)，基于标准化的关联数据库实现对数据的校验，保证数据的一致性、准确性和完整性。标准化关联数据库不仅可以指导设计的数字化，同时也是数字化移交的标准。

② 数据的整合结构。大数据量的整合是对数据进行分析、提炼、关联，最终形成信息和知识，这将对各专业的信息共享、企业的知识积累、信息标准化的促进和业主的运维应用起到有效的推进作用。

③ 二维图纸和三维模型的 Web 可视化。图纸和三维模型是重要的资产，脱离源程序，可以在 Web 上独立浏览，可以更方便地查看和查找所需的数据。

④ 图纸的数据抽取和自动关联。数字化图纸包含位号信息，这些信息需要抽取出来和图纸进行关联。

⑤ 普通文档的数据抽取和自动关联。数字化文档里面包含位号信息，这些信息需要抽取出来和文档进行关联。

⑥ 系统集成。通过与设计、采购、施工等信息系统集成实现数据的采集与校验，同时实现文档、数据和模型等工程信息，以工厂实体对象为核心进行组织和自动关联。

2. 石化数字化工厂与智能化工厂的逻辑关系

1) 数字化工厂是智能化工厂的基础

智能化工厂是现代工厂信息化发展的新阶段，是以数字化工厂为基础，利用物联网的技术和设备监控技术加强信息管理和服务。智能化工厂集成了工厂的关键信息和核心数据，谋求建立以财务为核心、一体化的经营管理平台，实现物流、资金流和信息流综合管理，实现企业资源管理的最优化。

2) 智能化工厂是数字化工厂的架构扩展和功能延伸

智能化工厂是在充分利用数字化工厂信息的基础上，着力提升工厂的“全面感知、预测预警、优化协同、科学决策”四种能力，目的是大幅度提升石化企业的安全环保、经济效益、管理效率和竞争能力。

智能化工厂将实现工厂生产工艺模型/大数据分析优化；实现工厂全流程实时监控和协调；实现工厂经营管理、生产运行和工程建设高度一体化；实现工厂全方位实时预警预防的 HSE 管理；实现工厂全生命周期的预知预防的设备管理；实现工厂仿真与情景培训。

智能化工厂的建成，标志着一个完整的工厂工程信息化平台已经建立，集成工厂不同格式、不同版本的数据、文档，并依据位号等关键信息进行关联，将已有的非智能，分散存放的各种信息、数据、图表集中管理，并可快速查询、过滤，导出相关信息并自动生成各种报表。

数字化工厂移交系统可以作为工厂的工程知识库，利用系统里的各专业的工程资料，结合形象生动的三维展示方式。

数字化工厂和智能化工厂建设，将展示“两化”深度融合、大数据、互联网，给中国制造业带来革命性的变革。

(作者单位：中国工程院)

长江三峡工程的工程方法研究

陆佑楣

摘要：长江三峡工程历经70余年论证决策、17年工程建设，现已全面进入运行阶段并发挥综合效益。作为一个规模巨大的工程系统，三峡工程蕴含着丰富的工程方法。本文以全生命周期为视角，深入挖掘三峡工程决策阶段勘测规划、工程设计、科研试验、论证决策等方法，实施阶段建设管理顶层设计、五大要素管理、技术路线、移民和企业文化建设等方法，运行阶段运行管理顶层设计、安全运行和高效运行管理、生态环保建设、工程后评估等方法，凝炼其中所体现的一般性工程方法的共性特征，并总结印证了工程的协调和权衡、有限理性概念下的满意适当等工程方法论。

关键词：三峡工程；工程方法；全生命周期；工程决策；工程实施；工程运行；五大要素控制

三峡工程坐落于湖北宜昌，是当前世界上规模最大的水利枢纽工程，也是开发和治理长江的关键性骨干工程，历经70余年勘测、规划、论证、决策和17年主体工程建设，现已全面发挥防洪、发电、航运、供水、节能减排等综合效益。三峡电站年平均发电量882亿千瓦时，相当于年减排二氧化碳7056万吨，被《科学美国人》列入世界十大可再生能源工程；三峡船闸年通过能力1亿吨，为建坝前的5.6倍，使长江成为名副其实的黄金水道。长江三峡工程作为一个特大型水利水电工程，在经历了决策阶段和实施阶段后，目前正处于其生命周期的运行阶段。

任何工程活动都必须运用一定的工程方法才能完成和实现，工程方法是多元的、动态的，同一工程在不同时期有着不同的工程方法。工程方法论是研究工程方法的共同本质、共性规律和一般价值的理论，旨在阐明正确认识、评价和指导工程活动的一般方法、途径及其规律，其核心和本质是研究各种工程方法所具有的共性和工程方法所应遵循的原则和规律。本文深入挖掘三峡工程决策、实施、运行阶段所运用的工程方法，凝练其中所体现的一般性工程方法的共性特征，为探寻重大基础设施工程领域的一般性工程方法论提供借鉴。

一、三峡工程的工程方法

(一) 勘测设计决策阶段工程方法

工程活动是以自觉建构人工实在为目的的具体历史实践过程，都需经历一个从潜在到现实、从理念到实存、从施工建造到运行维护，直到工程退役或自然终结的完整生命过程。长江三峡工程大致经历了三个时段：第一阶段为1919—1949年，这一时期主要针对三峡工程设想的发电和航运目标开展探索。第二阶段为1949—1986年，这一时期三峡工程从概念设想落实为科学规划，完成了以防洪为首要目标的前期勘测和规划工作。第三阶段为1986—1992年：1986年国家责成原水利电力部组织重新论证，得出了三峡工程可行这一结论，1992年长江三峡工程建设方案通过全国人大表决，至此三峡工程的决策全部完成。

1. 提出工程设想

1919 年，孙中山先生在《建国方略之二——实业计划》中针对长江开发写道："以水闸堰其水，使舟得溯流以行，而又可资其水力"，首次提出了建设三峡工程的设想。1949 年和 1954 年，长江流域接连发生 4 次特大洪水，为根治长江洪患，三峡工程作为长江规划的主体被提上国家议事日程。1958 年 3 月，中共中央成都会议通过了"关于三峡水利枢纽和长江流域规划的意见"即成都会议七条，正式明确了"三峡水利枢纽的名称、三峡大坝水库正常高水位定为 200 米以下、三峡工程是长江规划的主体"等意见。至此，建设三峡工程的设想被正式提出，列入国家规划。

2. 全面勘察调查，探索自然规律

修建三峡工程的设想自 1919 年提出以来，几代中国工程专家针对长江三峡的工程地质、水文地质、气候条件等展开了近 70 年的勘察、监测和调查工作，深入探索了长江和三峡地区的自然规律。

新中国成立后，国家于 1950 年成立治理开发长江的专门机构——长江水利委员会（简称长委）。长委从收集水文资料入手，开始了 40 余年对长江三峡流域深入详细的勘察、监测和调查工作，基本认清了该区域的自然规律，为三峡工程的规划设计和论证决策提供了翔实的基础资料。而长江三峡的工程地质、水文地质等方面的勘测工作对于三峡工程坝址的选择具有重要意义。

3. 工程规划

三峡工程的规划随着人们对长江流域自然规律认识的不断深入，经历了漫长的调整和完善过程。1919 年孙中山先生提出三峡工程设想后，英国工程师波韦尔同年实地考察三峡地区，提出了《扬子江水电开发意见》，这是世人对三峡水利开发的第一个明确计划。1944 年，美国垦务局总工萨凡奇博士在初期勘测基础上提出了著名的《扬子江三峡计划初步报告》。1950 年长委成立后，开始专门研究长江流域标本兼治的规划工作。1956 年，长委改组为长江流域规划办公室（简称长办），直属中央管理，开始编制长江流域规划。1958 年中央成都会议通过了"关于三峡水利枢纽和长江流域规划的意见"。此后的 30 多年，各方专家围绕三峡工程坝址坝线、水库水位、防洪目标、通航标准、装机规模等规划展开了比较深入的初步规划论证工作。

三峡大坝坝址坝线的选择，经过了大量的地质勘探，仅三斗坪坝段地质钻探工作量就达 5.3 万米。三峡工程建设期的实际情况证明，地质勘探的工程地质条件与实际情况是完全相符的。

水电工程水位的确定一是要满足防洪库容的需求，再是要尽可能减少移民和土地淹没损失。1986 年，国务院组织重新论证，对不建坝零方案、正常蓄水位 150 米、160 米、170 米、180 米、200 米共 6 个方案进行了综合比选评价，经过多方案利弊权衡，最终专家达成一致意见，推荐三峡工程正常蓄水位 175 米，坝顶高程 185 米。

防洪目标方面，提高长江中下游防洪能力是三峡工程的首要功能定位。新中国成立后的长江流域规划，始终把三峡工程定位为长江中下游防洪的关键性骨干工程。三峡工程最终设计正常蓄水位 175 米，总库容 393 亿立方米，其中防洪库容 221.5 亿立方米。荆江河段的防洪大堤经过加固后，在三峡水库的调蓄作用下，其防洪能力从十年一遇提高到百年一遇。如遇千年一遇或更大洪水，在下游分蓄洪工程的配合运用下，可防止荆江河段发生干堤溃决的毁灭性灾害。

水利枢纽工程通航标准的确定要考虑经济社会未来发展趋势和通航船舶对全流域航道的适应性，考虑长江上中游地区经济社会的长远发展，三峡工程通航标准定位为万吨级船队可直达重庆。三峡水库蓄水后，三峡航道双向通过能力由 1000 多万吨提高到 1 亿吨，万吨级船队得以直达重庆，并实现了全年全线昼夜通航，使得长江成为名副其实的黄金水道。

水电工程装机规模的确定要充分高效利用水能资源，选择合适的机组机型。三峡电站装机容量的

确定，经历了漫长的研究历程。经过反复论证后，确定正常蓄水位175米方案，设计装机容量1820万千瓦，电站年利用小时4653小时，年发电量847亿千瓦时；1993年公布的《长江三峡水利枢纽初步设计报告（枢纽工程）》中提出：为更充分地利用汛期的水能资源，又不增加过多投资，决定在右岸留有后期扩机的地下厂房。三峡地下电站设计装机容量420万千瓦，加上三峡2台5万千瓦的电源电站机组，三峡工程装机总容量为2250万千瓦，年设计发电量882亿千瓦时。

4．工程设计

三峡工程的设计工作贯穿于规划、论证和工程实施的全过程，大致经历了概念设计、可行性研究、初步设计、招标设计和施工详图设计等几个阶段。

(1) 概念设计。孙中山提出三峡工程的设想后，国民政府于1944年邀请萨凡奇来华考察，完成《扬子江三峡计划初步报告》，拟定了5个坝址，提出了三峡工程坝体和厂房结构、泄水方式、蓄水水位、装机容量等内容，是对三峡工程最早的概念设计。

(2) 可行性研究。新中国成立后的50年间，国家针对三峡工程的必要性、可行性和经济合理性进行了多次充分的研究论证，确定了主要水文参数、查明了地质条件、选定了坝址坝型和主要建筑物形式，确定了工程规模、枢纽总体布置和主要施工方案，提出了移民安置规划，并就生态环境影响进行了系统评价等。

(3) 初步设计、招标设计、施工详图设计。1992 年三峡工程经全国人大表决通过后，长江水利委员会作为设计总成单位，在三峡工程可行性研究的基础上，进行了初步设计。其中，三峡工程初步设计报告分为枢纽工程、水库淹没处理和移民安置工程、输变电工程三大部分分别编报，由国务院三峡工程建设委员会审查批准，并作为八个单项技术设计、招标设计、施工详图设计和施工的依据。

5．科研试验

三峡工程科研试验工作贯穿于规划、设计、论证和工程实施的全过程。1950年长委成立后，三峡工程正式进入科研攻关和实验试验阶段。1958年，国家先后召开了两次三峡枢纽科学技术研究会，开始实质性研究三峡工程的科学技术问题。会议明确了三峡工程的坝址、正常蓄水位、装机和建坝材料等问题，确定并启动了17个重大科技研究项目，针对水库泥沙淤积、水库移民搬迁安置、枢纽工程结构和抗震安全、通航技术、长江生态和鱼类保护、遇战争破坏灾害评估和对策等诸多问题进行了严谨的科学试验。

1986年，国务院责成水利电力部对三峡工程进行再次论证，国家科委、中科院等有关高等院校、科研院所、勘测设计单位承担了试验、勘测、调查、计算和研究任务，组织了有关科技攻关项目。一系列重大科技研究的成果，为三峡工程决策提供了坚实依据和科学参考。

6．科学论证

三峡工程自1919年提出设想，历经1950—1960年的初步论证、1980年的水位论证和1986—1991年的重新论证，才得以最终决策。

1) 论证组织科学民主

三峡工程经历数次论证，研究内容逐步丰富，专题设置更加全面。三峡工程的多次重新论证工作并非纸上谈兵、闭门造车，而是围绕论证专题开展了大量试验、勘测、计算和科技攻关，确保论证工作严格建立在科学基础之上。

三峡工程多次论证都遵循严谨的论证程序和工作方法，即先组织专家论证，再组织国家审查，特别是1986年的重新论证工作，充分体现了三峡工程论证决策的科学化。工作方法上，重新论证采取先专题后综合，专题与综合交叉结合的方法，从流域、地区和全国经济发展三个层次分别考虑。论证过程中，各专家组在本专业范围内独立负责工作，经过反复调研、充分讨论，而后提出专题论证报告，并签字负责。重新论证工作强调既利用过去的工作成果，又不局限于以往的结论，一定要有严格的科学基础，确保论证结论科学严谨。

中国专家组进行重新论证的同时，加拿大咨询集团和世界银行的专家在长委提供资料的基础上，对三峡工程进行了平行论证，历时3年提出了310万字共11卷的可行性研究报告，总体认为三峡工程可行。

2) 针对不同意见的分析研究

三峡工程在论证和建设过程中针对某些专题的不同认识和观点，没有采取排斥的态度，而是科学理性地逐一认真分析研究，以得出更加准确的结论。

关于三峡水库泥沙淤积问题，在长期实测的基础上，国内多个泥沙试验室进行了大规模的模型试验。2003年实测数据显示，上游入库泥沙量仅为设计值的40%，并有逐年减少的趋势。泥沙问题已不是三峡工程的制约因素。

关于三峡工程建成后抵御战争破坏问题，有关部门在进行大量分析研究的同时做了溃坝模型试验，模拟了三峡枢纽工程全线溃坝的情况，结果显示溃坝不会对长江中下游造成毁灭性的影响。因此，战争问题也不是三峡工程的制约问题。

关于国力能否承担三峡工程建设、三峡工程建设是否影响全国其他重大工程建设的问题，国家财政和计划发展部门做了严格的评估，经过经济和财务分析，研究认为三峡工程在经济上是可行的。

水库移民搬迁安置，是三峡工程必须要面对的问题之一，三峡水库蓄水后，淹没区需要搬迁安置移民约 120 万人。经过翔实的调查分析，三峡水库淹没区多属峡谷坡地，是国家级的贫困地区，对于当地居民来讲，移民是他们脱贫致富的最好出路。

关于三峡工程生态环境影响问题，相关部门也进行了长期的监测分析。三峡工程巨大的防洪作用，本质上来讲是对生态环境的改善，但不利的影响是改变了长江中上游河段的水流环境，对鱼类等水生生物的生存状态造成了破坏。为此，需要持续进行长期研究，采取人工保育等方式将不利影响降到最低。

3) 论证结论和工程必要性、可行性

历经多次论证，三峡工程最终论证结论认为，修建三峡工程在技术上是可行的，在经济上是合理的，建比不建好，早建比晚建有利，并推荐了 175 米正常蓄水位。三峡工程的防洪作用，是任何其他措施无法替代的，这就使修建三峡工程具有充分的必要性。三峡工程建成后巨大的防洪效益有力地证明了这一点。

三峡工程作为一个特大型水利水电工程，其工程的实施主要取决于技术和经济的可行性。技术方面，随着1960—1980年一系列大型工程的建设和经济社会的发展，中国水利水电建设的技术和经验迅速提高，逐步跻身世界前列，三峡工程建设基本没有无法克服的技术障碍。经济方面，随着1978年改革开放后社会经济的快速发展和市场经济体制的改革，三峡工程的经济可行性已经成熟。而今，三峡工程已按期完成工程建设，实践证明三峡工程在20世纪90年代开工建设是可行的。

7. 工程决策

三峡工程最后的论证决策过程分为三个层次：第一个层次是广泛组织各方面的专家，围绕各界提出的问题和新建议，从技术上、经济上进一步深入研究论证，得出有科学根据的结论意见，于1989年9月重新提出《长江三峡工程可行性研究报告》，为国家提供决策依据；第二个层次是1990年7月，国务院成立国务院三峡工程审查委员会，负责审查可行性研究报告，审查通过后提请中央和国务院审批；第三个层次是国务院向全国人大提交《国务院关于提请审议兴建长江三峡工程的议案》，议案顺利通过表决。三峡工程经过科学的论证、严肃的审查、民主的表决从而完成了决策程序，转入工程实施阶段。

(二) 实施阶段工程方法

长江是条常年通航河段，为保证三峡工程建设期间长江航运畅通，三峡工程采用了“三期导流、明渠通航、围堰挡水发电”的施工方案，总工期 17 年，率先在国内工程建设领域实施以项目法人责任制为中心的招标投标制、工程监理制、合同管理制，从而在工程质量、安全、进度、投资控制和生态环保等方面取得成功。

1．建设管理体制

1) 建立政府、企业、市场协同的管理架构

三峡工程借鉴国内外水利水电和流域开发管理经验，运用社会主义市场经济体制，建立了以“政府主导、企业负责、市场运作”为特点的管理架构。成立了最高决策机构——国务院三峡工程建设委员会（简称三峡建委），作为三峡工程重大问题的最终决策机构，负责统筹协调、资源配置和监督稽查；明确了三峡枢纽工程的责任主体——中国长江三峡工程开发总公司（简称三峡总公司），是三峡枢纽工程的项目法人，作为一个经济实体全面负责三峡枢纽工程的建设管理、筹资还贷、运行维护以及资产保值增值；成立了移民开发局专项负责水库移民搬迁安置工作，并明确了“统一领导，分省（直辖市）负责，以县为基础”的开发性移民方针；明确了输变电工程的责任主体——国家电网建设公司（后与国家电网合署办公），实行电网统一建设、统一管理。

三峡建委的成立，使三峡工程所涉及的权责相关方有了一个统一的、最高的权力机构，将三峡工程建设市场运作和政府调控有机结合，从宏观层面为三峡工程建设理顺了管理体制。

2) 实行以项目法人责任制为中心的建设管理体制

项目法人责任制。1993 年，国务院批准成立中国长江三峡工程开发总公司。作为项目法人，三峡总公司实行独立核算、自主经营、自负盈亏，承担一切债权债务，全面负责三峡工程的建设和经营，建立了产权清晰、权责明确、政企分开、管理科学的现代企业制度。

招标投标制。三峡工程充分运用市场竞争机制，严格执行公开招标、公平竞标、第三方公正评标、集体决策的原则，选择最有竞争力的承包商或供货商。

工程建设监理制。监理制是保证工程建设达到预期的质量、进度和投资三项目标的重要制度。三峡总公司共聘请 6 家监理单位对承包合同履约和现场施工进行监督管理，并在个别重要项目中聘用了外国监理，促进了国内外监理经验的交流和融合。

合同管理制。三峡工程实施阶段以合同的方式明确了参建各方建设目标和权责关系，并延伸到承包商、监理、设计单位，形成参建各方对项目法人负责、项目法人对国家负责的工程建设运行管理体制。

2．五大要素控制和技术路线

1) 投融资控制

实行以资本金制为基础的多元化融资方案。三峡工程是以防洪为主、兼顾航运、水资源配置等效益的水利枢纽，具有巨大的公益性功能和社会效益。基于公益性功能应由国家投资的惯例，三峡工程建立了资本金制度。

资本金制的实施为三峡工程提供了稳定、可靠的资金来源，改善了三峡总公司的财务结构，提高了公司的偿债能力和信用等级，为三峡工程多元化融资创造了良好条件。多元化的融资模式降低了融

资风险和融资成本，不仅保证了三峡工程建设运行的顺利进行，还取得了良好的经济效益。

实行“静态控制、动态管理”的投资控制模式。“静态控制、动态管理”的投资控制模式是三峡工程的一个创新，它改变了不断调整概算的传统管理办法，把静态投资、物价上涨、融资成本、政策性调整区分开来，建立了责任清晰、风险分担、科学合理的投资控制机制，形成了项目法人自我约束的激励机制。三峡工程以静态概算控制工程的总投资，优化工程管理，降低工程成本和移民费用；以动态的价差支付和多元化融资模式降低融资成本，最终取得了良好的投资控制效果。

2) 进度控制

科学管理、稳步推进，以科技创新促工程建设保质按期完工。三峡枢纽工程总工期 17 年，施工期长、工程量大、高峰期施工强度高、重大技术难题多，对进度控制带来极大挑战。为按期完成建设任务，三峡总公司首先将任务分解，制定多个阶段目标。在工程推进过程中，始终坚持采用世界最先进的施工设备和最高效的施工技术，建立综合考评激励机制，设立多种奖项，通过对节点目标、阶段目标、总目标的考核奖励，促进工程进度按期推进。

在严格的合同管理、先进的技术保障和激励机制作用下，三峡枢纽工程各节点目标如期或提前实现，大坝提前一年全面发挥防洪作用、电站提前一年投产发电，初步设计规定的项目已全部按期完工。同时，三峡工程创造了混凝土浇筑连续 3 年超过 400 万立方米等一系列水电工程建设新纪录，促进中国水利水电建设技术跻身世界先进行列。

3) 质量控制和安全管理

树立质量和安全“双零”管理目标。三峡工程建设周期长、施工难度大、技术要求高，参建单位多、作业点分散、施工环境复杂、安全风险高，对三峡工程质量控制与安全管理提出了很高的要求。三峡工程建设首次在大型工程建设中提出并推行了“零质量缺陷”和“零安全事故”的“双零”管理目标，取得了良好效果。

质量管理方面，参建各方组建四级质量管理组织机构和工程质量保证体系，提出并形成了高于国家标准的三峡标准。同时国务院成立三峡枢纽工程质量检查专家组，每年至少赴工地进行两次质量检查，对工程质量作出评价和评议，进一步促进了参建各方质量意识和质量管理水平的提升。

安全管理方面，建立了参建各方共同参与、各司其职的三位一体安全生产管理体系，实践了切实有效的安全奖励与事故处理办法，以人为本、关注细节，安全管理理念逐步实现从事后查处向事前防范转变、从集中整治向规范化制度化日常化管理转变、从人治向法治转变，确保零安全事故。

“双零”管理目标实施后，三峡工程各项工程优良率显著提升，从 80%左右提高并稳定在 93%左右；安全事故的数量也逐年减少，并在 2007 年实现“零安全事故”的目标。

4) 生态环保建设

坚持工程与生态环境同步建设。三峡工程在建设之初，就确定了工程与生态环境同步建设的方针。三峡工程 20 多年的生态环境保护取得了良好成效，其最大的亮点是采取“先规划、后实施”的管理模式，从发展的角度提前对生态环境保护工作的内容进行周密的设定；在实施过程中，建立“中央统一领导、分省负责”的管理体制，出台管理办法和规章，实行以项目法人制为中心的“四制”管理体系，从政策、制度、程序上对生态环境保护的进度、质量、验收等各个环节进行规范化管理，有效地行使了规划、协调、监督的基本职能，确保了生态环境保护的有效实施。

5) 技术路线

采取全方位开放和引进消化吸收再创新的技术路线。为确保将三峡工程建成为高标准、高质量的国际一流工程，三峡工程采取全方位开放的态度，充分吸收国内外先进施工方法和经验，积极引进世界最先进的工程技术，先后在大江截流及围堰施工、大坝混凝土材料和浇筑工艺、水轮发电机组设计制造等方面取得了技术突破，实现了塔带机施工工艺的引进和创新、水轮机组国产化、建立以 TGPMS 系统为核心的信息化管理模式，达到了世界一流水平。

3. 库区移民安置

实行政府主导、各方参与的开发性移民方针。三峡工程建设，移民是成败关键。为确保移民工作顺利完成，国务院于 1993 年颁布《长江三峡工程建设移民条例》，以行政法规的形式明确了三峡工程移民安置实行开发性移民方针，实行“统一领导，分省（直辖市）负责，以县为基础”的管理体制和移民任务、移民资金“双包干”，对移民投资实行切块包干、静态控制、动态管理；实行国家扶持、各方支援与自力更生相结合的原则，采取前期补偿、补助与后期生产扶持相结合的政策，使移民的生产、生活达到或者超过原有水平。

同时，为减轻三峡库区的环境压力，国务院决定实行移民外迁的方针，将库区移民部分搬迁到东部沿海经济发达地区，最终实现了 20 万移民外迁。移民搬迁后的生活条件明显改善，库区城乡居民收入水平逐年提高，城镇化进程加快，库区社会总体和谐稳定，实现了“搬的出、稳的住、逐步能致富”的移民目标。

三峡工程移民安置管理体制的创新，既确保了党中央、国务院对三峡工程建设强有力的指挥，又清晰地明确了各方的职责和权限，充分调动了各方积极性，为三峡工程建设的顺利进行提供了制度保障。

4. 企业文化建设

树立以“为我中华、志建三峡”为核心的三峡精神。三峡工程是中华民族的百年梦想，其作用之大、地位之重可谓“千年大计、国运所系”。三峡工程建设者怀着无限的爱国热情，以强烈的责任感和神圣的使命感，奋勇拼搏、甘于奉献，自发形成了以“为我中华、志建三峡”为核心的三峡精神，她是全体三峡建设者的共同理想和信念追求。

三峡精神的内涵概括为：科学民主、求实创新、团结协作、勇于担当、追求卓越。正是在这面爱国主义旗帜下，全体三峡建设者发扬集体主义精神，坦然面对各种风险和挑战，攻克了一系列工程建设难关，创造了无数的水电工程奇迹，使三峡工程成为中华民族实现伟大复兴的标志性工程。

同时，三峡移民工作中所展现出的科学民主、团结协作、精益求精、自强不息的精神也是三峡精神的重要内涵。三峡移民达百万之众，数量之大、范围之广、情况之复杂前所未有。三峡移民工作始终坚持以人为本，尊重移民的主体地位，不仅考虑把移民搬得出，更考虑移民与安置区社会融合和库区长远可持续发展。三峡 120 余万移民群众舍小家、顾大家、为国家，以实际行动支持三峡工程建设，赢得了库区安稳致富、经济社会繁荣发展的良好局面。

(三) 运行阶段方法论

三峡工程的运行管理，不仅要圆满实现防洪、发电、通航等设计功能，而且需要全面兼顾水库的泥沙、地质、地震、水环境等自然环境因素，以及库区、枢纽区和下游流域相关区域的社会和经济发展对水库运行的要求。自 2003 年启动运行十多年来，三峡工程功能逐步完备、效益日益显现，运行管理水平在实践和探索中不断提高，逐步成熟。

1. 运行管理体制

明确建管责任，实行统一运行调度管理。三峡工程的运行管理，涉及防洪、发电、通航等多种功能的发挥，牵涉多方面的利益。为此，国家授权三峡总公司作为三峡枢纽工程的项目法人，全面负责三峡工程的建设和运行，为实现统一管理、统筹兼顾、充分发挥三峡工程的综合效益奠定了坚实的基础。

工程建设和运行管理相结合，实现安全运行平稳过渡。三峡工程在工程建设阶段，及早谋划和筹建运行管理的组织机构，建立了建设、运行统一协调机制，实现了“建运结合，无缝衔接”。“建管结合，无痕过渡”模式是大型水利枢纽工程建设运行管理的创新，在三峡枢纽建设运行中成效显著，目前已在我国水电建设中得到推广应用。

内部管理分工合作，形成合理的平衡机制。三峡工程的运行管理实行科学分工，各方职责明确，分工协作，实现专业化管理，避免了水利枢纽运行管理片面偏重发电效益的问题，是充分发挥三峡工程综合效益的科学平衡机制。

建立高效协调机制，凝聚运行相关方合力。在防洪、抗旱、发电、供水、航运、生态环保等工作中，三峡集团与相关各方建立分工明确、密切协作、信息共享、即时沟通、指令畅通的协调机制，成立枢纽梯级调度协调领导小组，建立了梯级水库调度综合沟通协调机制。在坝区管理中，实行“业主为主、地方配合”的管理模式，协作成立多个专项工作协调机构，建立了良好的企地共建协调机制，为枢纽运行创造了良好的外部环境。

2003 年以来十多年的运行实践证明，三峡工程运行管理体系有效地协调了各方关系和部门利益，有力促进了防洪、发电、通航、生态等效益的充分发挥。

2. 安全运行管理

1) 枢纽运行安全

建立全方位的实时监测系统，确保枢纽运行安全。三峡工程安全监测系统自工程开工即开始布置，时间跨度 20 余年，覆盖面广、监测时间长，是目前世界水电工程中规模最大、技术最复杂的安全监测系统。三峡工程安全监测工作实行专门团队管理，成立了安全监测中心进行专业化管理，这是我国水电工程建设的首支专业化管理与监理队伍；制定了完善的技术标准和全面的安全监测监控计划，确定了五个统一的工作原则，即“统一管理、统一标准、统一基准、统一时间、统一分析”，以确保工作标准、数据基准、对比分析的一致性；采取了严格的质量控制手段，建立了设备、仪表维护制度和档案，确保现场观测设施的正常运行和观测精度；建立了周密的巡视检查制度，日常巡查、年度详查、特殊工况详查相结合；培养了快速的应急反应能力，提出了“全面监控、重点突出、测巡结合”的工作原则，现场长期驻守一支专业高效的安全监测队伍；实现了监测资料的及时反馈和可靠分析，对枢纽建筑物的稳定性、安全度作出评价，为验证工程设计和指导工程运行提供了重要技术支持。

三峡安全监测的管理模式，是国内率先创建的监测管理新模式，监测工作管理的创新有效地保证了三峡工程安全监测系统高质量地建立和高效率地运行，这种安全监测管理模式后为全国各大型水电工程所采用，极大地推进了我国安全监测管理水平的提高。

2) 电厂运行安全

对标全球领先水平，创建国际一流水力发电厂。三峡电站是全球装机容量最大的水电站和重要的清洁能源基地，是我国“西电东送”和“南北互供”的骨干电源点，在电网稳定中发挥着重要作用。

三峡电厂在发电运行管理中，确立了以“管理先进、指标领先、环境友好、运行和谐”为基本特征的国际一流水电厂管理目标，着力培育“精益、和谐、安全、卓越”的价值观，不断强化安全管理、技术管理、设备管理，建立并不断完善以诊断运行、状态检修为核心的精益生产管理方式，打造管理大型电站和巨型水轮发电机组的核心能力，努力将三峡电站建设成为本质安全型、资源节约型、环境友好型与智能化的“三型一化”电站，致力于成为世界水电运行管理的引领者。经过十多年的发电运行管理实践，三峡电厂已经成为国际一流水电厂的标杆。

3．高效运行管理

1) 调度模式优化

以防洪任务为核心，实行优化调度。防洪是三峡工程初步设计明确的首要任务，同时还承担发电、航运和抗旱补水等综合利用任务，各任务间的调度关系为“兴利调度服从防洪调度，发电调度与航运调度相互协调并服从防洪调度”。为协调好各方面的调度关系，三峡工程在调度管理中建立了综合沟通协调机制，并开展优化调度研究，逐步形成了“技术先行、沟通协调、运行实践、总结完善”的三峡水库优化调度模式。

通过采取优化调度管理模式，三峡水库较初步设计有了较大优化，这些优化调度措施不仅提升了三峡工程初步设计的综合效益，也拓展了泥沙减淤和生态等其他效益。同时，国家已开展了以三峡水库为核心的长江干支流控制性水库群综合调度研究工作，逐步形成了由流域防总牵头、各相关方充分参与的联合调度机制，取得了良好效果。

2) 船闸潜能挖掘

挖掘船闸潜力，打造长江黄金水道。三峡船闸于 2003 年试通航并于 2017 年正式通航，稳定高效运行至今。船闸运行管理方面，三峡工程建立了合理高效的船闸运行管理体制，国家明确了由中国三峡集团负责三峡工程的统一管理，包括船闸的运行维护、检修、安全监测、上下游引航道以及连接段的疏浚等工作；由三峡通航管理局负责组建三峡船闸管理队伍，受中国三峡集团委托，承担船闸的日常运行维护工作。在运行管理中，三峡船闸通过增设靠泊设施、研制快速检修工装和工艺、提高闸室检修排充水能力、建设信息化管理系统等措施，不断创新增效，显著提高了三峡船闸的运行效率和通过能力。

4．生态环保建设

全面投入，维护长江绿色生态走廊。自 2003 年蓄水以来，三峡工程在《长江三峡水利枢纽环境影响报告书》、《三峡库区及其上游水污染防治规划》等生态环境建设和保护框架体系下，持续开展了生态环境监测和科学研究。国家在生态与环境监测、珍惜植物保护、珍惜鱼类保护、库区水环境保护、水文与泥沙观测、地震监测等方面都取得了重大进展。

5．工程后评估

自 2003 年蓄水发电以来，三峡工程已安全稳定运行 10 多年。为了总结三峡工程建设和初步运行实践经验，对三峡工程论证和可行性研究结论、工程建设情况、工程运行效果、试验性蓄水、初步设计目标完成情况等方面进行科学分析和客观评价，提出对今后工作的意见建议，促进三峡工程更好运行、发挥更大综合效益，三峡建委先后三次委托中国工程院开展三峡工程评估工作。

2008—2009 年，工程院组织实施了“三峡工程论证及可行性研究结论的阶段性评估”工作，完成《三峡工程阶段性评估报告》。综合评估认为，三峡工程在 1986—1989 年的论证与可行性研究的总结论和推荐的建设方案是完全正确的，经受了工程建设和初期运行的实践检验。

2013 年，中国工程院组织实施了“三峡工程 5 年试验性蓄水阶段性评估”工作，完成《三峡工程试验性蓄水阶段评估报告》。综合评估认为，三峡工程实施试验性蓄水是完全必要的，将为今后工程的安全高效运用奠定良好基础；三峡工程试验性蓄水达到预期目标，综合效益充分发挥，具备转入正常运行期的条件。

2014—2015 年，中国工程院组织实施了“三峡工程建设第三方独立评估”工作，完成《三峡工程建设第三方独立评估综合报告》。综合评估认为，三峡工程规模宏大，效益显著，影响深远，利多弊少。综合评估对三峡工程建设和试验性蓄水给予充分肯定，同时总结了三峡工程建设坚持深化改革、坚持以人为本、坚持与时俱进等 6 条基本经验。

三峡工程 3 次评估工作，不仅对三峡工程决策、实施、运行阶段进行了客观评价，加深了人们对于三峡工程的理解和认识，更重要的是对三峡工程后期运行提出了具体的意见和建议，促进三峡工程发挥更大综合效益，促进工程与自然和谐可持续发展。

二、三峡工程方法论体悟

三峡工程作为世纪工程和重大的民生工程，虽然有其特殊的一面，但作为世界最大的水利水电枢纽工程，三峡工程决策、实施、运行阶段的工程方法有其普适意义，可供水利水电行业和重大基础设施工程领域借鉴和参考。

1. 奉行科学民主的决策精神

工程项目往往涉及范围广泛、技术问题复杂、牵涉利益众多，各方对自然规律和社会发展规律的认识不同，形成各种不同的意见，必须遵循科学和民主精神审慎决策，才能得到正确的决策结果。

科学决策即工程项目要进行深入的勘测试验，获得翔实的、尽可能与事实相符的现场资料和试验数据，从而实现科学规划和设计，这是进行科学决策的基本前提；决策前，要进行广泛的论证研究，充分分析工程项目的必要性、可行性和经济性，这是进行科学决策的先决条件。

民主决策即工程项目规划论证要充分听取各方意见，特别要重视反对意见，各方关注的意见以及反对意见要反复研究，充分论证，不断修改完善设计方案；决策程序上，要严格遵守决策程序，充分发扬民主，杜绝独断专行。三峡工程决策阶段历经 70 余年，进行了深入的勘测设计、充分的论证研究，吸取了不同行业众多专家的意见包括反对意见，最终通过全国人大表决的方式作出最终决策，充分体现了工程项目的科学决策和民主决策精神。

2. 必要性和可行性研究在工程活动中的重要性

工程活动是实践的活动，是追求效益的活动，工程实践者无不把工程必要性作为工程决策的先决条件，因为没有必要性的工程，其综合效益一定是不显著的。工程可行性决定于一定的条件和环境，在许多工程活动中，随着环境和条件的变化，有些原先不具有可行性的方法有可能在新环境中成为具有可行性的方法。从三峡工程的必要性角度看，20 世纪上半叶，三峡工程设想的主要目的是发电和航运效益。而 1950 年后，修建三峡工程最主要的目的是为长江中下游防洪减灾，这个开发目标使得三峡工程真正出发于民生，服务于民生，是三峡工程建设的必要条件。从三峡工程的可行性角度看，随着工程技术不断进步，经济条件不断成熟，发电和航运效益日益显著，成为三峡工程建设的充分条件。三峡工程在最恰当的时机决策实施，确保了工程建设顺利实施，工程目标达到预期。

3. 和谐理念和有限理性概念下的满意适当原则

“和谐”概念是中国哲学传统重要的哲学思想，强调人与人、人与自然关系的和谐，这是一个基本的哲学理念和工程理念。“有限理性”概念强调理性能力的有限性，它不承认有什么达到“全知全能”的理性。人类任何一项造物活动都是在一定的主观和客观约束条件下进行的，都不可能达到严格意义的“尽善尽美”，都存在有利有弊的两面。工程决策阶段，必须确保利大于弊方可实施，工程实施和运行阶段，需要发扬“追求卓越”的精神，尽可能发挥好有利的一面、降低不利的一面，努力达到“约束条件下的满意适当”。三峡工程发挥着巨大的综合效益，但也不可能“尽善尽美”。本着和谐的概念，三峡工程通过人工增殖放流、生态调度等手段，努力达到工程与自然的和谐，谋求符合人类可持续发展的最终目标。

4．工程是协调和权衡而来的产物

工程活动涉及范围广、牵涉面多，面临着许多矛盾和冲突，这不仅体现在技术领域，还包括社会、经济、政治、生态等领域，需要通过协调和权衡来加以解决。权衡的尺度和协调的效果往往成为工程活动能否顺利推进或能否成功的关键环节。三峡工程经过对防洪效益、发电和航运效益、库区土地淹没和移民搬迁安置、生态环境影响等多方面因素的全面论证，最终做出了建设三峡工程的决策，就是一个综合性权衡的结果。三峡工程实施阶段，面对枢纽工程、移民工程、输变电工程之间，政府、企业、人民群众之间，业主、设计方、监理方、施工方之间，投资、进度、质量、安全、环境之间等错综复杂、环环相扣的关系，需要全方位的、科学求实的、与时俱进的协调加以融合，方能推动三峡工程各项工作有序开展。

5．复杂的工程系统管理蕴含着系统工程方法

三峡工程作为规模巨大的工程系统，是一个能够为社会带来综合效益的人工创造物，具有工程系统的各种特征。三峡工程是由枢纽工程、移民工程等若干相互区别又相互联系的部分共同组成的综合系统，始终围绕实现防洪、发电、航运等功能目标而稳步推进，各个组成部分统一进度、相互制约、协同进展，集合了工程技术、经济、政治、人文、生态等多个维度的系统性成果，是多学科跨领域的技术集成体。作为一个巨大的工程系统，三峡工程的过程管理方法是一个复杂的系统工程，具有系统工程的运行特点。三峡系统工程是连续的、环环相扣的，建设方案的确定经历了比选集优的过程，建设运行的目标量化形成了三峡标准，TGPMS 的运用丰富了三峡系统工程的内涵和品质。

6．树立基于全生命周期的工程项目管理思维

工程项目的全生命周期包括论证决策、工程设计、建设实施、运行维护等阶段。人们通常习惯于把工程项目管理定义在后两个阶段，而忽视了决策阶段的管理，从而导致项目与客观规律不符、实施困难、运行效果不符合实际等情况，甚至出现决策失误，无法满足既定的目标要求。三峡工程正是坚持了全生命周期的管理理念，特别是决策阶段历经 70 余年勘测、规划、设计、试验、论证，实施阶段 17 年建设牢牢把握五大要素控制，运行阶段 10 多年来安全维护与效益提升并重，才得以做出正确决策、建设顺利推进、效益日益显著。

7．遵守工程规范和进行工程创新的辩证统一

工程规范是工程活动经验的总结，是工程活动的实践准则。然而，工程规范也是伴随着工程技术的进步而不断更新完善的，进而推动工程技术不断进步。三峡工程遵循工程规范又不拘泥于以往的工程规范，而是建立一套高于工程规范和国家标准的三峡标准。同时，三峡工程高标准地克服了工程实施中的难点，如在大江截流及深水高土石围堰施工、永久船闸高边坡稳定、大坝混凝土快速施工技术等方面实现了集成创新，在大型机电设备国产化方面实现了引进消化吸收再创新，直接带动了工程规范的升级，填补了行业标准的空白，有力推动了中国水利水电行业达到世界先进水平。

8．严控五大要素的实施管理

工程项目管理的目标控制主要包含五大要素，即投资控制、进度控制、质量控制、安全控制和环境保护。工程项目管理的目标是在保证质量和安全的前提下，在减少环境影响的边界条件下，寻找成本和进度的最优解决方案。做好五大要素控制的前提，是建立以项目法人制为核心、招标投标制、工程监理制、合同管理制等多种制度并行的现代企业管理制度，这即是以市场化手段从根本上规范了工程项目的管理模式、提高了管理效率。

投资控制方面，采取多元化投融资手段，提高投融资质量，降低投融资成本；进度控制方面，分

解任务目标，落实最小控制单元，利用先进技术提高施工效率；质量和安全控制方面，制定较高的标准规范，建立健全管理体系和制度并严格执行，强化综合考评和激励约束，以制度规范行为、以行为保障质量、以理念保障安全；环境保护方面，不断优化工程项目设计和实施方案，避免和减少生态环境影响，实行工程与环境同步建设，以环境增量弥补环境损失，不断丰富运行手段，采取多种措施提高工程项目的生态环境效益输出。

9. 坚持精益求精和安全的运行理念

工程项目运行的基本目标是实现安全稳定运行。在工程项目实施阶段确保质量的前提下，运行阶段要加强安全监控监测和现场巡视，把一切安全隐患消灭在萌芽阶段；对标国际一流，制定安全运行标准和规范，以精益运行缔造本质安全；制定突发事件应急预案，加强演练，提升应急处置能力。三峡工程自实施阶段即开展安全监测，延续至今，形成了一套完备的安全监测和应急处置体系，以精益化、标准化、智能化为三峡电厂安全运行保驾护航。

10. 实施客观公正的工程后评估

工程评估是根据一定的评估标准，立足于人类可持续发展的高度，对工程的技术、质量、人文、环境影响、社会影响，以及投入产出效益等方面作出客观公正的评价，以检验工程是否达到预期目标，是否实现设计价值，并针对性地提出进一步完善的建议。三峡工程自蓄水发电以来，先后三次实施了由中国工程院组织的第三方独立评估，验证了工程论证和可行性研究的结论、肯定了工程建设和初期运行的效果、客观评价了工程的整体效益，总结了工程建设和运行的经验，并对下一步工作提出了建议。三峡工程后评估，不仅验证和肯定了三峡工程建设，更对后续长久运行提出了具体的意见建议，有力地促进了三峡工程与自然和谐可持续发展。

11. 培养高素质的工程技术和运行管理人才

人是工程思维的主体，也是工程活动的主体。工程作为创造性活动，其全生命周期各个阶段活动的科学性、合理性及其价值都依托于人的主观能动性和实践能力。因此，工程活动需要具有一定专业知识或专门技能，进行创造性劳动，并对社会作出贡献，能力和素质较高的劳动者，也即人才。三峡工程自勘测论证起就集聚了国内外大批科技人才和专家，工程建设期汇集了全国各领域优秀的工程专家，培养了一大批业务精良的工程师，工程运行期对标国际一流，高标准培养电站运行人才，使得水电工程的事业人才辈出，发展态势良好。

12. 培育富有感召力的企业文化

企业管理学有句俗话："一流的企业管理靠文化，二流的企业管理靠制度，三流的企业管理靠人。"优秀的企业文化是企业凝聚力的源泉、发展动力的根基，是提升企业品牌形象和影响力的关键所在。对于工程项目，优秀的企业文化可以凝聚利益相关方形成合力，感召全体参建者践行一致的工程项目管理理念，从而有力促进工程项目的有序推进，顺利达到预期目标。三峡工程建设形成了以"为我中华、志建三峡"为核心的三峡精神，成为全体三峡工程建设者的精神图腾，参建各方为了同一个目标而共同努力，携手完成了这一规模浩大的巨型工程。

（作者单位：三峡总公司　中国工程院院士）

论建筑工程的建筑设计方法

何镜堂　向　科

摘要：在明确建筑工程与建筑设计的基本概念与范畴的基础之上，提出建筑设计的基本要求、基本原则以及融贯综合的设计理念；详细阐述了建筑设计要运用辩证思维、系统思维和创造性思维的方法；并解释了建筑设计的方案设计、初步设计、施工图设计、施工配合四个设计阶段的重点和要求；从而建构起系统的建筑设计方法，以2010上海世博会中国馆为典型案例，解析了在设计的不同阶段运用设计方法的指导解决不同的设计问题的过程。

关键词：建筑工程；建筑设计；设计原则；思维方法；2010上海世博会中国馆

引言

如果说工程活动是现实的、直接的生产力，是社会存在和发展的物质基础，工程方法是人类求生存、求发展的方法。[1]那么建筑工程作为工程的一个类别，是为满足人类栖居而创造的人工空间，建筑设计方法就是人类为提高生存质量而创造人工空间的方法。

对于单一建筑工程的建筑设计，我们已经积累了丰富的经验，总结出了一些建筑设计策略和方法，在此基础上我们要分析总结行业性工程设计方法的共性，对建筑工程的建筑设计展开方法论的探讨，将建筑设计方法研究上升到理论水平。尽管由于建筑工程自身的大量性、日常性、艺术性等特征，使其与其他类别工程设计方法具有一定差异。但对于普遍的建筑设计方法而言，与其他工程方法一样，一般通过"选择—集成—建构"三个过程来达成现实的生产力；并逐渐突出开放、动态和系统的特征，关注整体结构、功能—效率优化—环境适应性的问题；需要经过发现问题—分析问题—解决问题的基本思路，解决一系列基本问题：即遇到什么样的工程问题—采取什么样的原则和理论—采取什么样的思维方法、创造性地或采取技术集成的手段去解决问题—控制设计过程和进行设计管理。

因此本文将重点从建筑设计的原则、建筑设计的思维方法、建筑设计的过程维度的方法等方面结合典型建筑工程设计案例展开分析和研究。

一、建筑工程与建筑设计

建筑工程通常是指房屋建筑工程，是建设工程中的一个类别。①它具有综合性、社会性、技术性与实践性的基本特征。相比其他工程，建筑工程的类型多、数量多、每一个工程均有一定独特性且与人们的日常生活息息相关。同时由于建筑既是物质载体，也是精神载体；建筑既具有共性又包含个性；建筑是科学与艺术的结合。这些都使得建筑工程具有了一定的特殊性。

建筑工程设计涵盖与建筑工程相关的许多专业，包括规划、建筑、景观、结构、给排水、暖通空

① 建筑工程是建设工程的一部分。建设工程通常包括了土木工程、建筑工程、线路管道和设备安装工程及装修工程等。与建设工程相比，建筑工程的范围相对较窄，专指各类房屋建筑工程。故此，桥梁、水利枢纽、铁路、港口工程以及不是与房屋建筑相配套的地下隧道等建设工程均不属于建筑工程范畴。

调、电气、智能化、节能等。它具有一定的程序，包括规划、勘察、方案设计、初步设计、施工图设计等过程。建筑工程设计是一个非常典型的系统化设计工作，具有极强的专业化和综合性。

广义的建筑设计就是建筑工程设计，是指建筑物在建造之前，设计者按照建设任务，把施工过程和使用过程中所存在的或可能发生的问题，事先作好通盘的设想，拟定好解决这些问题的办法、方案，用图纸和文件表达出来，作为备料、施工组织工作和各工种在制作、建造工作中互相配合协作的共同依据。这样做便于整个工程得以在预定的投资限额范围内，按照周密考虑的预定方案，统一步调，顺利进行。并使建成的建筑物充分满足使用者和社会所期望的各种要求。[2]

而随着工程的复杂程度和技术要求越来越高，分工越来越细，建筑设计作为一个专业逐渐从建筑工程设计中分化出来，因此一般意义上的建筑设计是专指建筑学专业范畴内的设计工作，重点是针对房屋建造展开的空间构想思维活动，所要解决的是有关人类生活与工作的建筑空间环境相关问题，如建筑与人、建筑与自然、建筑与社会等关系问题，它的最终目的是帮助人类同自然环境和建成环境和谐共处，创造一个适宜栖居的空间环境，并给人以美的精神享受(见图 1)。

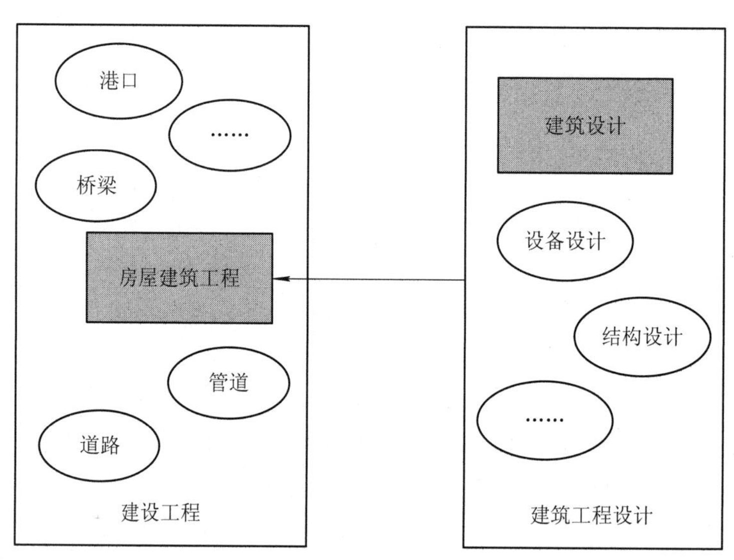

图 1　建筑工程与建筑设计的关系图示

建筑设计的构成要素主要包含建筑功能、建筑技术、建筑艺术形象、经济合理性等。其内容包括建筑功能与空间的合理安排、建筑与周边环境、与外部各种条件的协调配合、建筑的艺术效果、建筑的细部构造方式、建筑与结构和设备等专业的综合协调。其最终目的是使建筑物做到适用、经济、绿色、美观。

通过长期的实践，人们创造、积累了一些科学的方法和手段，通过一定的工作程序，通过多个方案的比较，最终用图纸、建筑模型或其他手段将设计意图确切地表达出来，并与相关专业技术人员配合，综合解决各类矛盾，使工程能得实现。

建筑工程是从无到有，需要适应各种制约条件，满足人们物质和精神的需求。因而，建筑设计是有预见性的工作，需要根据已有的条件来进行合理的规划和设想，需要遵循一定的原则和方法。建筑设计也是具有创造性的工作，需要进行开放性的探索与创新。

二、建筑工程的建筑设计原则

从方法论的角度来看，与其他方法一样，建筑设计也需要确定一些基本原则，作为指导设计的思想基础。建筑设计的原则按照建筑不同层次的要求区分为不同层级。

1. 建筑设计的基本要求

建筑为人类提供适宜的生活、工作、休憩的空间，满足人类生理和安全需求，这是建筑设计的出发点和基本要求，其目标指向是以人为核心，一切从人的生存物质条件和精神环境需求出发，不仅要满足居者的使用功能要求，能够抵御风雨雷电和自然灾害的侵袭，又要根据实际经济条件量体裁衣，同时实现人之为人的审美需求。[3]

(1) 以人为本的理念：建筑设计应从关心人、服务人的宗旨出发，树立人在建筑设计中的主导地位。从城市到建筑、从整体到局部、从空间到形态等各个设计环节均应以人的基本尺度为建筑空间的尺度标准，考虑人的活动与感受，创造适合人类活动的人性化空间，以及安全便利、舒适优雅的工作环境。进一步注重人对建筑的情感需求，突出建筑的文化内涵和精神关怀，使使用者产生归属感和精神依托，创造符合居者归属感的建筑。

(2) “适用、经济、绿色、美观”的建筑方针①

“适用”体现建筑使用的要求，功能合理，坚固安全实用；“经济”体现在全寿命期内满足功能要求的同时节约投资和资源，高效集约；“绿色”体现建筑节能与环保低碳；“美观”则体现对建筑文化和艺术的要求。八字方针概括了新时代下建筑的基本要求，赋予建筑新的要求和内涵。

2. 建筑设计的基本原则

在建筑的固有要求之上，一个良好的建筑作品与使用功能、自然环境、地理气候、经济技术和社会文化等因素息息相关，如何全面协调这些因素，满足人类生产和生活需要，实现建筑审美需求，则对设计者提出了更高更明确的要求：

(1) 整体和谐的原则：包括建筑与环境的协调，使建筑适应地域的气候并与自然和人工环境融为一体；建筑与城市的协调，融入城市的公共空间、文化环境、建筑群体和景观，共同构或一个既和调又有特色的整体；从建筑自身的和谐进行把握，从规划、群体、景观、建筑内外空间到细部，进行分析、优化，避免着眼局部而忽视整体。

(2) 可持续发展的原则：建筑设计既满足当代人居住和生活的需要，又不危及后代人的生存和发展。强调生态和环境保护、科技与人文同步发展，强调节能、环保、低碳和绿色发展道路，使人、建筑、自然和谐永续发展。

(3) 地域特征、文化内涵和时代精神和谐统一的原则：地域特征体现建造地点的自然地理、人文环境等方面的关联性和地方特色，文化内涵体现建筑的风格特征和文化品味，时代精神是当今社会科技和文化在建筑中的综合和发展，三者相辅相成、不可分割，共同融合在建筑设计中。[4]

3. 融贯综合的建筑设计理念

影响建筑工程的条件是错综复杂的，建筑工程的目的和要求也是具有综合性的，建筑设计的基本要求及原则需要加以融贯和综合，才能满足建筑工程设计多元化与全面性的要求。建筑设计的过程，是各种因素和各种原则共同起作用的，或许某些方面的特征更为明显，但丝毫不能偏废其他方面的因素。

中国建筑学人长久以来一直在努力探索建筑设计的指导体系，并取得了各自不同的成果。融贯综合的建筑设计理论体系往往以不同的设计原则为基础，但通过他们之间的关系建构，形成了新的内涵，从设计思想与方法论层面，高度概括建筑工程的基本规律和要求，形成了一个开放、动态、综合的思

---

① 中国 1952 年在全国建筑工程会议首次提出建筑设计“适用、坚固安全、经济与适当照顾外形的美观”的总方针；1956 年国务院明确提出“在民用建筑的设计中，必须全面掌握适用、经济、在可能条件下注意美观的原则”，成为我国建筑设计的总方针；2016 年 2 月 6 日，国务院提出建筑新八字方针——“适用、经济、绿色、美观”。

维方法。

例如一个合乎逻辑的建筑设计过程，常常是从地域中挖掘有益的“基因”成为设计的依据，从文化的层面深化和提升，与现代的科技和观念相结合，并从空间的整体观和时间的可持续观加以把握，创作出和谐统一的有机整体。

在这一理论体系中，空间的建构从原点出发，以“地域、文化、时代”三性为极轴，进行三维拓展。地域性与文化性，构成空间定位平面——不同地域文化产生不同的现象结果交织成网格，形成建筑的发展结果，具有共时性特征。随着时间的推演，形成时间轴，不同的时代会对建筑形成不同的认知平台，轴线两个方向分别是对未来的探索和对历史的反思，具有历时性特征。“两观”表现为空间的整体认知与持续发展，随着认知平台的延伸和拓展，形成没有边界的空间球体，最终体现中国“天圆地方”的空间哲学理念：方，具有边界和可认知特点，体现整体观；圆，具有无边界、持续生长特点，体现可持续发展观。从空间逻辑推演出立体化的“天圆地方”。从认知角度来看，“三性”解决了建筑“是什么、为什么、怎么做”的基本命题。而空间“三性”如何被认知与实现，就是空间“两观”。“三性”的和谐统一是实现空间整体认知的方法即整体观，“三性”的相互作用是推动空间持续建造的方法即可持续发展观(见图 2)。[5]

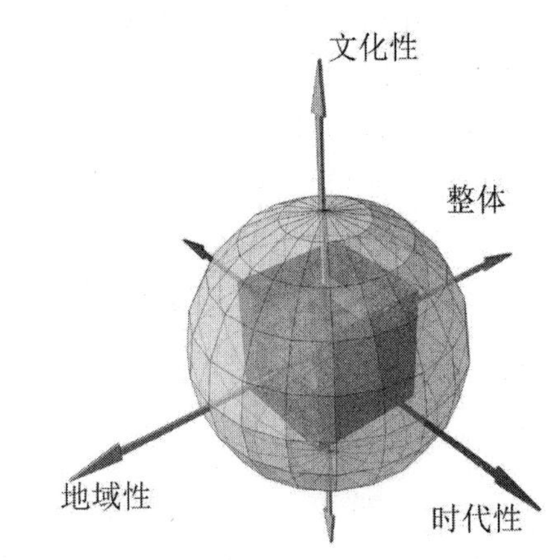

图 2　一种融贯综合的设计理念——“两观三性”理论体系图示

三、建筑工程的建筑设计思维方法

1. 辩证思维法

影响建筑的因素复杂多元，需要建筑师在从事建筑工程的设计活动时，始终渗透和贯穿着人的设计思维活动。我们常把指导这种思维活动的方法称作“建筑设计思维方法”。

辨证的思维方法，既要有数学家的逻辑思维能力，又要有艺术家的形象思维能力；既要懂得 $1+1=2$ 的道理，又要学会 $1+1\neq 2$ 的辩证思维。

1) 共性与个性相结合的思维方法

建筑设计中的“共性”问题是普遍存在的。例如，电影院的设计，无论在什么地方、规模多大，都要具备观众“听得见、看得清”的基本功能，这是最基本的共性问题。但不同地域、不同环境、不同规模的电影院设计又会有不同的要求，从而产生不同的结果。因此建筑设计又存在特殊性的问题，往往来源于特定的地域气候、特定环境与文化，特定的使用要求。这些往往是建筑创作的源泉，设计师可以根据这些条件分析每个项目的特殊性，从而找到解决问题的方向。

2) 抓主要矛盾与矛盾主要方面的思维方法

在复杂事物的发展过程中，有许多矛盾存在，其中必有一种是主要的矛盾，由于它的存在和发展，规定或影响着其他矛盾的存在和发展。在不同的建筑工程中，常常对不同的问题各有侧重；而设计中需要解决的重点问题，也因时间、地点和具体条件的不同而不同。所以在设计过程中，要善于在错综复杂的问题中找出主要的矛盾；现实中矛盾的双方，它们的发展是不平衡的，在矛盾双方相互制约、相互作用的辩证关系中，必然有一方占支配地位、起主导作用。设计过程本身就是一个优选的过程，不但要善于学会抓主要矛盾，还要善于抓矛盾的主要方面，建筑工程的性质往往由矛盾的主要方面所规定。[6]

3) 对立与统一的思维方法

当今建筑所处的城市环境，是一个多元而复杂的整体环境，建筑设计面对变化与统一、传统与现代、现状与发展、地域与全球等一系列矛盾对立统一的问题。因此，需要在设计中倡导“和而不同，不同而又协调”的“和谐观”及思维方法。

2. 系统思维法

1) 整体的思维方法

系统思维的能力中首先是“整体的思维观念”，即在建筑设计中，对各设计条件要加以整合分析，综合考虑各种因素，在全面综合的基础上再抓主要矛盾；同时，一个建筑工程的设计，离不开对周边城市、自然环境的关系的探讨，所以建筑与规划、景观不可分，必须加以整体考虑；此外，建筑设计离不开其他工种的配合，要坚持建筑、结构、设备、材料、绿建、智能化等多专业协同，开展方案比选与优化，从而形成完善的方案。

2) 联系的思维方法

系统思维，在于承认系统各要素之间的普遍联系。这种联系使得系统产生了新的能量、新的质，从而实现整体机能大于局部的效应。同样，建筑工程中面临纷繁复杂的问题，诸如自然、经济、社会、文化、历史、技术等。这些问题不是孤立的，而是相互联系、相互影响的。不能孤立地看待建筑的各方面条件，而要将其相互关联、对照分析。

3) 发展的思维方法

系统思维，还在于承认系统的永恒发展。建筑各要素之间的联系、相互作用构成了事物的运动和发展。一个设计形成的全过程，正是各阶段解决不断变化问题的“过程”。要把握建筑设计的主要目标，然后从整体到局部，循序渐进、逻辑清晰、因时因地制宜地开展工作。

3. 创造性思维法

1) 理性与感性交织的思维方法

建筑工程活动具有明确的目的性，所以指导该活动的建筑思维方法，也是有明确目标的，是具有理性的。同时，建筑和纯科学又有不同，科学问题的答案往往是唯一的，但是建筑工程问题的答案却具有非唯一性，设计者需要在众多的答案中选取“最优、最美”或者“卓越、较好”的答案，这使得建筑工程的思维产生了“艺术性”思维的效果。所以，采用“理性与感性交融”的思维方法尤为必要。

2) 传承与创新相结合的思维方法

传统是人类应对自然和社会严峻考验过程中积累的宝贵文化财富，建筑工程活动，如果离开传统、断绝血脉，就会迷失方向、丧失根本。传统作为稳定社会发展和生存的前提条件，只有不断创新，才能显示其巨大的生命力。没有传统的文化是没有根基的文化，而离开创新，就缺乏继承的动力，会使我们陷入保守和复古。文化是一个城市的灵魂和价值所在。推动文化的发展，基础是继承，关键是创新。

因此，建筑设计的创造性思维体现在对于传统的传承与创新的统一，建筑设计应当要回归建筑的本质，以人为本，结合国情和文化传统，立足本国、本时、本地，立足创新，创作出“既中国又现代”的新建筑。

3) 理论与实践相结合的思维方法

建筑师就像医生，一个医生如果仅仅研究医学理论，没有临床经验是不行的，建筑师也一样。一个成功的建筑师靠作品来说话，他不仅要掌握深厚的建筑理论，还必须紧紧依托实践，才能留下有说服力的建筑作品。理论知识和素养就是土壤，对于推动设计的深入及创新、提升设计的科学水平具有突出的意义，而实践是知识的实用化与物化，在实践中才能锻炼解决实际问题的能力，在实践中才能体现理论的价值，在实践中才能检验真理。

四、建筑工程的建筑设计程序与工作方法

建筑设计的过程一般分为：方案设计、初步设计、施工图设计、施工配合等四个阶段。从确定设计概念到功能与空间设计，一直到工程实体的建造与技术问题的解决，内容越来越细致、技术性越来越强、涉及的专业越来越多。每一阶段，后者是前者的延续，前者是后者的依据，循序渐进。

1. 方案设计阶段

方案设计是各设计阶段的起点，确定了建筑工程的大方向和总体架构，在建筑设计中具有举足轻重的地位。建筑方案设计的过程大致可划分为前期准备、构思、深化完善三个阶段，整个过程从整体到局部、从抽象到具体，逐步深入。

方案阶段要在前期调研和掌握设计条件的基础上做出合理的设计定位，通过多方案比较和设计深化，形成对于建筑概念、空间、功能、流线、技术要点等相对完整的成果。方案阶段的工作重心在于建筑设计专业，这能够为其他专业依据工程的特点提供必要的协助。

2. 初步设计阶段

在方案设计的基础上，通过与相关专业的配合和协调，逐步落实经济、技术、材料等物质需求，从技术层面对设计方案进行深化和完善，形成综合可行的技术文件和图纸。

初步设计阶段，除了建筑设计专业以外，结构、设备、概算等专业要充分融入到设计之中，提出工程整体在系统层面和关键技术要点方面的解决方案。

3. 施工图设计阶段

施工图设计应根据已批准的初步设计文件，进一步完善全部细部尺寸、细部节点、构造做法及所用材料，并配有详细的设计说明，编制满足施工要求的图纸，为工程施工中的各项具体技术要求提供准确可靠的施工依据。

施工图设计涉及各建筑工程相关专业的综合协调和深入细致的技术工作，包括各类专项设计的深化工作，是建筑工程设计环节中最复杂、最繁琐的工作阶段。

4. 施工配合阶段

施工配合阶段是设计工作的延续和工程实践从纸面走向实体的开端，是设计工作和施工工作的桥梁。在施工过程中往往出现许多不可预见的问题，需要设计方与业主合作，与施工方合作，与各深化设计专业合作解决。施工配合一直持续到工程竣工验收。

五、2010 上海世博会中国馆建筑工程实践

2010 年上海世博会以“城市，让生活更美好”为主题，中国馆场地位于上海世博规划围栏区 B 片区世博轴东侧。中国馆由国家馆和地区馆两个部分组成。世博会期间，国家馆充分表现“城市发展中的中华智慧”，地区馆则为全国 31 个省、直辖市、自治区提供展览场所。

中国馆建筑设计方案的选定经过三个主要阶段：首先是于 2007 年 4 月启动了全球华人方案征集，共收到 344 个方案，华南理工大学建筑设计研究院的“中国器”方案被评为第一名；随后 8 家入围单位进行了第二轮设计竞赛，华南理工大学建筑设计研究院方案与清华安地建筑设计顾问有限公司加上海建筑设计研究院有限公司联合体方案并列第一名；最后，由以上两个设计主体、三家设计单位组成联合设计团队，何镜堂院士任总建筑师，进行方案融合、深化，最终确定以“东方之冠、鼎盛中华”

为理念的定稿方案。[7]

中国馆建筑工程在国际、国内具有一定的影响力，建筑规模较大，功能较复杂，工程设计和建设过程中遇到各式各样的问题，最终能一一化解，并取得理想的工程效果。在其设计全过程中，清晰地体现了建筑设计原则、设计思维方法对设计的影响，可以作为一个研究建筑设计方法的典型工程案例。

1. 方案设计阶段——定位、构思与定案

方案设计阶段要解决的关键问题在于：设计如何包容中国元素，体现中国特色；呼应当今世界的发展观与时代性，这个建筑应该以一个怎样的姿态出现在世界各国来宾的面前。对此，中国馆的设计给出了鲜明而有创造性的答案：中国特色与时代精神的融合，是中国馆方案设计的关键定位和目标。

设计团队从一系列中国印象——山水、庭院、器皿、意境、符号、木构体系、传统城市肌理——中获取灵感，希望中国馆能呈现出一种多元化的文化解读效果(见图 3)。中国馆的设计站在宏观的角度，从中华文化以及整体的上海城市格局、城市空间出发，在中观层次上对其布局、功能、形式、空间等进行综合考量和方案比对，在微观层次上进一步在选材、细部构件等方面进行反复推敲和深化设计。

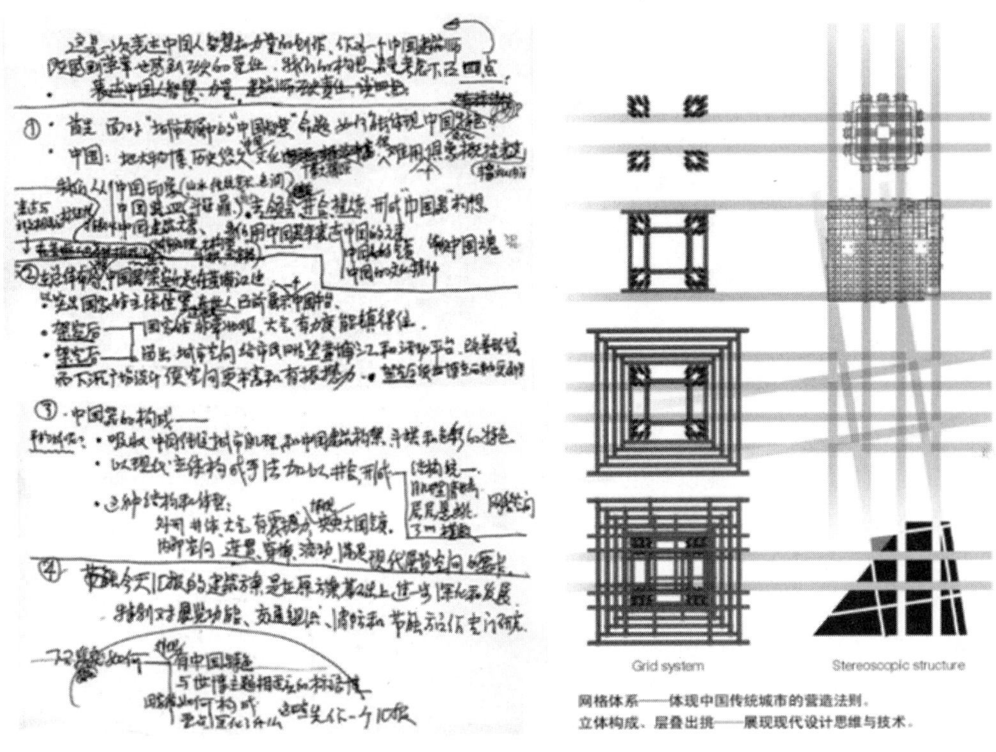

图 3　中国馆设计构思过程与意向解析

在此基础上，确定了方案的设计要点：总体布局——架空升起；造型特点——层叠出挑；空间构成——立体花园；功能配置——后续考量；立面肌理——红色经典；被动节能——自遮阳体系。

中国馆最终呈现了“东方之冠，鼎盛中华”的创作理念：国家馆、地区馆功能上下分区、造型主从配合；国家馆居中升起、层叠出挑，在立意构架上，有俨然屹立于基座上的巨型雕塑；地区馆水平展开、汇聚人气，以基座平台的舒展形态映衬国家馆。

2. 初步设计阶段

本阶段主要任务是在把方案阶段确定的总体布局和建筑构成落实到基本稳定的图纸上；展开各专业之间的配合，搭建结构、设备专业与建筑意图三者相互配合的合理体系；同时不断听取来自建设单位和参与各方的意见与建议，整体融入并完善设计。该阶段解决了一些重点问题：

1) 确立基本结构体系

结构体系根据建筑造型和分区的特点，把国家馆主体与地区馆基座进行分别处理：国家馆采用钢筋混凝土筒体加组合楼盖结构体系。为满足大空间的使用功能要求，利用落地的楼梯、电梯间设置四个 18.6 m × 18.6 m 的钢筋混凝土筒承担全部荷载，按照建筑的倒梯形造型设置矩形钢管混凝土斜柱，为楼盖大跨度钢梁提供竖向支承，满足了室内公共空间没有柱子的建筑使用功能要求。地区馆的主展区采用钢管混凝土柱、钢桁架加现浇钢筋混凝土楼盖结构体系，最大柱网为 36 m × 27 m，屋面覆土厚 1 m，为了增加结构的侧向刚度，于展厅周边适当的位置设置了柱间支撑。为满足 36 个省市自治区展位的均好性提供了结构基础(见图 4)。

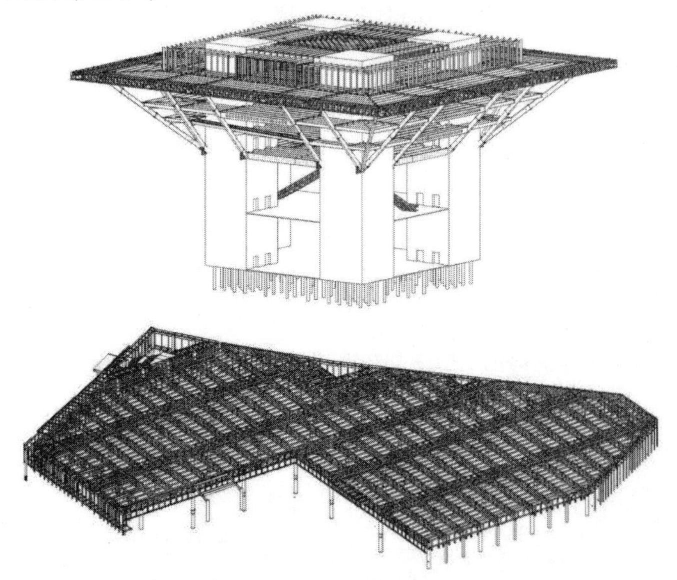

图 4　中国馆结构体系示意图

2) 已建成地铁线穿越建筑基地带来的结构设计专题与建筑设计应对

结构专业确定结构避让地铁线以转换承托地面建筑体量的可行性方案。同时，建筑专业也相应做出应对，主要为地下层功能布局、流线组织与地铁展厅衔接，以及地铁风井借用建筑核心筒的大致方案。因此，设计过程在搭建总体体系与探索精细难题两条线索中同时推进(见图 5)。

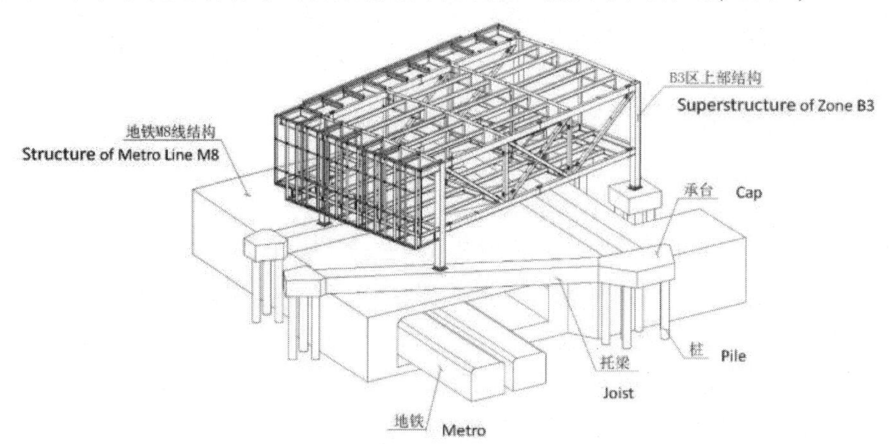

图 5　地铁转换托架结构模型

3) 消防性能化设计

中国馆把国家馆展厅放置在高层部分，这是一种新颖的布局，但也在一定程度上突破了既定的消防规范。因而在初步设计阶段就同步推进消防性能化设计，以便及早采取有效的加强措施，在局部突破规范的消防安全框架内展开深化设计，避免将来可能出现的不必要的设计反复。

4) 生态环保节能技术集成设计

中国馆是一个示范性的工程，其时代精神的体现很重要的一个因素是生态环保节能技术的集成。设计团队将其作为一项专项设计，除了建筑构成本体具备的自遮阳体形与架空中庭自然通风，还集成了屋面太阳能光伏系统、雨水收集系统、冰蓄冷系统、能源综合管理系统、绿化屋面、喷雾降温系统及集约化机房设计、透水广场砖等一系列节能技术措施和环保材料。绿色建筑集成设计与搭建整体设计框架同步推进，使绿色环保理念贯穿设计全程，内化为建筑本体内容。

3. 施工图设计阶段

本阶段主要任务是继续深化各专业之间的精细配合，各专业也全方位落实自身的设计细则，通过平、立、剖面图与大样图、详图等各层次图纸与说明完整精确地表达建筑的空间与造型、结构与围护、材料与工法、设备与管线等设计内容。

1) “中国红”外墙的设计优选与实样选板

成立由国内外建筑学、外墙材料、幕墙工程、灯光景观和色彩学等领域专家组成的设计咨询专家组，专门协助设计团队确定“中国红”外墙的做法，从此展开为期约 8 个月的设计探索过程。设计团队在“体现红色经典、夜晚红色透亮、诠释现代科技、保证安全可行”的定位指导下，先后提出了几十种“中国红”外墙方案，最终确定了“中国红”外墙挂板的材质、色彩、构造和灯光效果，其中色彩方案听取色彩学专家建议，采用外部四种、内部三种共七种微差渐变的红色铝板，组成外墙的整体“中国红”的视觉效果(见图 6)。

图 6　中国馆外墙试板过程

2) 展陈需求反作用于室内空间布局的设计应对

方案阶段的国家馆室内空间是一系列螺旋上升的平台，并有一个贯穿主体各层面的通高中庭。展陈设计坚持布展需要建筑预留更多的平层大空间。经过多轮讨论和反复权衡，建筑团队尊重展陈的需求，把国家馆的空间调整为较为集中的三层平层大空间，与此同时，在功能平面与外墙构架之间拉开一道空间，设置了连接上下层展厅的、与45度倾斜的玻璃面紧密结合的观景坡道，从而把建筑体验的重点从中心转移至外围，把中国馆转化为整个园区的观景阁；地区馆的平面布局和结构设计，由于要平衡会中和会后的使用以及适应不规则用地边界，也进行了反复的设计探索与修改；其中的重点是解决如何在不规则且面积有限的平层大空间内，为36个省市自治区提供空间条件具备均好性的展位。

3) 屋顶层使用功能优化的设计应对

在施工图深化设计过程中，建设单位希望在国家馆屋面增加功能用房以充分利用屋顶层良好的空间资源。经过设计探索，设计团队最终谨慎地把屋顶层往外扩展7.5米并合理压缩原来布置的设备用房面积，从而增加了屋顶接待区的用房面积。建设单位还专门请来艺术顾问单位参加室内装修及陈设设计，确定了江南文化风格的室内设计基调。

4) 建筑、室内、景观与展陈的一体化设计

建筑的效果是一个整体环境综合作用的结果。在施工图设计阶段，建筑、室内、景观与展陈设计都在同步展开，需要展开积极的设计配合以塑造整合的一体化空间体验。

4. 施工配合阶段

作为一个大型公共建筑，中国馆的施工阶段大致分为以下六个步骤：① 基础及地下部分；② 主体结构；③ 设备安装；④ 建筑外墙；⑤ 室内界面；⑥ 景观场地等。这符合大型公共建筑工程的一般共性。而中国馆的主体结构、建筑外墙与屋面景观等对项目重要性又比一般建筑工程项目更为突出，凸显为关键难题。

1) 主体结构——主体钢筋混凝土筒体加组合楼盖结构体系检验与优化①

结构结合建筑的鲜明特点，在于设置了20根800 mm × 1500 mm的矩形钢管混凝土斜撑柱来实现层层出挑的建筑造型。斜撑柱的安装成为结构设计与施工的重点与难点，四个落地的钢筋混凝土筒体结构的施工分成三个阶段，分别解决斜撑与不同标高主要水平面之间的连接固定。斜撑柱每个阶段施工之前，结构设计人员都要现场复核钢管与混凝土筒体连接的构造大样、钢管结构构件选材与构造大样，确认混凝土配比以及灌注浇筑方式的可行性，并在施工之后进行现场检验，以确保达到结构设计要求。

2) 建筑外墙——“中国红”的外墙材料、肌理比选与优化

“中国红”的外墙效果是体现建筑设计理念的重要因素，也是施工设计配合的重中之重。驻场建筑师参加设计咨询专家组会议，了解设计进程，协助业主组织现场挂板工作，并不断推进设计修改与优化，推动设计从图纸走向真实建造。为保证外墙板材(1.35 m × 2.7 m)的平整度，最终选用0.8 mm厚肌理铝板面板+20 mm厚蜂窝铝板背板的复合做法。在外墙安装阶段，建筑师与幕墙公司沟通，到现场观察主体结构、幕墙结构与外墙板材各层次的交接工艺，提出构造优化意见，最终确保了“中国红”外墙建成的实际效果。

3) 屋面景观——地区馆屋面景观“新九洲清晏”优化表达及施工

地区馆屋面景观“新九洲清晏”的设计方案是在施工过程中优化定稿的，其以地形地貌为主题的景观设计理念对塑造起伏地形提出建造轻量化的要求，也对水电的管线及设备末端提出设置转换层的要求。这些设计要求，一方面落实到屋面景观设计的施工图，另一方面也依靠基于既定实际情况的现场设计才能有效实现。设计人员多次到现场，除了解决景观树定位等常规设计问题之外，也格外关注协调水电管线及设备末端转换定位与景观要素的配合以及监督轻量填充材料在地形塑造时的正确运用。

① 在不同的设计阶段，同一关键性问题会反复出现，需要循序渐进地加以解决。例如结构系统的问题、“中国红”外墙问题等。

中国馆建筑工程的设计实践的全过程，充分体现了在满足建筑“以人为本”、“适用、经济、绿色、美观”的基本要求的前提下，遵循整体观、可持续发展观以及建筑的地域性、文化性、时代性和谐统一的设计理念，以辩证、系统、创造性的思维方式，循序渐进、不断深化的设计过程，在科学的设计方法的指引下，设计才得以合理、全面以及快速有效地推进工程进展。

致谢：

本文是中国工程院殷瑞钰院士主持的2015年中国工程院工程管理学部重点咨询研究课题《工程方法论研究》的部分成果。感谢殷院士及研究团队各位院士专家的启发、指导和帮助。感谢华南理工大学建筑设计研究院、广东省现代建筑创作工程技术研究中心本课题团队成员的辛苦工作。一并感谢亚热带建筑科学国家重点实验室开放课题的支持。

★ 参考文献

[1] 殷瑞钰，汪应洛，李伯聪. 工程哲学[M]. 北京：高等教育出版社，2007.

[2] 《中国大百科全书》总编委会. 中国大百科全书：建筑、园林、规划卷[M]. 2版. 北京：中国大百科全书出版社，2009.

[3] 维特鲁威. 建筑十书[M]. 高履泰，译. 北京：知识产权出版社，2001.

[4] 何镜堂. 基于“两观三性”的建筑创作理论与实践[J]. 华南理工大学学报：自然科学版，2012(10)：12-19.

[5] 姜洪庆，李佩玲. 基于“两观三性”理论的城市空间规划思考[J]. 南方建筑，2016(01)：86-92.

[6] 何镜堂. 我的建筑人生[J]. 城市环境设计(UED)，2013(10)：37-43.

[7] 华南理工大学建筑设计研究院. 2010上海世博会中国馆[M]. 广州：华南理工大学出版社，2010.

(作者单位：何镜堂：华南理工大学建筑设计研究院；向科：华南理工大学建筑学院)

基于工程哲学思维的大跨悬索桥营运与养护实践

饶建辉　孙洪滨　朱志远

摘要：工程哲学是建立在工程活动研究的基础之上凝练出的以工程为本体的思维、观念、方法、知识等理论。工程活动离不开哲学思想的指导，研究、学习并且运用工程哲学来指导工程实践，是这个时代的迫切要求。随着经济建设的快速发展，我国在大跨径桥梁建设上已经取得了举世瞩目的成就，随着桥梁建设高峰期的过去，工作重点业已转变为桥梁的后期运营和养护，伴随而来的逐渐凸显的问题是大跨径桥梁运行和养护技术、经验的薄弱。江阴大桥是我国第一座跨径超千米的特大跨径悬索桥，于 1999 年 9 月 28 日建成通车，通车十余年来，日均过桥流量从开通之初的 1.4 万辆增长到现在的 8.6 万辆，最高峰流量达到 14.5 万辆，累计通车已近 3 亿辆。不论是由于 90 年代设计或建设水平的限制抑或是后期车流量的急剧增加，大桥在运行和养护的工程活动中都遇到过不少难题。本文从工程哲学的视域出发，利用工程哲学的原理和方法论，针对大桥管养中的突出问题及相应的工程实践，包括大交通流量下运行保畅采取的借道和渠化交通措施、养护工作中确保桥梁结构安全耐久的桥面铺装层材料选择改进和主缆除湿系统设计和施工，详细阐述了工程哲学在桥梁运行和养护过程中的应用，用实践证明了在工程活动中要树立正确的工程观，自觉地运用工程哲学的方法论与方法来指导工程活动。

关键词：工程哲学；悬索桥；营运；养护

一、前言

随着社会经济的快速发展，人们对交通顺畅和便捷的要求越来越高，跨江跨河的特大跨径桥梁也应时而生，如雨后春笋般修建。但在桥梁工程设计建造水平飞速发展的同时，“重建设、轻维护”的问题日益凸显，由于后期运行和维护不当导致的社会问题也逐渐增多。针对这种现象，越来越多的学者已经开始关注哲学在工程活动当中的应用，工程哲学的概念也逐渐成熟。工程方法论认为工程活动是全生命周期的集成与构建，包括了前期决策规划、设计施工、运行维护和工程退役的整个生命周期。马克思曾经说过：“一条铁路，假如没有通车、不被磨损、不被消费，它只是可能性的铁路，不是现实性的铁路。”工程活动中造物的目的是为了用物，大跨径桥梁前期决策规划、设计施工只需要十年，但是运行维护却是一个百年工程，可以说是为了达到造物目的，而对设计施工的一种延续和再造。

二、江阴大桥概况

江阴大桥是我国第一座跨径超千米的特大钢箱梁悬索桥，是国家公路主骨架北京至上海国道主干线的跨江“咽喉”工程，大桥于 1994 年 11 月开工建设，1999 年 9 月 28 日通车运营，至今已近 18 年。江阴大桥过桥流量开通时日均 1.47 万辆，2017 年上半年已增长到 8.6 万辆，年均增幅 9.8%。最高日流量 14.5 万辆，开通至今累计已通过了近 3 亿辆车，可以说为社会经济发展做出了重要贡献。

作为国内第一座跨径超千米的特大型桥梁，无论是前期决策和规划，还是设计水平和建造技术，当时都还处于摸索阶段。交通量的预测、道路出入口设计、桥梁结构材料设施的选择等都影响了大桥全生命周期中的运行和维护。针对这些问题，大桥管养人员利用辩证法思想，从大桥运行实际出发，多角度、多观点、多思维的进行探索实践，不断地完善和改进运行维护手段，持续提高大桥的通行能力和结构的安全耐久。

三、营运的探索和实践

1．逆向思维，积极探索渠化交通，提升通行能力

逆向思维作为一种方法论，具有明显的工程意义。人们习惯于沿着事物发展的正方向去思考问题并寻求解决办法。但是对于一些特殊问题，从结果出发，倒过来思考，去寻找原因，或许会使问题简单化。桥梁的运行具有一定的社会性，影响畅通的外部因素很多，必须从不同的角度进行分析、观察和研究，将不可控变成可控。

“江阴大桥逢节必堵”是以往节假日听到最多的一句话，道出了司乘人员对江阴大桥通行的抱怨，也无形中给管养人员施加了巨大压力。车流量大是导致拥堵的客观原因，经统计，在实施重大节假日免费通行政策以来，重大节假日期间日均通行流量达到 11 万；另外由于大桥引桥纵向坡度达到了 3%，是江苏特大型跨江桥梁中坡度最大的，车辆上桥爬坡困难，也一定程度上影响了车辆通行。但经过管养人员的详细分析，发现导致拥堵的主要原因还是因为在通过 14 个收费通道后，密集的车辆在有限的空间内争抢上桥的三个车道，造成各种事故频发，特情处置困难，通行效率下降。

在确定拥堵的原因后，管养人员采取逆向思维，用辩证的眼光、全局观念探索出保畅新模式——渠化。通常情况下，节假日期间都是选择将收费道口全部打开，尽可能多地放行车辆，江阴大桥反其道而行关闭了一半以上的车道，通过车道管控提高车辆通行效率，即单边 14 个车道只留 6 个车道，最左边设两个小车专用道，中间留两个 ETC 车道供大客车、小车行驶，两个人工道供货车及其他车辆通行，其余车道全部关闭并隔离起来做应急救援区。

经过多次尝试，反复比较，从 2014 年春节实施渠化以来，通过每次节假日不断优化，江阴大桥拥堵情况得到了有效地改观，区域交通事故率下降了 70.6%，平均小时通行能力在 4000 辆以上。

2．用发展的眼光看问题，开拓完善借道管理，解决单方向车流异常

大桥在运行过程中，由于道路施工或节假日的原因，往往出现一个方向车流量大，而另一个方向车流量小的情况，导致无法充分利用已有车道资源。如何解决两方向矛盾，充分利用桥梁的横向宽度，成为了大桥管养人员的现实问题。唯物辩证法告诉我们要用发展的眼光看问题，一方面是要看得远一些，不要只注意眼下的情况；另一方面是要灵活些，根据实际情况的变化不断调整自己的尺度和标准，这样才能保持分析和判断的准确性，通过努力而使情况(经济、环境)变好。为了充分利用现有车道资源和桥梁的横向宽度，借道成为了解决单方向车流异常的最有效措施。

1) 施工占道的影响

对于大面积路面摊铺等施工持续时间较长、必然要占用白天车流高峰时段的养护作业，为了缓和单方向交通压力，需要通过借道平衡两方向车流。

借道的目的是解决矛盾而不是转移矛盾，实施借道本身也需要进行科学的计算和分析，即要掌握四个数据：① 正常情况下江阴大桥两个方向三个车道的最大通行能力；② 两个方向第一车道施工封闭时其余两个车道的通行能力；③ 第二车道施工时其余两个车道的通行能力；④ 逆向借道后借用的那一个车道的通行能力。只有掌握各个车道不同情况下的通行能力，才能在交通保畅和施工作业时实

现兼顾。

通过安装的流量监测器，对不同车道施工时的交通情况进行了详细统计(见图 1)。利用借用道口实行双向转换，哪边流量明显增加有可能造成拥堵即转换到哪边，控制两头随时调节，保证两边车辆通行效率最大化。

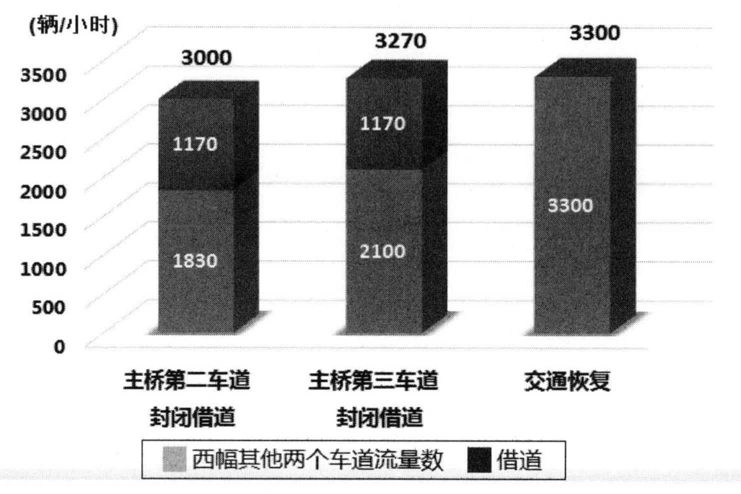

图 1　江阴大桥由北向南方向借道后平均通行能力

2) 节假日车流潮汐现象的影响

节假日期间车流最大的特点就是潮汐现象明显，特别是回程高峰，车辆集中，以往江阴大桥采取白天借道方式缓解交通压力，随着车流量逐渐增加，现在白天借道几无可能，只能利用晚上实施借道。同样在实施借道时，必须解决以下三个问题：

① 如何确定借道的合理时间。借道的前提是不能造成大桥双边拥堵。这个时间点要把握好，当借道一侧单边小时流量低于 3000 辆/小时开始准备，人员、车辆到达现场待命，流量低于 2800 辆/小时且后续流量呈下降趋势时开始摆放交通指示标志。

② 如何快速摆放标志标牌。相应的标志标牌提前摆放到现场中央隔离带，为保证摆放安全，管养人员自行研制了标志桶简易摆放装置，4 米间距、4 公里总长的借道区域，标志桶摆放时间控制在 40 分钟内。摆放结束后监控人员巡视无误后通知收费站打开借道口，收费站组织人员有序指挥车辆进入车道，排障巡逻车带队指引车辆行驶至交汇口。

③ 如何快速处理特情。通过情报板发布、标志牌提示、桥面广播系统告知以及收费站员工提醒，使得借道区域内双向车辆远光灯关闭，减少事故发生几率；在借道区域的主要关键点协调交警、路政、排障人员值守，以便在发生特情后能快速到达现场并处置。

四、养护的探索和实践

1. 认识和改造世界，开展国内首次既有悬索桥增设主缆除湿系统工程

认识世界和改造世界是人类创造历史的两种基本活动。认识的任务不仅在于解释世界，更重要的在于改造世界。任何一件事物的产生从无到有，都是不断认识和改造的过程。国内首次既有悬索桥增设主缆除湿系统，就是一个对主缆认识和改造的过程。

1) 对既有悬索桥主缆钢丝锈蚀情况的认识

在决定增设除湿系统之前，首先要对主缆钢丝的锈蚀情况进行检查和判断。2013 年 1 月在东侧主缆跨中最下端位置处，通过破除主缆防护层、缠丝和锌粉腻子，打开了 40 cm 长度的主缆，对主缆钢丝的外观进行了详细检查，同时为了达到长期观测的目的，安装了全景观察窗并埋设了温湿度传感器。

检查发现主缆顶部的钢丝状况良好，底部三分之一圆周的主缆存在锈蚀现象，通过埋设的温湿度传感器实时监测，主缆内部的湿度一直处于较高水平，长期达到 95%以上，在低温情况下有冷凝水从预留观察窗的泄水孔滴出。

2) 对既有悬索桥主缆密封状况的认识

除湿系统发挥作用的关键在于主缆密封的严密性，主缆密封由于施工工艺、环境侵蚀、外力划伤等原因存在裂缝和孔隙，或者密封材料本身强度不足，会导致干空气在流通过程中全部或者部分泄漏，达不到设计的除湿效果。作为既有桥梁增设主缆除湿系统，首要的工作是确定主缆的密封是否能够满足除湿要求，若无法满足要求，就需要对密封进行更换或者加固。江阴大桥按照设计方案选择上游跨中处 1 个送气罩和 2 个排气罩之间的索体作为试验段，通过实桥试验掌握目前主缆所用材料的密封性能。通过密封实验，发现现有密封材料的强度和密封性能满足要求，仅仅在索夹敛缝位置处由于有较大缝隙存在漏气现象，需要对全桥索夹进行重新密封。

3) 对既有悬索桥主缆除湿送气压力的认识

江阴大桥历经多年运行，主缆钢丝存在一定程度的锈蚀，钢丝之间的孔隙有所减小，相应的主缆内空气流动阻力和新建桥梁相比会明显增大。在对主缆索夹、索体进行检漏和重新密封后，重新通入空气进行试验，测试流动阻力。经过多次现场试验和数据统计，成功测得空气流动阻力(送气压力减去排气压力)平均达到了 3400 Pa，而新建桥梁一般采用的 3000 Pa 送气压力在本桥已不能满足要求。

4) 对既有悬索桥主缆的改造

在对主缆锈蚀、密封和送气压力有了充足认识以后，根据得到的数据参数，确定了送气距离，进排气罩数量、送风量、除湿机组型号等系统关键构成。针对既有桥梁无猫道可以利用的先天困难，管养人员充分发挥主观能动性，创新设计，研发了轻便可靠的专用工装，在保证作业人员施工安全的同时，也提供了材料、设备的运送平台。

历经两年多的运行，通过埋置在各个排气罩内部的温湿度传感器采集数据，显示目前主缆内部湿度已经成功地降到系统设计湿度目标 55%以下，达到了对主缆保护的效果(见图 2)。

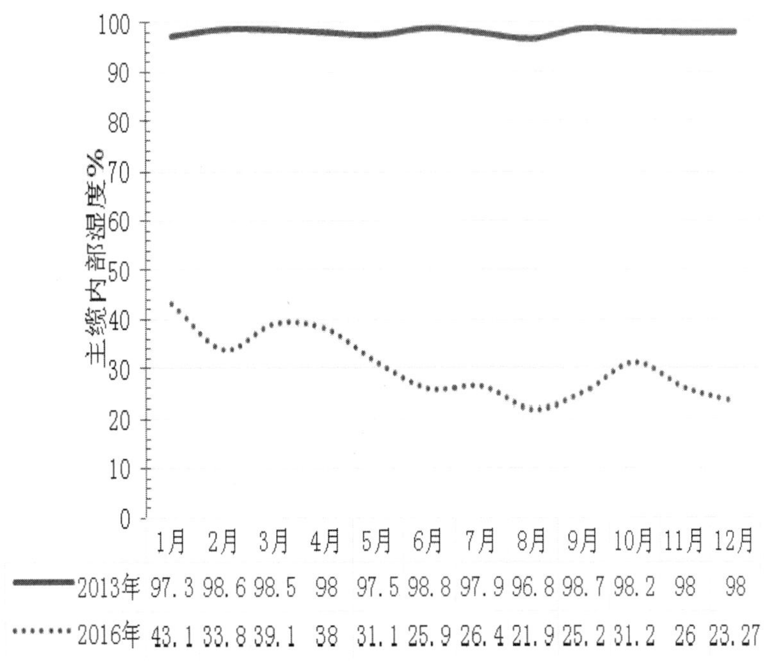

图 2　2013 年与 2016 年主缆内部湿度图

2. 因地制宜，综合比较，寻找合适的桥面铺装层材料结构

目前我国大跨悬索桥钢桥面铺装的使用寿命普遍远远低于设计寿命，这在一定程度上制约了我国悬索桥建设的发展，所以长寿命、耐久性铺装结构是悬索桥技术发展过程中面临的关键技术问题之一。管养人员在工程方法论的指导下，坚持一切从实际出发，反对不顾实际的唯心主义错误，因地制宜，勇于创新，根据江阴大桥的实际情况，综合性的权衡经济性和社会性因素，选择出适合江阴大桥的钢桥面铺装层材料结构。

1) 浇筑式沥青混凝土阶段(1999—2003 年)

1999 年建桥时，江阴大桥钢桥铺装借鉴英国经验，采用沥青玛蹄脂混凝土(部分国家称为浇注式沥青混凝土)，由于浇注式沥青混凝土抗车辙性能低及车辆超载严重等原因，在英国使用情况较好的铺装层到了中国出现了“水土不服”，投入使用后不久便出现开裂和车辙等病害，至 2003 年 3 月共经历日常维修养护 12 次，铺装维修面积接近 3000 m^2，但未能阻止主桥铺装病害的迅速发展。2003 年夏季，全桥进行铣刨并重新摊铺原配比浇注式沥青混凝土的同时，创新尝试新的材料和结构层次，对浇注式沥青混凝土、SBS 改性浇注式沥青混凝土、环氧沥青混凝土进行了实桥对比试验。

2) 下层浇筑+上层环氧沥青混凝土阶段(2004—2010 年)

浇注式沥青混凝土仅使用一年又出现车辙、裂缝等病害，实践证明，它不适应高温、重载的江阴大桥，需要采用新的铺装材料结构。通过 2003 年的试验段使用效果对比，在保证铺装层寿命的基础上尽量降低造价，决定采用在原有浇注式沥青的基础上铣刨 30～35 mm(保留下层完好部分)加铺环氧沥青的方案进行维修，2004 年完成西幅的第二、第三车道、东幅第三车道，2005 年完成东幅第二车道的温拌环氧沥青混凝土加铺维修，2010 年对双向第一车道进行热拌环氧沥青混凝土加铺维修。形成了“下层浇注+上层环氧”铺装结构，解决了浇筑式沥青混凝土贯穿裂缝、车辙等病害快速发展的难题。

3) 双层环氧沥青混凝土阶段(2011 年至今)

随着车流量的快速增加，“下层浇筑+上层环氧”的结构在使用过程中也逐渐产生了裂缝、坑塘、修补损坏等病害。考虑到“下层浇筑+上层环氧”需要两套施工工艺、施工时间长、费用高，热拌环氧沥青混凝土较温拌沥青混凝土施工质量控制难度低，管养人员于 2011 年对西幅第二、第三车道(使用 7 年)，2012 年对东幅第三车道(使用 8 年)，2013 年对东幅第二车道(使用 8 年)采用双层热拌环氧沥青混凝土进行了大修，至今使用状况良好。

自 1999 年建成通车以来，江阴大桥历经了 3 种铺装结构类型(单层同质、双层同质、双层异质)、7 种主要铺装结构形式(单层浇注、双层浇注、双层环氧、双层高强 SMA、下层浇注+上层环氧、下层浇注+上层反应性树脂混凝土、下层 FRP+上层反应性树脂混凝土)的桥面铺装方案，在特定的时间环境条件下，通过综合、协调、权衡和妥协而得到了相对优化的结果，寻找到了特定阶段适合江阴大桥的钢桥面铺装层材料结构。

五、总结

工程哲学的发展为桥梁的运行和维护提供了有效的方法，利用哲学的思维去选择桥梁运行和维护方法、去综合考虑问题，将持续提升桥梁工程全生命周期内的社会价值、经济价值和使用价值，实现桥梁的“再制造”。

(作者单位：江苏扬子大桥股份有限公司)

工程方法论在工程建设项目管理中的实践与探索

何　光

摘要：在工程建设中，由于新技术、新材料、新设备和新工艺的广泛运用，工程技术带动了生产力的快速发展，同时也倒逼工程管理水平亟待提高。工程建设通过工程管理来指导工程技术的应用，对工艺、设备和材料等进行合理的控制，对工程共同体进行有效的组织，工程建设才能取得整体效果。因此系统的研究工程管理方法与体系，逐步形成一个完整、可操作的理论体系框架，上升到工程方法论的高度，指导工程实践是工程哲学研究的新方向、新课题。

本文基于安徽省公路桥梁工程管理中的应用实例，归纳分析了影响工程项目管理的主要因素，即工程建设环境、从业队伍人员素质、施工工艺、项目管理目标与要求等四个方面。应用多目标决策方法将项目管理方法的“选择”转换为求解“可靠度”，以此构建了项目管理方法可靠度模型。

项目管理方法的运行实质是对管理方法的决策与实施，是对决策结果和面向决策研究的统一过程。在这个工程中不仅要统筹管理科学、社会环境、建设项目自身条件等诸多方面，同时还必须形成与工程技术的有效结合。根据工程建设与项目管理的客观规律，提出项目管理方法运行的基本准则，即创新准则、系统准则、可行准则、重点准则和底线准则五项基本准则，为提高工程管理水平探索一个新视角。

关键词：工程方法论；工程建设；项目管理；实践；探索

从要素层面上看，工程建设水平的高低主要取决于工程技术与项目管理。工程技术随着工程科学的发展与技术自身的演化，总体上(在一定时间内)具有相对稳定、渐变的特征，而项目管理则受建设环境、施工队伍、工艺技术、国家政策和管理者综合素养等诸多因素影响，对管理效果控制和把握较难。本研究基于工程方法论在安徽省公路桥梁建设项目管理中的应用实例，构建了项目管理方法影响因素模型，提出了工程建设中项目管理方法的基本准则，为工程建设项目管理探索出了一个新视角，同时也为促进提高工程建设管理水平提供了有益思考。

一、当前工程建设项目管理中面临的新问题

在全面建设小康社会的进程中，我国的交通工程基础设施建设在今后的一段时期仍处于黄金期。随着国家全面改革的不断深入，法律、法规、标准、规范等制度更迭发展，工程项目管理的要素增加、要求提高，工程的复杂性和不确定性问题凸显。主要表现有：① 在外部环境上，土地征用、房屋和杆线迁移约束性强，矛盾处理难度大；② 在工程技术上，新技术、新材料、新设备和新工艺的广泛运用，对建设者的技术素养要求高；③ 在工程造价上，“低价中标”现象屡禁不止；④ 在管理人员上，多为技术出身，在管理理论与方法的把握和运用上有所欠缺；⑤ 国家实施打造“品质工程”战略，对工程的质量、安全等要求更加严格。

目前，在工程建设管理领域，对于工程方法论与方法体系的研究和应用仍比较薄弱，有关管理知识难以在实践中直接应用，或者表现为项目管理者在不同的项目实践中差异较大。对于工程项目管理

这类以实践应用为主的学科，管理方法与体系的研究系统性不强、理论较少，还未形成一个完整、可操作的理论体系框架。所以，不断发展、完善和创新工程管理的理论与方法，是当前工程建设者与管理者面临的重要课题。

二、工程方法论在安徽省公路桥梁建设项目管理中的实践

【实例 1】2009 年，交通运输部联合安徽省交通运输厅，以马鞍山长江公路大桥建设工程为依托，围绕特大型桥梁施工安全问题，对施工安全控制与管理相关技术进行了全面、深入、系统的研究(见图 1)，立项并开展了马鞍山长江公路大桥施工安全控制与管理成套技术研究项目。

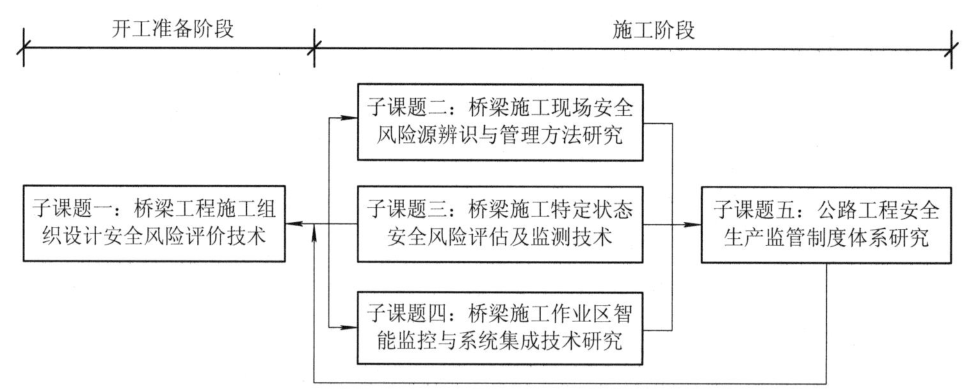

图 1　项目研究总体技术路线(各子课题关系图)

针对国内外桥梁建设工程中群死群伤的安全事故频发、施工安全控制与管理技术不足这一行业亟须解决的难题，该研究提出了“预案管理规范化、风险源辨识与防控制度化、一校一会一志常态化、安全检查格式化、管控平台信息化、安全防护标准化”的施工现场安全实现路径，开发了桥梁施工特定状态安全风险评估及监测技术(平台)，构建安徽省公路工程安全生产监管制度体系等，形成了成套的桥梁施工安全控制与管理措施。

研究过程中，始终坚持系统思想，运用系统工程方法，面向工程全要素、全过程，从提出的“三阶段安全风险分析与预防”方法可见一斑。“三阶段安全风险分析与预防”方法，是从全员、全过程的安全管理角度，以施工现场风险分析为主要形式，以预防为主要目标，结合工程建设进展情况，突出事前预案、过程预控、现场预警，按照防范措施时效的不同，将对事故的预防分为预案、预控、预警三个阶段，而且规定了建设、施工、监理等单位，以及工程管理人员和一线作业人员在每个阶段应该履行的程序和工作要求。其实质是将大系统解构为微观单系统，从而使整群系统风险得以识别、可控，将风险降低到最小。

【实例 2】 芜湖长江公路二桥是安徽省第八座跨长江桥梁。在建设之初，项目建设办公室就以铸就百年大桥为总体建设目标，认真分析我国特大型桥梁建设与管理现状，坚持问题导向与目标导向相结合，把在桥梁施工中管理粗放、工艺粗糙、精细化不足以及科学化程度不高等突出问题，作为施工管理的突破口。

2014 年夏，项目建设办公室对我国工程建设项目管理方法和内容进行了总结和梳理。基于工程管理内容，即是质量、安全、进度和造价等“四控”管理；基于现代工程管理理念，则是“发展理念人本化、项目管理专业化、工程施工标准化、管理手段信息化、日常管理精细化”的“五化”管理。随着桥梁工程建设工业化、标准化和信息化水平越来越高，管理也越来越强，现代工程管理的聚焦点或者是项目管理的核心应该是“四工”管理，即工人、工点、工艺和工序的管理。“四工”问题实际上是工程项目管理中一直存在的问题，只不过由于现在施工作业时空的复杂度、工人对工作环境的关注度、

新工艺新技术发展的速度，使得“四工”问题在现代工程管理中尤为突出。运用哲学中系统的整体性、关联性、层次结构性的概念分析，可以将“五化”理念视为宏观层，“四控”管理视为中观层，“四工”管理就是微观层或者核心层。“四工”问题是从工程项目管理的四个方面提出的，在实际管理中必须要一体化考虑。芜湖二桥项目建设办公室提出：人本化的工人管理、工厂化的工点管理、精细的工艺管理、规范化的工序管理。从工程实践效果看，进一步丰富和完善了现代工程管理理论。

三、项目管理方法可靠度模型与运行基本准则

工程方法论是研究探讨工程建设与管理活动本身的一般规律和一般方法，既研究个别特殊方法的规律性，也研究这些方法上的整体联系，是对多种多样的具体工程方法进行抽象概括、理论和升华的结果。如果说在多种多样的具体工程方法中表现出的是“工程方法的个性”特征，那么，在工程方法论中所表现的就是经过抽象和概括而得到的关于“工程方法的共性”特征。方法论寓于方法之中，方法体现了方法论，在一定条件下二者可以互相转化。

从概念关系和理论体系的结构看，工程方法论既是“工程哲学”的组成部分，同时又是“方法论”的组成部分。从工程哲学的角度看，任何工程活动的目的都必须运用一定的工程方法才能完成和实现，离开了一定的工程方法，所谓工程及其目的就只是空想。对于各种各样的工程方法，只有通过分析、总结、概括，才能形成工程方法论的理论系统，使其成为与科学方法论、技术方法论并列的领域。

1. 项目管理方法可靠度模型

项目管理方法的选择正确与否，以及实施效果如何，由于影响因素较多、评价标准不同，因此难以给予统一的、定量的评价。通过对安徽省多年来工程项目建设与管理实例的总结、分析与研究，项目管理方法的选择，既受到工程项目自身客观条件的影响，同时也影响着工程实体的质量安全水平和工程项目的管理水平。根据工程方法论，将影响项目管理方法的技术含量的因素归纳为工程建设环境、从业队伍人员素质、施工工艺和项目管理目标要求，构建项目管理方法可靠度模型，见公式 1。显然选择合适的项目管理方法，采用多目标决策方法来处理选择问题更能满足实践要求。本文试图将对项目管理方法的选择，转换为求解项目管理方法的可靠度，将多目标问题转化为求解单目标或双目标问题。项目管理方法的可靠度，是指某管理方法在规定的时间和规定的条件下，完成预定功能的能力。

$$M = f(e, p, t, o) \tag{1}$$

式中：M——项目管理方法的可靠度；

e——工程项目的建设环境；

p——从业队伍人员素质；

t——施工工艺；

o——项目管理目标与要求。

从公式(1)可以看出，影响项目管理方法可靠度的主要有工程项目的建设环境、从业队伍人员素质、施工工艺、项目管理目标与要求等因素。求解项目管理方法的可靠度宜采用化多为少法、分层序列法和层次分析法等多目标决策方法。评价项目管理方法，要一方面体现方法原理的科学性、手段的新颖性、操作的合理性和效果的可靠性等诸多方面相对统一的综合程度，另一方面决策者与评价者的主观态度也不容忽视。

2. 项目管理方法运行的基本准则

项目管理方法的运行实质是管理方法的决策与实施，是面向决策结果和面向决策研究的统一过程。项目管理方法运行的主要阶段和程序，见图 2。

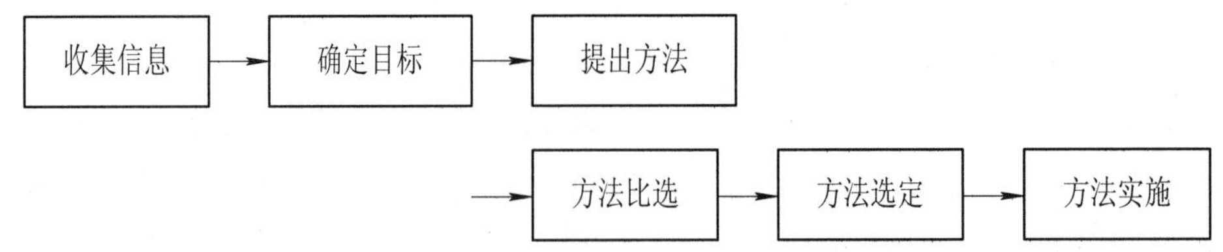

图2 项目管理方法运行的主要阶段和程序

从图 2 可知，项目管理方法的运行是一个过程，要经历多个阶段，涉及管理科学、社会环境、建设项目等诸多领域，同时必须形成与工程技术的有效结合。项目管理方法的选定应按照工程建设与管理的客观规律，因地制宜，因工程而异，灵活地运用，才能取得工程建设的最佳效果。无论哪个阶段、无论何种管理方法，用工程方法论的观点审视，均应该遵循创新准则、系统准则、可行准则、重点准则、底线准则五项基本准则。

1) 创新准则

古希腊哲学家赫拉克利特有句名言：“人不能两次踏入同一条河流。”可见，世界上没有静止和不动的东西，一切都在永恒不断地变化着。对于工程建设中的项目管理更是这样，不可能有在影响工程建设项目管理因素中完全一致的项目，即不存在工程建设环境、从业队伍人员素质、施工工艺和项目管理目标与要求完全一致的项目。项目管理者只有随变而变、适变而动，适应变化，不断有所总结、有所调整，才能把工程项目管理好，换句话说就是需要创新管理方法。

创新在认识论层面就是更新和变革，是对传统的辩证否定，是基于传统，又突破传统和超越传统。因此在管理方法的运行中，首先要注意对前人的知识、经验进行总结和积累，包括前人直接知识和间接知识的积累。其次，要注意系统性和专业性知识、技术和设备的储备和支持。创新的系统性、专业性，必然改变传统的管理、服务和监管方式，项目管理者要善于用创新的思维、理念，尤其是创新后的技术来进行管理，包括用大数据、互联网、云计算以及个性化的技术管理，以满足项目管理方法的创新。

2) 系统准则

系统理论的创始人贝塔朗菲指出：“现代的技术和社会已经变得十分复杂，以至于传统的方式和手段已不能满足需要，迫使我们在一切知识领域中运用‘整体’和‘系统’概念来处理复杂性问题。”工程项目管理是一项复杂的系统性工程，需要加强顶层设计和整体谋划，加强各个阶段、各种方法的关联性、系统性、可行性研究与统筹。

运用系统规则，第一，要认识系统具有鲜明的整体性、关联性、层次结构性、动态平衡性、开放性和时序性特征。第二，要有全局意识、协同意识，要从工程建设的整体效果出发，深入研究各个阶段、各种管理方法的关联性和耦合性，在方法选择上相互配合、实施过程中相互促进、实际成效上相得益彰。第三，要注意区分层次、分类指导。既要有顶层设计和总体目标，也要有具体的任务分解，做到“立治有体、施治有序”，避免零敲碎打、碎片化修补。例如，安徽省在制定打造公路水运建设“品质工程”方案中，明确提出了工作中的总体原则：一是坚持总体要求与分类指导相结合，二是坚持典型引路与问题导向相结合，三是坚持创建达标与提质增效相结合，四是坚持行业主导与企业创建相结合。同时将品质工程创建工作分类细化为“高速公路(含特大桥梁)创品牌工程、干线公路创优质工程、水运工程创示范工程、农村公路创放心工程”。在创建中，坚持试点先行、示范引导。既要及时总结品质工程示范项目的先进理念、先进方法、先进技术，积极宣传推广品质工程建设经验，又要强化问题导向意识，突出问题和薄弱环节，积极组织开展各类科技攻关，突出工程设计、工艺技术、建设管理创新，为品质工程建设提供有力支撑。

3) 可行准则

可行准则是对所提出的多个工程管理方法，从技术和经济角度进行全面的分析论证，并对其方法实施的效果进行预测，选择较为满意的方案，以便最合理地利用资源，达到预定的社会效益和经济效益。任何工程建设活动都是在一定的约束条件下进行的，约束条件有技术性的(如施工工艺、设备、投资等)也有非技术性的(如建设环境、施工人员素质以及相关国家政策等)，正由于存在种种约束条件的限制，工程管理方法也就不可能达到真正的、理想性的尽善尽美。方法的可行性研究是对多因素、多约束、多目标进行系统的分析研究、评价和决策的过程。从哲学上看，可行准则的本质就是贯彻哲学理论中具体情况具体分析和具体处理的思想。从工程方法论看,就是在多约束条件下的适当满意与追求尽善尽美相统一。在诸多管理方法中，通过综合、比选和权衡而得到的相对优化的结果，具有简单可行而又经济有效的特点，应该就是优先被选用的方法。

4) 重点准则

重点论是一种辩证的思维方法，与均衡论相对立。指在研究复杂事物的发展进程时，要着重地把握它的主要矛盾。同时在研究复杂事物矛盾发展过程中，还要坚持两点论，既要研究主要矛盾，又要研究次要矛盾，既要研究矛盾主要方面，又要研究矛盾的次要方面，二者不可偏废。两点论和重点论是辩证统一、密切联系和不可分割的。重点论与两点论相统一，就是在研究主要矛盾和非主要矛盾、矛盾的主要方面和非主要方面之间的辩证关系时，特别要坚持唯物辩证法的两点论和重点论的统一，在坚持两点论的前提下，坚持重点论。这是唯物辩证法必须牢固坚守的一个基本思想。因此，我们反对把各种矛盾情况或各种矛盾方面平均看待，或在实践中平均使用力量，而陷入均衡论的错误，使问题得不到解决。看问题、办事情，既要全面，统筹兼顾，又要善于抓住重点和主流。既要反对离开重点谈两点的均衡论，又要反对离开两点谈重点的一点论。

在桥梁建设中，由于采用的工艺工序的不同，由此所产生的风险隐患也不尽相同，但是安全隐患存在于桥梁建设的全过程，这是不争的事实。将矛盾分析方法与工程风险评估理论相结合，抓住重点和主流、坚持两点论和重点论的统一，提高安全管理工作的效率与效果。在马鞍山长江公路大桥建设施工中，依据这个方法原理，在海量般的施工工序中，将深水桩基和深水围堰施工、锚碇沉井施工、钢塔柱安装施工、高索塔爬模施工、悬索桥上部结构施工、斜拉桥上部结构施工、大型临时工程施工等确定为对大桥施工安全生产最具影响的 7 种“特定状态”。这些“特定状态”在工程建设中，具有分部或分项工程规模大、施工作业难度大、受自然环境影响大等特点，而且，一旦发生安全事故，极易造成群死群伤。由于运用了抓重点、带一般、促全面的工作方法，安全生产管理取得了事半功倍的效果。

5) 底线准则

底线是不可逾越的警戒线、是事物质变的临界点。一旦突破底线，就可能会发生无法接受的坏结果。底线思维注重对危机和风险等负面因素进行管控，而不是降低标准、无所作为。第一，要有原则意识。无论干什么工作，都要明确基本原则、基本方向和基本目标，不能脚踩西瓜皮，滑到哪里算哪里。第二，要有标准或规范意识。标准是对重复性事物和概念所做的统一规定，它以科学、技术和实践经验的综合为基础，经过有关方面协商一致，由主管机构批准，以特定的形式发布，作为共同遵守的准则和依据，从某种意义上说“标准”就是底线，任何人都必须敬畏、遵守。第三，要有应急意识。从哲学的观点看，工作正常是相对的，工作异常是绝对的。工程管理涉及方方面面，影响因素较多，目前公路及其相应的土木工程管理精细化和精准化水平，距离理论上的要求还有相当大的差距，生产中不可能杜绝一切质量和安全事故发生。因此事先制定一套应急预案，通过建立必要的应对机制，采取科学、技术、规划与管理等手段，做好事前预防、事发应对、事中处置和善后恢复。项目管理者必须善于运用底线思维。防患于未然，才能赢得项目管理的主动权。

四、结语

“工程哲学”、“工程方法论”的提出，为工程实践给予了有力的指导依据。由于工程的异质性较抽象的科学问题更为突出，工程的一般方法在工程管理和工程建设中的应用差异化较为明显。由此，工程方法论的理论研究和深化，不仅要在各领域内细分、归纳、概括，还要在发展中不断在认识和实践中提高，更为重要的是坚持综合集成的工程思维和方法论，统筹兼顾，不断地将哲学一般方法论与工程科学、社会学、经济学、管理学等多学科交叉，以融合创新的哲学认识，指导并提高工程管理和建设水平。科学的工程方法论应是在工程管理和建设的探索和实践中不断发展、不断结合、不断完善的。

(作者单位：安徽省交通工程质量监督局)

桥梁工程方法与方法论研究

凤懋润　赵正松

摘要：近30多年来，我国桥梁工程建设取得了长足的发展，我国已进入桥梁大国之列，并向桥梁强国发展。我国桥梁工程经历了跨越“水网—江河—峡湾—海域”的技术进步，经历了从“个体工程—简单协作工程—系统性工程—复杂系统性工程”的发展过程。现代特大型桥梁工程复杂程度高，工程实践中存在着数以万计的具体方法，本研究以长江三角洲、珠江三角洲等地区国家重点工程和涉外项目的特大型公路桥梁项目为研究对象，着重探索全生命期(规划-建造-运营)的工程方法与方法论，总结我国改革开放后桥梁工程发展的规律，并对发展导向提出相关发展路径。

关键词：桥梁工程；辩证统筹；精细化；社会管理

引言

众所周知，桥梁工程是满足人类对“行”需求的造物活动，创造出新的社会资源。我国曾有过(以赵州桥为代表的)古代桥梁文明，但18世纪中期英国工业革命与炼钢法发明之后的近两个世纪，欧美国家“领跑”了世界桥梁技术的发展。我国远远地落在了后面。

“经济发展，交通先行”，世纪之交的30多年路桥工程开始了大规模建设。

80年代在珠江三角洲、90年代在长江中下游、新世纪头十年在长江三角洲展开了三次桥梁建设高潮。30年前从珠江三角洲4座百米跨径的桥梁建设出发，30年后又回到了珠三角，正在建设世界瞩目的港珠澳跨海大桥。

我国建桥技术实现了跨越式发展，追赶上了国际先进水平！在梁、拱、斜拉、悬索桥四种桥梁类型中，世界跨径前10位的工程中，中国内地的工程占了20座(媒体宣传用词是“半壁江山”)，近9年来国际桥梁“杰出结构奖”中1/3“花落我国”。

基于我国丰富多彩的特大型桥梁工程建设的实践，开展“桥梁工程方法与方法论研究”。

一、桥梁工程方法论框架

国内外桥梁工程的“全生命周期”大体都分为三个阶段：

① “论证与决策”的“规划阶段”；

② “设计与施工”的“建造阶段”；

③ “维护与管理”的“运营阶段”。

超大规模工程的“规划阶段”有的会延续几十年，而运营期大多要求“百年”或以上。

归纳千万种工程方法与方法集，总结工程建设的“共性”规律，凝练出了桥梁工程“三阶段”方法论的9个核心“论点”，即：

① 交通需求，权衡比选，辩证统筹；

② 创造性设计，精细化施工，综合集成管理；

③ 预防性养生，灾祸社会管理，工程评估。

具体的表述是：

① “交通需求”驱动工程建设供给，是桥梁建设必要性、工程规模、主要技术标准的基础性依据。

② “权衡比选”是优化工程方案的普适方法，是构建结构、功能、效益合理化概念模型的进路。

③ “辩证统筹”是充满技术与非技术性复杂矛盾问题的工程规划论证与迭代式降解决策的哲学方法，是规划方法论的精髓。

④ “创造性设计”是工程理念转化为工程实体的关键环节，是满足功能定位适应千变万化工程现场实况的创造性智力劳作。

⑤ “精细化施工”是工程分解与重构的核心原则，是锻造精品工程亘古不变的唯一方法，是工程安全和耐久的根本保障。

⑥ “综合集成”是桥梁工程活动的哲学方法，是实现工程寿命周期、管理职能、共同体成员间“三位一体”的基本路径。

⑦ “预防性养生”是桥梁工程“健康性检查、预防性养护、延续性再造”的过程，是保障工程长期处于良好使用状况的系统维护方法。

⑧ “社会管理”是保障“人—车—桥系统”安全有序运行的管理方法。

⑨ “工程评估”是对工程价值的再认识，是工程认识提升与再实践的经验源泉。工程对民生的贡献价值最终要由社会和百姓做出评判。

二、桥梁方法论基本论点阐述

本文重点对其中三个基本论点进行简要阐述。

1. 关于“规划方法论”的基本论点：“交通需求”

“交通需求”驱动工程建设供给，是桥梁建设必要性、工程规模、主要技术标准的基础性依据。

桥梁作为“点”工程绝不是孤立存在的，通过两端延伸的道路接“线”(路网)，实现人类社会活动区域诸“面”的沟通融合，亦即“空间”的扩展。从这个意义上说，桥梁工程建设的需求要协调“点、线、面”的关系，要有广域“空间”的统筹性定位。

规划工作的核心是：

① 统筹交通与区域经济社会发展；

② 统筹交通与政治、文化、生态、环境等协调发展；

③ 统筹公路交通与综合运输系统。

对这些非技术要素考量的充分与否直接影响着桥梁工程的价值。

长江三角洲是我国经济社会发展最为活跃的区域之一。上世纪90年代初期，南京下游近400公里的长江区段仅靠轮渡沟通南北，成为严重制约经济社会发展的瓶颈。江苏省的苏南、苏北的经济差异很大，形成了土地、人口“南三北七”，经济水平“南六北四”的状况。结合经济社会长远发展规划和路网布局，江苏省确定了在2020年前分期建设江阴桥等五座跨江公路通道。

原来计划30年建设5座桥梁，而实际上只用了20年时间，就建成了8座现代化跨江大桥，基本满足了支撑经济社会发展的“交通需求”!

统计表明，江苏已建过江通道，在2012年“双节假日”期间承载了日均120万标准车辆的过江交通量，相当于2000条渡轮不间断往返两岸的运输量。

新一轮的四座跨江大桥建设(包括沪通铁路大桥)的建设已经展开。

我国桥梁建设的第四次高潮又转移回到了珠江三角洲!

广东省2012年完成了新的珠江口跨江跨海通道的建设规划：

在珠江口南北向95公里范围内，布置了7条公路通道和5条铁路与城际通道。其中，原已建成两座(虎门大桥和黄埔大桥)，建设中两座(虎门二桥，港珠澳大桥，待建八座)。建设中的通道包括：

① 建设中的珠江口区段第二座虎门大桥(在1997年建成的虎门一桥上游10公里，虎门一桥已经运营19年，繁重的交通量超过了设计能力，已不堪重负)；

② 建设中的跨越伶仃洋海域的港珠澳大桥，总长55公里，粤港澳共建其中的30公里主体部分，是桥岛隧集群工程；

③ 已经立项正在初步设计中的深圳-中山跨海通道(简称“深中通道”)。

可以预见，这些通道的建设，必将促进粤港澳“经济一体化”进程，提升“大珠江三角洲”的综合竞争力，促进“泛珠江三角洲”乃至“东盟自由贸易区”的经济发展及广泛联系。

“区域规划研究”是路桥基础设施建设必要性的基础性研究，是交通需求的依据。20多年来，在全国和区域路网与跨江海通道规划指导下，长江、珠江流域、东部沿海和三角洲地区的桥梁依次建设，促进了经济社会效益的持续释放，是工程与经济社会发展相辅相成关系的范例。

中国工程师参加海外“路桥项目规划”对我国区域规划研究有着启示作用：

安哥拉远在非洲西南部，面对大西洋，离我国约1万公里。安哥拉是非洲最大的产油国之一，原油产量的一半卖给了我国，一半买给美国。刚果河北部有一块“飞地”——卡宾达地区及其海域是重要的石油基地。

2002年结束了27年的内战，安哥拉政府要将“飞地”与安哥拉国土陆路连接起来。一家阿拉伯/美国合资咨询公司的“预可行研究”推荐了四种改善交通运输的方案：一个是海上渡轮方案，另三个是陆地公路方案。

显而易见，刚果(金)政府倾向于在其国土上最长的麦塔迪线，经过安哥拉与刚果(金)谈判达成的折中方案是：

建设一条长度最短的公路，连接索约与卡宾达。

与此同时，由安哥拉出资为刚果(金)将摩安达至博马原有公路提高道路等级。项目的技术可行性，关键是跨越刚果河口的大桥。

为此，(2007年)安政府邀请若干国际大公司提交各自的项目建议书。“中国路桥”也在被邀请之列。有着近30年海外项目建设和管理经验的中国路桥公司提交的“中国方案”是：建设主跨1600米悬索桥跨越刚果河口(中国有可参照的工程实例为：2009年已建的世界第二大跨桥梁——舟山连岛工程西堠门大桥，跨径1650米，造价33亿人民币)。

但问题的关键点是2004年“预可研”报告中当前通道交通量仅为每天3～5辆。规划工作的前提是对项目需求的“深度”理解，也即项目的“价值分析”。

中国工程师们为此做足了功课，挖掘出没有被安政府和项目业主想到的桥梁“隐性的”功能，即解决油气管道通过桥梁跨越刚果河问题(由于存在300米深的海沟和深水河床，油气输送管道无法实现水下输送)。这一“能源通道”功能的实现，能够解决本项目所需的建设资金。

工程师们根据“中国经验”进一步拓展了工程“潜在的”功能，即在索约桥梁登陆区建设“油气加工区”和“经济特区”(“自由贸易区”、“来料加工区”等)。由此引发了配套的新城镇区建设(商务区，金融区，工业区，居民区，公寓，学校，体育场馆，城市公园等)。

这样的规划方案建立在基本如下分析的基础上：

① 世界第二大流量的刚果河为城市发展提供了丰富的水资源；

② 非洲第一大石油生产能力为城市发展提供可靠的资金保障；

③ 油气加工基地/经济特区建设拉动城市群建设；

④ 便利的交通网络是未来城市可持续发展的保障；

⑤ 预计大桥建成10年内，索约将发展成为50万人口的北部中心城市；

⑥ 届时来往于索约、卡宾达、摩安达三地的日交通流量将达到12,000辆以上。

安哥拉此项目的“需求分析”拓展成为“功能设计”，“创新性思维”规划出一项“价值工程”。

中国的方案一经提出，引发安哥拉各方强烈反响和高度认可，业主决定将项目可行性研究深化交给“中国路桥”。这是中国交通基础设施项目第一次承担(一直被西方发达国家垄断着的)前期工作。

毫无疑问，“需求分析”是工程造物的前提。但对“需求”理解的站位高度、视野广度、认识深度是决定工程效益的决定性要素。

安哥拉路桥项目前期工作需求分析不仅看到了“显性”的交通需求，还挖掘出了“隐性”油气传输的需求，更拓展了“潜在”区域经济社会发展的需求。这就是“中国经验”对相对落后国家的分享。

与我国“国家力量”指导“自上而下”的规划研究的基本国情不同，许多发展中国家现在没有国家、区域层面的规划。因此，工程项目的需求分析是由“自下而上”的以 “点”工程辐射区域“线与面”的规划，以发挥工程价值和民生效益。

2. 关于“建造方法论”的基本论点：“精细化施工”

特大型桥梁工程一般“体量硕大、挺拔高耸、纤柔细长”，各类桥梁结构都是先划分成节段筑制(或现场浇筑，或工厂预制)，逐节连接成整体。这蕴涵了“分解”与“重构”、“还原”及“整体”的哲学理论。现代桥梁工程演化史就是由“小”单元到“大”构件、由“分体”加工到“整体”建造。

为了工程品质的提升，工程演化走出了理念、技术、管理不断追求“精细”的进步过程，其发展永无止境。

在港珠澳大桥集群工程中，粤港澳三地共建的30公里工程中，桥梁长度有23公里，共有135孔110米跨径的整体式全钢结构箱梁和74孔(分幅式148片)85米跨径混凝土面板/钢结构梁的组合梁。

桥梁梁体全部用钢总量达到 42.5 万吨，等同于10座“鸟巢”、8座苏通大桥和12座香港昂船洲大桥钢结构的工程量。由于大桥设计使用寿命为120年(按香港标准取用，与英国 BS 标准一致)，因此钢梁制造质量要求很高。

在工期上，香港昂船洲大桥 3 万吨钢梁制造用时3年，而港珠澳大桥要在同等质量标准要求下，同样在 3 年时间内完成 12 倍用钢量的钢箱梁制造。钢结构加工制造的质量一致性、稳定性是前所未有的严峻挑战。

唯一的出路就是走“工业化”制造之路，“大型化、标准化、工厂化、装配化”的理念得到实践。由人的手工劳作发展到机器加工，从自动化生产到智能化制造，产品质量有了“质”的升级。港珠澳大桥钢梁制造工厂化、自动化与智能化技术创新的决策和实践，有力保证了大桥钢箱梁质量的高标准、稳定性与制造进度要求，而且有力地推动了中国钢结构制造行业的升级换代。

大桥钢箱梁制造“工业化”实践的内核是精细化的提升。“精细”是工程安全和耐久的根本保障，“精细”是对工程品质的无止境的追求。加工、制造、建造工艺的发展史就是由“粗放”到“精细”的过程。

再把视线转移到海外项目：

美国旧金山新海湾桥自锚式悬索桥，设计使用寿命为150年，抗震等级为8级，是世界上标准最高的桥梁工程。因此，钢结构设计与加工制造有着“极高标准、极细程序、极严监控”的要求。

中国企业完成总计4.5万吨的全部钢塔、钢箱梁结构的加工、制造，构件分8批装自备船横渡太平洋先后运往美国西海岸的旧金山湾桥梁工地，由美国工人完成拼装架设。

焊缝总计100万条，累计长度超过1000公里。120名外国检验工程师实施质量监理与监测。

经历了六年的中外合作的“精细化”实践，全部钢结构加工制造提前 5 个月完成制作；全部钢塔与钢箱梁上的 146.6 万个螺栓孔实现完美对接，没有一处错孔返工；由 16 节预制段拼装而成的 160 米高钢塔的垂直度达到 1/2500，远超合同约定的 1/1000 精度要求。

美国业主、总包方等一致评价：中国能够加工制造海湾大桥的钢结构，就能够加工制造世界上任何复杂的钢结构。

“标准、程序、控制”是产品精细化制造的三个管理点。桥梁建设实践升华的建造方法论可以概括为：转变观念是提升精细化管理的前提，用精细化的工作理念规范各种行为。精细化是降低风险、理清责任、组合创新、优化系统的实践方法。

3. 关于运营维护方法论的基本论点：“社会管理”

公路交通运输系统：共路、多车行、多人行；有别于铁路交通运输系统：专轨、专车行，公路系统开放性高，引致的管理复杂度更高。

桥梁工程投入运营后就进入了“人(使用者)—车(辆)—桥(梁)系统”的管理，这一管理工作中加入了桥梁工程本体之外的使用者及驾驶的车辆，这就使得运营维护管理工作要涵盖社会人在内。没有对“人—车—桥系统”的特定管理，这一系统活动就会陷于混乱状态。

近些年来，不断出现严重超载车辆压垮桥梁、违规行驶密集重车压翻桥梁、船舶偏航撞塌非通航孔桥梁以及危险品运输车辆桥上爆炸摧毁桥梁，非法采砂挖空桥墩基础导致坍塌等恶性安全事故。

事故的深刻教训是，无论是路桥的使用者，还是运输管理的执法者，都存在有法不依、有章不循的现象，法规成为一纸空文，运输处于“无序”状态，“乱象”丛生，基础设施的“生存”环境恶劣。

发展中国家的社会发展实践表明，在交通基础设施不断完善，对经济社会发展发挥越来越大支撑作用的同时，加强“社会管理”以创造有序环境，是交通安全畅通、社会长治久安的根本保障。

人的因素是软件建设的核心，提高社会人的科学素养、守法意识、社会责任感等综合素质已经成为构建“人—车—桥系统”社会管理的基础。

三、桥梁工程的导向与路径

1. 桥梁工程规划的导向是创造“价值工程”

“价值工程”是世界范围近百年来工程领域追求的目标 。

诸多桥梁工程的价值实现遵循技术要素和非技术要素的统筹原则，在约束和发展之间充分博弈，规划阶段是工程价值的统览阶段，而“辩证统筹”则是该阶段的核心方法论。应该说，在实践和认识的基础上，战略性、前瞻性、创造性思维能够生成出“价值工程”。实现的“路径”是规划工作中的“交通需求/权衡比选/辩证统筹”。

工程效益要能经受得住时间的考验，对民生的贡献价值要由社会和百姓做出评判。大规模工程实践表明，桥梁工程建设的规划工作质量与工程成败、社会效益好坏等密切相关。

江苏省跨江大桥群的建设使得两岸经济得到了快速的发展，实现了苏南、苏北经济社会“一体化”。公路沿海大通道(G15 沈阳－海口公路)在苏通长江大桥和杭州湾跨海大桥通车后，使长江三角洲与环渤海区域、珠江三角洲三个全国最发达的经济区域连通起来，区域联动产生了质的飞跃。舟山连岛工程使舟山本岛与陆地连通，不但融入了长三角都市圈，还成为了首个以“海洋经济”为主题的“国家级新区”。

2. 桥梁工程建造的“导向”是建造“品质工程”

2016年度交通运输重点任务中，明确提出：在公路水运工程建设领域以打造“品质工程”为抓手，不断提升交通基础设施建设质量安全管理水平。

工程“品质”是“大质量”的概念。是工程实体质量与和谐自然的人文品位的集合，是技术要素与非技术要素的集合，是自然科学与人文社会科学的集合，“品”与“质”的结合注入了更多的哲学内涵。“品质是质量的二次革命”、“品质是质量哲学”。质量控制是品质工程之“重器”，人的主观能动性与诚信(知行合一)则是品质工程之“大道”。实现的“路径”是“创造性设计/精细化施工/建设集成管理”。

以卢浦大桥、苏通大桥、泰州大桥等为代表的一批桥梁工程，近十几年来荣获了国际土木工程类杰出工程的奖项，说明我国桥梁工程在体现“品质工程”理念与内涵上有了可圈可点的表现。

3. 桥梁工程运营的“导向”是实现“平安交通”

2014年全国交通运输部提出：加快推进“四个交通(综合，智慧，绿色，平安)”发展。“平安交通”是基础。

桥梁长达“百年运营”服务期间将背负着“百亿次车辆”通行和桥下“万艘船舶”穿梭，开放度高、所处环境极其复杂，安全保障是重中之重。“平安交通”既来自工程本体“健康性检查，预防性养护，延续性再造”的维护，也通过“人车桥系统”社会管理规范运营实现。 引入信息化手段、制度化社会管理方法等带有“负熵”和“引导社会行为的慢变量”的方法，是创造“平安交通”的主要路径。实现的“路径”是“预防性养生/社会管理/工程评估”。

结语

我国已成为世界桥梁大国，桥梁工程实践者秉承唯物主义世界观，坚持工程实践与工程哲学理论相统一，探索与应用先进的辩证统筹决策、综合集成构建、养生增寿维护和系统社会管理方法，以及逐步实现“智能化”决策、建造、维护等工程方法，在桥梁发展征程中，不断在实践中认识，不断适应新环境，不断创新工程方法。

(作者单位：凤懋润：交通运输部；赵正松：交通运输部科学研究院)

钢铁冶金工程设计方法研究与实践

张福明　颉建新

摘要：本文论述了钢铁材料在经济社会发展中的重要作用和地位，分析了中国钢铁工业的发展历程与现状，论述了科技进步对产业发展的推动作用和重要意义，指出了中国钢铁工业未来发展方向。本文回顾了中国钢铁冶金工程设计的发展演变历程，分析了工程方法论与钢铁冶金工程设计方法的关系以及钢铁冶金工程设计的地位和作用，阐述了钢铁制造流程的物理本质和现代钢铁制造流程的“三大功能”。阐述了现代钢铁冶金工程的概念设计、顶层设计、动态—精准设计的方法体系，以及现代钢铁制造流程的系统集成与结构优化、经济与社会评估。结合首钢京唐钢铁厂项目，运用现代钢铁冶金工程设计理论与方法，以构建新一代可循环钢铁制流程为目标，介绍了该项目的概念设计、顶层设计、动态精准设计。首钢京唐钢铁厂投产后的运行实践证实，该项目技术可靠、运行稳定、指标先进，成为新一代绿色可循环钢铁制造流程示范工程，引领了中国钢铁工业的发展方向。

关键词：钢铁冶金；流程制造；结构优化；工程设计；设计方法

一、钢铁冶金工程设计方法发展历程与演进

1. 传统钢铁冶金工程设计方法

冶金工程设计是运用冶金工程技术基础科学、技术科学、工程科学的研究成果进行集成与应用，并实现工程化的一门综合性学科。[1]中国冶金工程设计理论体系在20世纪50年代由原苏联引入，长期以来基本沿用原苏联的设计方法(经验型设计方法)。20世纪80年代以后，随着宝钢工程的设计建设，中国冶金工程设计又相继引入了日本和欧洲的设计方法(半经验—半理论型设计方法)，但仍属传统的“静态—分割”设计方法，即静态的“半经验—半理论”的设计方法。

传统的“静态—分割”设计方法，主要存在以下问题：在工程理念方面，传统钢铁冶金工程设计方法遵循的是“征服自然”工程理念；在工程思维方面，传统钢铁冶金工程设计方法思维模式是还原论思维模式；在工程系统观及工程系统分析方法方面，传统钢铁冶金工程设计方法基本上没有形成现代工程系统观及工程系统分析方法，或者说是以模糊整体论与机械还原论为基础的分析方法。

传统钢铁冶金工程设计方法还存在着内容的缺失：采用基础科学(解决原子、分子尺度上的问题)和技术科学(解决工序、装置、场域尺度上的问题)的思维方式来解决工程科学(解决制造流程整体尺度、层次和流程中工序、装置之间关系的衔接、匹配、优化问题)问题，使得建设项目在工程设计的思维方式上存在着先天不足。另一方面，采用从传统设计方法发展到现代设计方法的产品设计方法来替代冶金工程设计方法，主要是针对钢铁制造流程装备技术设计方法的研究，而钢铁冶金工程设计具有流程制造业与制品制造业两重性的特征，忽略了对钢铁制造流程工艺流程设计方法的研究。

2. 现代钢铁冶金工程设计方法的形成

第一次工业革命以后，贝赛麦转炉炼钢法的发明(1856 年)，使得钢铁制造真正走向工业化生产。

19世纪末至20世纪初，物理化学、金属学、冶金原理、钢铁冶金学、冶金传输原理等学科的建立，标志着现代钢铁冶金工程设计已基本建立起完备的基础科学和技术科学知识体系。

20世纪80年代以后，中国钢铁工业的迅猛发展促进了科技工作者对冶金工程设计理论及方法的深入研究，新的研究成果不断涌现，中国已初步建立起现代钢铁冶金工程设计的知识体系并且不断完善。进入新世纪以来，殷瑞钰院士的著作《工程哲学》(第1版)、[2]《工程哲学》(第2版)、[3]《工程演化论》、[4]《冶金流程工程学》(第1版)、[5]《冶金流程工程学》(第2版)、[6]《冶金流程集成理论与方法》[7]等学术专著相继出版发行，标志着中国冶金工程学科从基础科学、技术科学到工程科学的知识体系已经建立并不断完善。

首钢京唐钢铁厂工程设计与建设，在冶金流程工程学理论的指导下，运用现代钢铁冶金工程设计方法进行工程决策、规划、设计、构建、运行等并获得成功，进一步验证了现代钢铁冶金工程设计方法推广应用的重大理论价值。

二、现代钢铁冶金工程设计方法

1. 钢铁冶金工程设计问题的识别与定义

1) 钢铁制造流程的物理本质及其特征

钢铁制造流程的物理本质是物质、能量和信息在合理的时—空尺度上流动/流变的过程。也就是物质流在能量流的驱动下，按照设定的“程序”，沿着特定的“流程网络”动态—有序地运行，并实现多目标的优化。优化的目标包括产品优质、低成本，生产高效、顺行，能源利用效率高、能耗低、排放少、环境友好等。演变和流动是钢铁制造流程运行的核心。

钢铁制造流程是由各单元工序串联作业，各工序协同、集成的生产过程。一般前工序的输出即为后工序的输入，且互相衔接、互相缓冲—匹配。钢铁制造流程具有复杂性和整体性特征，复杂性包括“复杂多样”与“层次结构”两个特点。

2) 钢铁制造流程动态运行的特征要素

钢铁制造流程动态运行的特征要素是“流”、“流程网络”、“运行程序”，其中“流”是制造流程运行过程中的动态变化的主体，“流程网络”(即“节点”和“连接器”构成的图形)是“流”运行的承载体和时—空边界，而“运行程序”则是“流”的运行特征在信息形式上的反映。

3) 钢铁制造流程运行的特点

由此可以推论出，钢铁制造流程运行的物理本质是一类开放的、远离平衡的、不可逆的、由不同结构—功能的单元工序过程经过非线性相互作用，嵌套构建而成的流程系统。

以钢铁制造流程整体动态—有序、协同—连续运行集成理论为指导，钢铁冶金工程设计的核心理念是，在上、下游工序动态运行容量匹配的基础上，考虑工序功能集(包括单元工序功能集)的解析优化，工序之间关系集的协调—优化(而且这种工序之间关系集的协同—优化不仅包括相邻工序关系、也包括长程的工序关系集)和整个流程中所包括的工序集的重构优化(即淘汰落后的工序装置、有效“嵌入”先进的工序/装置等)。

4) 钢铁冶金工程设计方法的路径

基于上述对钢铁制造流程的认识，钢铁冶金工程设计的重要目的，就是通过选择、综合、权衡、集成等方法，构建出符合钢铁制造流程运行规律和特点的先进流程，可以归纳概括为：

(1) 钢铁制造流程具有复杂的时—空性，复杂的质—能性、复杂的自组织性、他组织性等特点，并体现为多尺度、多层次、多单元、多因子、多目标优化。

(2) 钢铁冶金工程设计是围绕质量/性能、成本、投资、效率、资源、环境等多目标群进行选择、整合、互动、协同等集成过程和优化、进化的过程。

(3) 钢铁冶金工程设计是在实现单元工序优化基础上，通过集成和优化，实现钢铁冶金全流程系统优化的过程。

(4) 钢铁冶金工程设计是在实现全流程动态—精准、连续(准连续)—高效运行的过程指导思想的统领下，对各工序/装置提出集成、优化的设计要求。

(5) 钢铁冶金工程设计创新要顺应时代潮流，从单一的钢铁产品制造功能提升到实现钢铁厂“三个功能”的过程。

因此，钢铁冶金工程设计方法的路径是建立在描述物质/能量的合理转换和动态—有序、协同—连续运行过程设计理论的基础上，并努力实现全流程物质流/能量流运行过程中各种信息参量的动态精准，并进一步发展到计算机虚拟现实。

2. 钢铁制造流程的动态运行与界面技术

1) 钢铁制造流程动态—有序运行过程中的动态耦合

研究钢铁制造流程动态—有序运行的非线性相互作用和动态耦合是现代钢铁冶金设计方法的重要内涵，体现在钢铁制造流程区段运行的动态—有序化、界面技术协同化和流程网络合理化三个方面上。动态—有序运行过程中的动态耦合是流程形成动态结构的重要标志。

2) 钢铁制造流程界面技术协同化

界面技术是相对于钢铁制造流程中炼铁、炼钢、连铸、热轧等主体工序之间的衔接—匹配、协调—缓冲技术及相应的装置(装备)。界面技术不仅包括相应的工艺、装置，还包括平面图等时间—空间合理配置、装置数量(容量)匹配等一系列的工程技术，如图 1 所示。

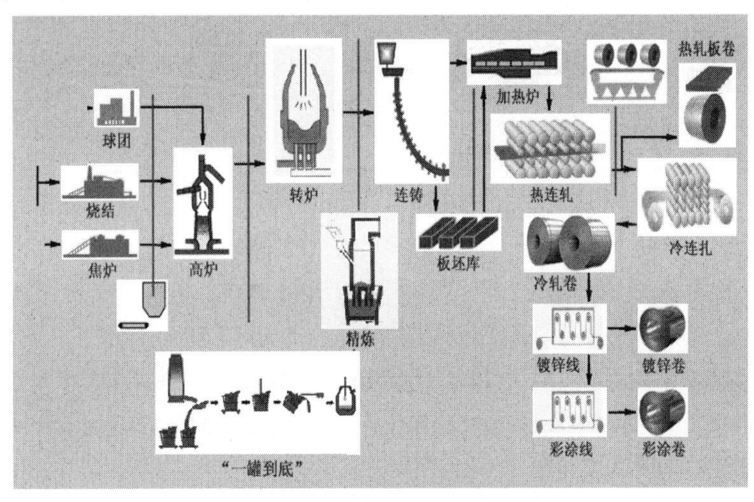

图 1　现代钢铁制造流程的界面技术

界面技术是在单元工序功能优化、作业程序优化和流程网络优化等流程设计创新的基础上，所开发出来的工序之间关系的协同优化技术，包括了相邻工序之间的关系协同—优化或多工序之间关系的协同—优化。界面技术形式分为物流—时/空的界面技术、物质性质转换的界面技术和能量/温度转换的界面技术等。

三、首钢京唐钢铁厂工程设计实践

1. 概念设计

工程设计中，首先确立了基于系统分析研究钢铁制造流程物理本质和动态运行特征的现代工程思维模式，采用解析与集成的方法，从整体上研究钢铁制造流程动态运行的规律和设计、运行的规则。根据市场需求和资源供给能力，选择现代钢铁制造流程更为成熟、可靠、稳定的基本流程，即以铁矿石、煤炭等天然资源为源头的高炉—转炉—精炼—连铸—热轧—深加工流程。

根据市场分析、技术分析、产品分析、用户分析，确定产品结构为汽车、机电、石油、家电、建筑及结构、机械制造等行业提供热轧、冷轧、热镀锌、彩涂等高端精品板材产品，生产规模初步规划为 870～920 万 t/a，其中冷轧产品占全部产品的比例约为 60%。以确定的全薄带材产品结构为基础，基于钢铁制造流程工序功能集合解析—优化、工序之间关系集合协调—优化、流程工序集合重构—优化的技术思想，进而确定钢铁厂结构优化的钢铁制造流程。

基于钢铁制造流程动态运行过程物理本质的认识，确定了京唐钢铁厂钢铁制造流程具有“三个功能”：铁素物质流运行的功能——高效率、低成本、洁净化钢铁产品制造功能；能量流运行的功能——能源合理、高效转换功能以及利用过程剩余能源进行相关的废弃物消纳—处理功能；铁素流—能量流相互作用过程的功能——实现过程工艺目标以及与此相应的废弃物消纳—处理—再资源化功能。

2. 顶层设计

1) 要素优化

要素的选择与优化包括：技术要素的选择与优化；技术要素优化和经济基本要素的协同优化。技术要素的选择与优化主要包括：

(1) 在成品轧机的选择上，方案一为 1 套薄板热连轧和 1 套中厚板轧机，生产规模约为 700 万 t/a；方案二为 2 套薄板热连轧机，生产规模约为 900 万 t/a。不同的轧机配置方案，将直接影响到炼钢厂的规模、工艺和装备，还影响到炼钢厂的结构和动态运行效率，进而影响到高炉的座数、容积和平面布置。经过慎重研究，决策采用方案二。

(2) 炼钢-连铸工艺流程设计中[8]，在全薄带材生产工艺的选择上，针对传统的工艺流程和铁水“全三脱”预处理—炼钢—二次精炼—高拉速、恒拉速连铸的“高效率、低成本洁净钢生产工艺流程”[9]，进行了深入的理论分析和对比研究。最终经过科学论证、反复研究，决策采用铁水“全三脱”预处理冶炼工艺的高效率、低成本洁净钢生产工艺流程。[10]

(3) 炼铁工艺流程设计中，对于高炉座数、容积的科学选择进行了深入研究分析和思考，建立了钢铁厂流程结构优化前提下的高炉大型化设计理念。针对设计建造 2 座 5500 m^3 高炉还是 3 座 4000 m^3 高炉，开展精细的对比研究和科学论证。[11]研究确定采用 2 座 5500 m^3 高炉，配置 2 台 500 m^2 烧结机、1 条 504 m^2 带式焙烧机球团生产线、4 座 70 孔 7.63 m 焦炉为高炉提供原燃料，实现以高炉为中心的铁前系统流程结构优化和工艺装备的合理匹配。与此同时，还可以简化工艺流程、降低工程投资，有利于铁素物质流、碳素能量流运行效率的提高。

(4) 在炼铁厂—炼钢厂界面技术的研究中，经过大量的考察、调研和试验工作，最终选择了铁水罐多功能化技术，即铁水“一罐到底”直接输送工艺，降低了工程投资，减少了铁水温降和环境污染，提高了铁水脱硫预处理的效率。

(5) 在能量流网络结构设计中，根据能量流和不同能源介质运行过程的行为和转换特征，设计了完善的能源供应体系、能源转换网络系统和设计建设了基于实时监控、在线调度、过程控制、集中管理的能源管控中心。对于能源的高效转换和能源结构的优化配置进行了深入研究和系统优化，充分回收利用钢铁制造流程的二次能源，充分利用钢铁厂余热、余能发电，钢铁厂自发电率达到 96%以上，钢铁冶金过程的各种伴生煤气实现全量回收利用。

(6) 在循环经济、绿色制造、节能减排工程设计中，采用先进大型的工艺技术装备，提高生产效率，节约能源消耗。4 座 70 孔 7.63 m 焦炉配置采用 2 套 260 t/h 干熄焦装置，吨焦发电量达到 112 kW • h/t；

5500 m^3 高炉采用高风温技术、煤气全干法除尘、36.5 MW 高效 TRT 余压发电技术；转炉煤气采用干法除尘技术；冶金过程的伴生煤气经过 300 MW 发电机组进行发电，发电后的“乏汽”作为低温多效海水淡化热源，用于 5 万 t/d 的海水淡化装置。

2) 结构优化

经过上述一系列工序/装置要素的优化选择，形成紧凑高效、流程顺畅、系统集约的流程网络，首钢京唐钢铁厂建立了以 2 座高炉加 1 个炼钢厂加 2 套热连轧加 4 套冷连轧为框架的“2-1-2-4”高效钢铁制造流程结构，构建了以连铸为中心，生产规模为 870～920 万 t/a 且具有“三个功能”的新一代可循环钢铁制造流程，并以此为核心架构构建了动态-有序、协同-连续的动态运行结构(见图 2)。

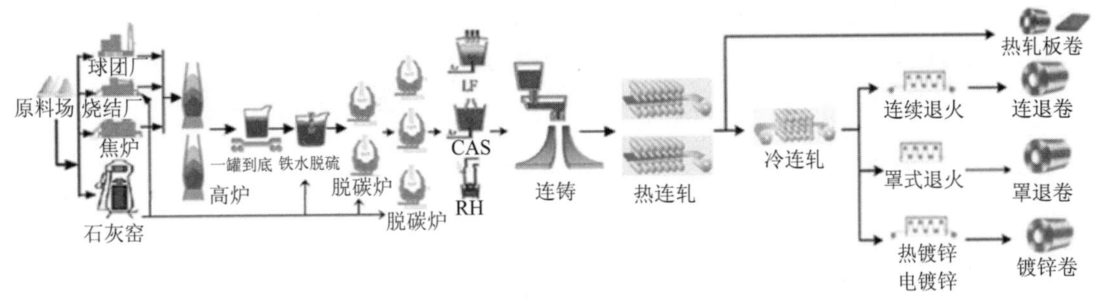

图 2　首钢京唐钢铁厂钢铁制造工艺流程

3) 功能拓展与效率优化

在工序/装置要素的优化选择和流程结构优化的同时，必须重视功能拓展和效率优化。也就是要把传统的钢铁厂的单一功能拓展成为“三个功能”，而且功能的内涵也更加富有创新性。例如，钢铁产品的制造功能可以集成为高效率、低成本洁净钢生产体系；能源转换功能要形成以全厂能量流网络结构优化为基础的，以输入/输出动态运行优化为特征的，实现生产工艺装置、能源装换装置协同高效的全网、全过程能源高效转换，科学合理、高效回收利用、更高层次的节能减排；在消纳废弃物并实现资源化、实施循环经济方面，要构建起以钢铁厂为核心的循环经济链，进而拓展为工业生态产业园，实现多产业融合发展。[12,13]

首钢京唐钢铁厂的工程设计以“流”(物质流、能源流、信息流)为核心，构建最优化的“物质流-能源流—信息流”动态耦合运行的制造流程(见图 3、图 4)，实现物质—能量—时间—空间的相互协同，促进钢铁生产整体运行高效、稳定、协同，实现高效化、集约化、连续化。[14]

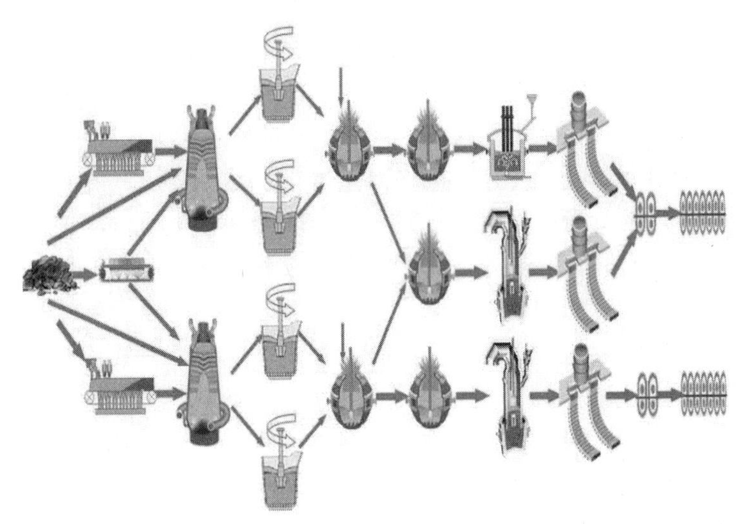

图 3　首钢京唐钢铁厂物质流(铁素流)运行网络与轨迹

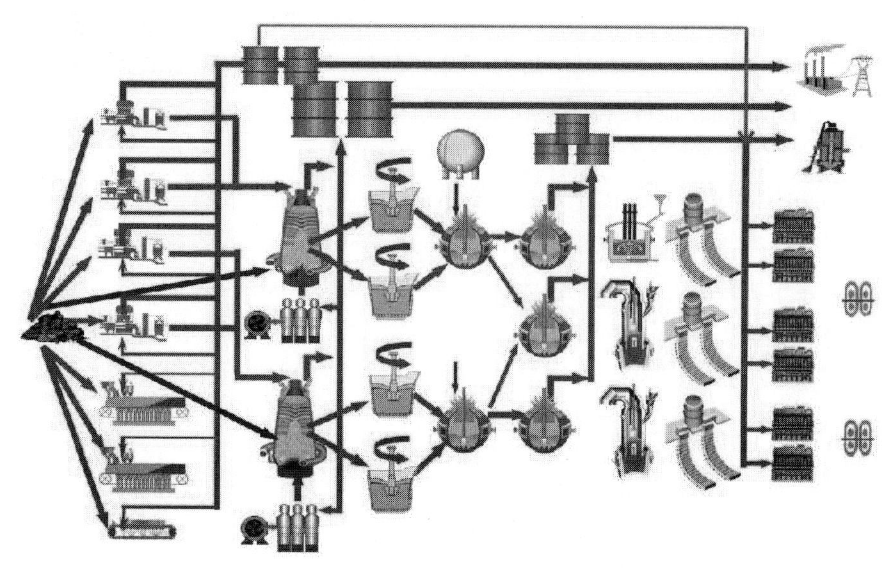

图 4　首钢京唐钢铁厂能量流(碳素流)运行网络与轨迹

总图布置在最大限度上实现了紧凑、高效、集约、美观，物质流、能源流和信息流实现了高效协同，这都体现了工序间物料运输的紧凑集约、高效快捷的特点。原料场和成品库紧靠码头布置，实现了原料和成品最短距离的接卸和发运；高炉到炼钢脱硫站的运输距离只有 900 m；连铸到热轧实现了工艺“零距离”衔接；1580 mm 热轧成品库紧靠 1700 mm 冷轧原料库，实现了流程的紧凑型布局；钢铁厂吨钢占地为 0.9 m^2，达到了国际先进水平。[15]

3. 动态—精准设计

(1) 核心设计理念。钢铁冶金工程动态精准设计方法，是以对钢铁制造流程动态运行物理本质的深刻认识和理解为基础，在工程设计中突出对“流”、“流程网络”和“运行程序”三个要素的设计，不仅重视各工序装置内物质、能量的有效转换，而且更加重视在不同工序装置之间动态有序、协同连续地运行的物质流和能量流的效率。同时，在设计过程中要充分体现出时间、空间、矢量以及网络的动态特征，以实现实际生产过程中作业时间的动态管理，有利于钢铁企业的生产组织和管理调度。

(2) 建立时间—空间的协调关系。对于动态精准设计体系，时间是个重要的参数，它反映的是流程的连续性、工序的协调性、工序装置之间工艺因子在时间轴上的动态耦合性，以及运输过程、等待过程中因温度降低而产生的能量耗散等。当工艺主体装备选型、装置数量、工艺平面图、总图布置确定以后，就表明钢铁厂的静态空间结构已经“固化”，钢铁厂的“时—空边界”已经被设定。

(3) 注重流程网络的构建与优化。流程网络是时—空协同概念的载体之一，是时—空协同的框架。流程网络概念的建立，必须以钢铁厂工艺平面布置图、总图等达到简捷、紧凑、集约、顺畅为目标，并以此为静态框架，使“流”的行为按照动态有序、协同连续的规范运行，实现运行过程中的耗散“最小化”。在钢铁厂设计中，流程网络首先体现在物质流的流程网络，同时还要重视能量流网络和信息流网络的研究和构建。

(4) 注重工序装置之间的衔接匹配关系和界面技术开发与应用。动态精准设计方法重要的思想之一，就是不仅要注重各相关工序装置本体的优化，而且更要注重工序装置之间的衔接、匹配关系和界面技术开发和应用。例如炼铁厂—炼钢厂之间的多功能铁水罐技术，采用图论、排队论和动态甘特图等先进的设计工具，对钢铁制造流程中工序装置及其动态运行进行预先周密的设计。[16]

(5) 突出顶层设计中的集成创新。钢铁冶金工程设计是以工序装置为基础的多专业交叉、协同创新的集成过程，实质上是解决设计中多目标优化的问题。集成创新是钢铁冶金工程设计的重要内容、重要方式。要求不仅对单元技术进行优化创新，还要把优化了的单元技术有机、有序地集成起来，凸显为钢铁制造流程层次上顶层设计的集成优化，从而形成动态有序、协同连续、稳定高效的流程系统。[17]

(6) 注重流程整体动态运行的稳定性、可靠性和高效性。动态精准设计方法要确立动态有序、协同连续运行的规则和程序，不仅重视各单元工序的动态运行，而且更注重流程整体衔接匹配、非线性耦合运行的效果，特别是动态运行的稳定性、可靠性和高效性，这是动态精准设计方法追求的目标。

四、结语

(1) 面向未来，中国钢铁工业应当以绿色化、智能化发展作为产业转型升级的主要方向，重视产业结构的调整升级和企业结构的概念研究、顶层设计，推动冶金工程动态精准设计及其动态精准运行，以工程哲学的思维和战略思考，解决产业层面、企业层面的复杂性命题，获得新的市场竞争力和可持续发展能力。

(2) 钢铁冶金工程设计以冶金流程工程学理论和方法为核心，构建钢铁冶金工程设计创新理念、理论及方法的完整体系。

(3) 重视以网络化整合、程序化协同为重要手段(集成创新)，重视概念设计、顶层设计和动态精准设计，提高钢铁制造流程的设计水平和生产过程的运行效率。重视新工艺、新技术、新装备的开发、设计制造并通过多层次、多尺度、多因子集成优化，有效地、动态地“嵌入”到钢铁生产流程中，提高能源效率，进一步从流程上推进节能减排。

(4) 现代钢铁冶金工程设计应当从要素—结构—功能—效率集成优化的观点出发，在工程设计中体现出动态有序、协同连续的流程运行优化，这是动态精准设计和钢铁厂实际生产运行过程的理论核心。

致谢

本文是在殷瑞钰院士、张寿荣院士的具体指导下完成的。工程方法论咨询课题综合组的院士、专家和中国金属学会李文秀教授、温燕明教授，钢铁研究总院张春霞、郦秀萍教授，北京科技大学徐安军教授等专家学者提出了宝贵意见和建议。对上述前辈院士、专家学者给予的指导和帮助表示衷心感谢！

★ 参考文献

[1] 张福明，颉建新. 冶金工程设计的发展现状及展望[J]. 钢铁，2014，49(7)：41-48.

[2] 殷瑞钰，汪应洛，李伯聪，等. 工程哲学[M]. 北京：高等教育出版社，2007.

[3] 殷瑞钰，汪应洛，李伯聪，等. 工程哲学[M]. 2版. 北京：高等教育出版社，2013.

[4] 殷瑞钰，李伯聪，汪应洛. 工程演化论[M]. 北京：高等教育出版社，2011.

[5] 殷瑞钰. 冶金流程工程学[M]. 北京：冶金工业出版社，2004.

[6] 殷瑞钰. 冶金流程工程学[M]. 2版. 北京：冶金工业出版社，2009.

[7] 殷瑞钰. 冶金流程集成理论与方法[M]. 北京：冶金工业出版社，2013.

[8] 殷瑞钰. 关于高效率、低成本洁净钢平台的讨论[J]. 中国冶金，2010，20(10)：1-10.

[9] 殷瑞钰. 高效率、低成本洁净钢“制造平台”集成技术及其运行[J]. 钢铁，2012，47(1)：1-8.

[10] 殷瑞钰. 关于新一代钢铁制造流程的命题[J]. 上海金属，2006，28(4)：1-5，13.

[11] 张福明，钱世崇，殷瑞钰. 钢铁厂流程结构优化与高炉大型化[J]. 钢铁，1012，47(7)1-9.

[12] 殷瑞钰. 中国钢铁工业的崛起与技术进步[M]. 北京：冶金工业出版社，2004.

[13] 张春霞，殷瑞钰，秦松，等. 循环经济社会中的中国钢厂[J]. 钢铁，2011，46(7)：1-6.

[14] 张福明，崔幸超，张德国，等. 首钢京唐炼钢厂新一代工艺流程与应用实践[J]. 炼钢，2012，28(2)：1-6.
[15] 尚国普，向春涛，范明浩. 首钢京唐钢铁厂总图运输系统的创新及应用[J]. 中国冶金，2012，22(8)：1-6.
[16] 殷瑞钰. 节能、清洁生产、绿色制造与钢铁工业的可持续发展[J]. 钢铁，2002，37(8)：1-8.
[17] 殷瑞钰. 以绿色发展为转型升级的主要方向[N]. 中国冶金报，2013-10-31(1).

(作者单位：张福明：首钢集团有限公司，北京市冶金工程三维仿真设计工程技术研究中心；颉建新：北京市冶金工程三维仿真设计工程技术研究中心，北京首钢国际工程技术有限公司)

面向军民融合的装备采办工程方法论初探

詹　伟

摘要：随着军民融合战略的实施和军事装备采购制度改革的持续深化，装备采办的任务日益繁重，采购方式开始从计划经济模式向市场经济模式转型。当前装备采办工程面临的变化包括：随着军民融合发展的推进，工程共同体的构成发生变化；推进以效能为核心的军事管理革命，改变了原有采办工程的目标；从重视交付成果到重视交付作战能力，采办工程的工作和责任范围发生变化；不断提高军队专业化、精细化、科学化管理水平，对从事装备采办工程人员的管理能力提出了更高要求。从几个方面开展装备采办工程方法论的分析：明确装备采办工程的工程共同体，分析了民营企业参军后对工程主体的影响；分析采办工程方法和目的的关系，明确全寿命期管理各个阶段所对应的主要方法；依据“方法—目的”关系，分析装备采办工程从预研、研制、装备等过程中的主要方法，明确评估的重要性；从装备采办工程的行业性和专业性出发，理清服务于方法集的主要理论。对装备采办工程方法论的重点研究问题进行了梳理，提出了加强法律和规范的建设、加强对斡件的研究、加强主体专业化及资格认证的研究和加强对方法创造性的研究等建议。

关键词：军民融合；装备采办工程；工程方法论

随着军队改革与军民融合战略的实施，军事装备采购制度的改革持续深化，不仅装备采购的任务更加繁重，而且军品采购方式开始从计划经济模式向市场经济模式转型，军工市场的竞争日趋激烈。同时，推进以效能为核心的军事管理革命，不断提高军队专业化、精细化、科学化管理水平，也对当前装备采办工程管理提出了更高的要求。对于装备采办工程而言，方法论的创新与研究至关重要。

美国国防部在长期的装备采办过程中，积累和总结了大量的方法。例如美国《国防管理杂志》曾把项目管理推崇为美军对当代管理理论与实践的重大贡献之一。美国一个管理专家小组采用“德尔菲”调查方法，确认美国国防部对当代管理科学与实践有 13 项重大贡献，项目管理被列为首位，其他方法包括运筹学、计划协调技术、系统分析和“规划—计划—预算系统”等。[1]

方法论是在分析、概括、总结各种各样具体方法的基础上形成的理论概括和理论认识。方法论的理论不是凭空而来的，它是各种各样的具体方法的理论总结和理论升华[2]。对我国目前装备采办工程的特点和变化进行分析，基于方法论的本质对装备采办工程的具体方法集和方法论进行分析，具有现实意义。

一、军民融合背景下装备采办工程面临的变化

1. 装备采办工程主体发生变化

目前，中国武器装备研制的主力军是军工企业及军工科研院所。随着社会主义市场经济体制的逐步健全与完善，武器装备的供给方和需求方不断分离，采办市场不断完善，武器装备采办部门的市场经济主体地位得到不断加强，民用科技力量参与市场竞争的意识也不断增强，民用科技力量进入武器装备研制领域是提高国防科技创新和武器装备研制能力的客观需要[3]。

随着军民融合发展的推进，装备采办工程共同体的构成发生变化。以前装备采办工程共同体主要由部队用户、军方装备管理部门、军队科研部门、军工企业以及部分具备资质的高校、科研院所等构成。军民融合深度发展后，国家鼓励优势民营企业以及以前非军事的科研院所、高校等，只要具备条件，都可以参与到军品装备的研制和生产中。随着装备采购网的运行，装备采购的方式也开始面向社会。

2. 装备采办工程的最终目标变化

习主席深刻指出，武器装备是用来打仗的，必须面向未来、面向战场、面向部队。能打仗、打胜仗，最重要的是提高武器装备的实战化能力。落实这一重要指示，需要明确的是武器装备采办工程的最终用户是作战部队，采办工程的最终目标是为部队“能打仗、打胜仗”提供保障。

装备采办工程最终目标的变化，要求首先要明确部队的需求，把具体的需求落实到装备的性能指标，落实到装备研制、生产和部署的全过程中。对于装备管理全寿命期的管理，需要明确各个阶段管理的特点，从而不断总结方法论。

3. 装备采办工程建设要求的变化

武器装备采办工程的特点包括投入巨大、技术集成度高、管理协调困难、战斗力生成周期长等，对于装备采办工程管理的要求非常高。传统的装备采办工程强调研制的性能指标和交付时间，忽视成本、特别是全寿命期成本的估算与管理。推进以效能为核心的军事管理革命，提出了要不断提高军队专业化、精细化、科学化管理水平的新要求。

二、基于工程方法论的装备采办工程方法分析

2002 年，李伯聪教授的著作《工程哲学引论》正式出版，开拓了工程哲学这一新领域，从科学—技术—工程三元论角度界定了工程[4]。随后，通过哲学界与工程界的联盟关系，工程哲学开始在国内蓬勃发展起来，取得了长足进步，积极倡导将“工程研究”(Engineering Studies)确立为一个“独立”的跨学科、多学科的研究领域。2007 年 7 月，由中国工程院殷瑞钰院士、汪应洛院士和中国科学院研究生院李伯聪教授等学者合著的《工程哲学》正式出版，展现了中国工程哲学研究的基本观点和理论框架[5]。在工程哲学理论体系中，工程方法论研究与工程哲学的其他组成部分，即与“科学技术工程三元论”、工程演化论、工程本体论研究有密切的关系[6]。虽然工程方法论的研究相对于其他理论略显薄弱，但是从工程方法和工程方法论的基本问题出发，对装备采办工程的方法进行梳理，对于装备采办工程方法论的建立能够起到一定的借鉴作用。

1. 基于方法和主体的关系分析

美国军工从业人员 1987 年时达 350 万人，之后军工基础虽有很大收缩，到 1995 年时仍有 230 万人从事军工行业。国防工业雇用全国 25%的工程师，维持全国 20%的制造业和 50%的高校计算机科学研究[1]。我国目前传统的十二大军工集团已经形成相当大的规模，随着军民融合发展的要求，众多民营企业、科研机构等也将加入到市场的竞争中，与国防工业相关的从业人数也会大幅度增加。

军品采购方式开始从计划经济模式向市场经济模式转型的过程中，信息公开与公平竞争将成为常态。随着装备采办工程主体的变化，未来在采购方法方面将必须适应改革的要求。因此，市场化、规范化的方法将成为装备采办工程今后主要的发展方向。重点需要研究的方法和内容包括：采办工程法律、法规和相关政策的建设；军用标准与国标、行业标准之间的融合发展；面向市场化的采购、招投标、合同管理等；参与装备采办工程的企业资质、人员资格评价等。

2. 基于方法与目的的关系分析

目前装备采办工程基本可分为预研阶段、型研阶段和装备使用(包括退役)阶段。虽然预研阶段的资源投入最少，但该阶段的成果对后续两个阶段资源和费用起到决定性的作用。装备采办工程最终目标是向使用用户交付具备作战能力的装备，而不仅仅是交付成果。因此，装备采办工程的重点不仅是研制和交付产品，而是要从装备全寿命期保障的角度分析方法与目的的关系。

在主体使用一定的方法达到其目的时，主体不是直奔目标而是先使用一定的方法，通过方法的途径来达到目标，这就是方法的中介性。[2]装备采办工程在预先研究阶段的首要目标是明确用户的需求，并对需求进行功能分析，最后将功能转化为能力。在这个过程中，需求分析与调研的方法、功能分析的方法、基于能力的评估方法是明确需求目标的关键方法。在型号研制阶段，多年以来我国已经形成了一整套型号管理和技术管理的方法集，如型号项目管理、三总师体系、技术状态管理等方法。装备阶段的情况与型研阶段类似。需要注意的是，由于方法的丰富性和多样性，在装备采办工程中往往会有多种方法组合，形成多个备选方案，能够满足同样的需求，因此，对于方案的比选和评估方法非常重要。

由于工程方法可以达到多样性的目的和方法可以创造新目的，方法也具有创造性，因此必须重视“方法可能创造新目的”和“方法可能创造新需求”的“创造性”方面。在当前军民融合的大背景下，方法的创造性为大力发展“两用”技术提供了更多的机会。美国海军于 20 世纪 50 年代后期实施北极星导弹计划的过程中，在应用网络计划技术时创造了计划评审技术(英文简称 PERT)，使北极星导弹项目提前两年研制成功，将复杂任务项目的完成效率提高了 550%。这种方法在复杂任务的执行管理中可以产生巨大的效益，也被各个行业广泛应用，成为现代项目管理的重要方法。

3. 基于行业方法与理论的关系分析

军改后提出了推进以效能为核心的军事管理革命，不断提高军队专业化、精细化、科学化管理水平的具体要求。在具体方法上，需要完善管理体系，优化管理流程，对应了管理学关于流程管理等的基础理论；在制度机制上变革，健全各个方面的制度，提高军事经济效益，实际经济学关于制度建设等的基础理论；在履行职责上转型，推动各级特别是高层机关转变职能、转变作风、转变工作方式，提高工作效率和组织效能，需要组织理论和治理理论的支持。

在装备采办工程的具体实践活动中，理论“服务于”方法，“从属于”方法，并且理论必须“转化为”方法才有意义。因此，针对军改后对装备采办工程的新要求，也需要从相关理论中明确具体的方法，服务于提升采办工程专业化、精细化和科学化管理水平的要求。

三、对装备采办工程方法论重点研究问题的建议

1. 加强装备采办工程相关法律和规范的建设

军民融合发展后，随着参与主体的变化，以前装备采办工程的法律、法规和标准要求等存在不适应新形势的问题，需要尽快解决规则方面的问题，打破垄断，扫除科研院所、高校和民营企业参与装备采办工作的障碍。

2. 加强装备采办工程方法中的斡件研究

工程方法的整体结构中包括三个部分：硬件、软件和斡件。从提高军队专业化、精细化、科学化管理水平的具体要求来看，目前装备采办工程方法中最为薄弱的是斡件。之前对于硬件和软件比较重视，而忽视了斡件的重要性，认为工程管理不重要，从而导致了采办工程中“拖、降、涨”问题的普遍存在。因此，建议从需求工程开始，对采办工程全过程的管理方法进行梳理总结，通过与通用方法论及

其他行业方法论的比较，明确需要加强的重点。

3. 加强装备采办工程参与主体专业化的研究

一方面，提高军队专业化、精华化、科学化管理水平，提出了对装备采办工程主体专业化能力建设的要求。从采办工程专业来看，需要需求、技术、合同、财务、系统工程、项目管理、试验鉴定等各类专业人员。另一方面，军民融合发展的过程中，也需要对参与装备采办的各类企业、研究院所等相关人员的专业性进行评价和分析。因此，针对装备采办工程主体的培训、职业资格认证体系和继续教育体系必须首先建立起来，这方面的研究非常紧迫。

4. 加强对方法创造性的研究

在对装备采办工程行业方法论的研究过程中，需要重点考虑方法创造“新需求”和“新目的”的问题。出于保密等的原因，在军品研制过程中的方法往往只考虑军事用途，所产出的新方法、专利等也进入到国防专利系统进行保护。为深入贯彻落实军民融合国家战略，促进国防专利技术向民用领域转化应用，军委装备发展部国防知识产权局集中解密国防专利，并通过全军武器装备采购信息网进行陆续发布。通过对方法创造性的研究，可以在装备采办工程需求研究和立项时就考虑军、民两用需求，提高研发和投资的效率，达到事半功倍的效果。

四、结语

随着军改和军民融合发展战略的实施，国防装备采办工程的主体、目标及管理要求等发生了较大变化。本文分析了军民融合背景下装备采办工程变化的情况，基于方法与主体、方法与目的、方法与理论的关系等方面，对装备采办工程的行业方法进行了梳理，对装备采办工程方法论研究的重点问题进行了建议。希望通过对装备采办工程具体方法集的分析，对工程方法论的研究做一些基础工作。

★ 参考文献

[1] 张连超. 美军高技术项目的管理[M]. 北京：国防工业出版社，1997.

[2] 李伯聪. 关于方法、工程方法和工程方法论研究的几个问题[J]. 自然辩证法研究，2014，30(10)：41-47.

[3] 张远军，董晓辉. 民用科技力量参与武器装备研制的委托代理分析及对策思考[J]. 经济研究导刊，2011，21：206-209.

[4] 李伯聪. 工程哲学引论[M]. 郑州：大象出版社，2002.

[5] 殷瑞钰，汪应洛，李伯聪，等. 工程哲学[M]. 北京：高等教育出版社，2007.

[6] 殷瑞钰，傅志寰，李伯聪. 工程哲学新进展：工程方法论研究[J]. 工程研究：跨学科视野中的工程究，2016，8(5)：455-471.

(作者单位：中国科学院大学工程科学学院)

工程史

冶金工程史研究方法的探索

丘亮辉　李　威

摘要：丘亮辉 1972—1885 年担任北京钢铁学院(现北京科技大学)和冶金工业部“《冶金史》编写组”的组长，组织编写了第一部《中国冶金简史》，本文回顾了编写中国冶金工程史过程中创新科学考察方法的启示，全面探讨了冶金工程史研究方法，对调查研究法、科学考察法、跨学科研究法进行了梳理，希望找到一条科学的工程史研究方法。

关键词：工程史；冶金工程史；科学考察方法

任何一项科学研究都要解决方法问题。古人云：欲善其工，必先利其器。解决方法问题，常常使研究工作事半功倍。

冶金工程是人类文明最基础的工程活动。古代冶铁工程对五千年的中华文明延续不断有至关重要的作用。今日中国的高铁工程、各种复杂的桥梁工程、高速公路、高楼大厦、航天工程、机械工程、航母，乃至像下“饺子”一样的舰艇船只下水，没有一样离得开冶金工程。因此，在经济建设中起了重大作用的冶金工程史及其研究方法的问题，是值得探讨的。

1972 年，一个偶然的机会本人闯进冶金工程史的研究领域，成为北京钢铁学院(现北京科技大学)和冶金工业部《冶金史编写组》的组长。当时摆在我面前的是我的老师、前辈从二十四史中摘录出来所有带金字偏旁的词句，足有一尺多厚的资料。这些资料被科学出版社审定为：有料无史，不宜出版。作为自然辩证法工作者，从先有第一性的客观存在后有第二性的文献记载出发，想从文献记载资料中找出冶金工程历史来，事实上是徒劳的。因为二十四史是记录统治者活动的历史，哪里会有卒徒在深山老林冶铁的历史呢？而且文件的真伪、古字的辨认都是问题。古代记录春秋时期手工业情况的《考工记》，实际上是汉代的著作(见图 1)。

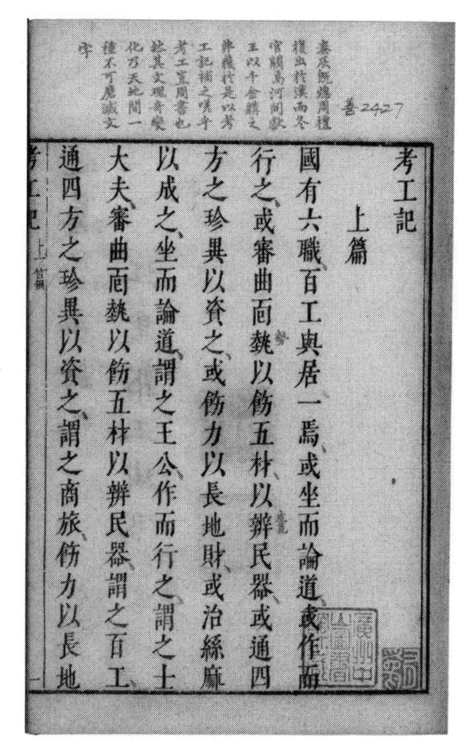
考工記　上篇

國有六職百工與居一焉或坐而論道或作而行之或審曲面埶以飭五材以辨民器或通四方之珍異以資之或飭力以長地財或治絲麻以成之坐而論道謂之王公作而行之謂之士大夫審曲面埶以飭五材以辨民器謂之百工通四方之珍異以資之謂之商旅飭力以長地

图 1　考工记(明)郭正域批点　明刻朱墨套印本　藏广东省立中山图书馆

可见只靠文献研究的方法是远远不够的，必须从第一性资料研究冶金工程史，即对出土年代准确的金属文物进行科学考察，从成分、组织结构、性能的关系中推导出生产工艺流程，才能解开真实的冶金工程历史的面纱。然而，珍贵的文物不能用破坏性的常规检验方法，需要最新的无损检测方法。于是我请来了恩师柯俊院士出山。他用电子扫描、电子探针等先进设备解决了冶金考古的两大难题，即商代晚期铁刃铜钺的铁刃是不是人工冶炼的？晋代周处墓出土的铝是怎么炼出来的？开辟了科技考古的新方法。找到了新方法，取得了新资料，揭示了冶金工程史的秘密。但这并不能否定原有的文献调查的工程史的研究方法，本文将从调查研究法、出土文物 (第一性材料)科学考察法以及跨学科的研究法三方面来探讨冶金工程史研究方法的问题。

一、调查研究法

调查研究法包括对第一性的实物的调查研究，以及对第二性的文献的调查研究。第一性的是指对古代冶金产品、冶炼场地、矿址等的实物和实地调查研究，第二性的材料是指通过文献记载来调查研究。

1. 文献(第二性的资料)调查研究法

在研究冶金工程史的时候我们需要解决的一个重要的问题，就是中国何时使用铁(古代分不清铁和钢，统称为铁)，何时开始冶铁的。解决这个问题，需要从古代文献上去调查。文献调查是常用的冶金工程史研究的重要方法。文献通常有两种，一种是古代文献，一种是近现代的文献。

冶金工程史的研究和其他科学技术史一样，传统的方法是整理文献。古代文献是我们祖先留给后人的宝贵财富，记载了历史上的科学技术，包括许多冶金工程的重大创造，对古代文献的收集整理是工程史研究必不可少的重要方法之一。而中国是世界上古文献最丰富的国家。

我国什么时候有铁呢？认真查阅古代的文献资料上面记载的“铁”字，远溯上古可以查阅的文献有《尚书》、《诗经》、《春秋左传》等文献。《尚书·费誓》云：“备乃弓矢，锻乃戈矛，砺乃锋刃，无敢不善。”《诗经·大雅·公刘篇》也有“取历取锻”的诗句。《诗经·秦风》说“驷驖孔阜”，有的专家就认为这里的“驖”字就是今天的“铁”，这个“驖”从“马”，是马色如铁之谓。《国语·齐语》中说：“美金以铸剑戟，试诸狗马；恶金以铸钼、夷、斤，试诸壤土。”这里的“美金”是指青铜，用于铸造剑戟；“恶金”是指铁，用以铸造农具。《左传·昭公二十九年》记述了公元前 513 年冬天，赵简子和荀寅率领晋国军队在河南汝水之滨修建城防工事时，向晋国民众征收“一鼓铁”，铸造铁鼎，并在铁鼎上铸造了范宣子所制定的刑书的金文：“冬，晋赵鞅、荀寅帅师城汝滨，遂赋晋国一鼓铁，以铸刑鼎，著范宣子所为刑书焉。”另外一些铭文如《叔夷钟》等上面也有相关的记载。

中国古代文献中有关冶金工程的记载虽然不多，但为我们了解和研究古代冶金工程提供了宝贵的资料。《考工记》是先秦古籍中重要的科学技术文献。据清人考证，它是春秋末齐国人关于手工业技术的记录，其中“六齐”规律记载的是青铜铸造的铜和锡元素的六种配比。中国古代的配比和中医的药方一样统称为齐(即剂)。“六剂”即“六分其金而锡居一，谓之钟鼎之齐；五分其金而锡居一，谓之斧斤之齐；四分其金而锡居一，谓之戈戟之齐；三分其金而锡居一，谓之大刃之齐；五分其金而锡居二，谓之杀削矢之齐；金锡半，谓之鉴燧之齐。”青铜是铜锡合金，随着锡的增加，青铜的硬度增加，适合铸造坚硬的用具，这个规律总体是正确的。其示意图如图 2 所示。

“六齐”规律是世界上最早的合金工艺的总结，对古代这一杰出工程成就的了解，正是从整理文献中得到的。

我国胆铜法的发明，是水法冶金工程史的重大贡献。此法首见于汉代的《淮南万毕术》的记载：“曾青得铁则化为铜。”曾青是指天然硫酸铜。它是由辉铜矿(Cu_2S)或黄铜矿($CuFeS_2$)氧化生成的水溶液，色青味苦，称为胆水。当胆水加入铁时，铁从硫酸铜中置换出铜沉淀出来。魏晋南北朝时期，胆铜法被用来在铁器上镀铜。宋代胆铜法又有较大的发展，《宋史·食货志》中有关于胆铜法较为完整的描述，还给出了数量的描述，用二斤四两铁能置换出一斤铜。通过这些记载可以看到胆铜法在冶金工程发展史上的轮廓。

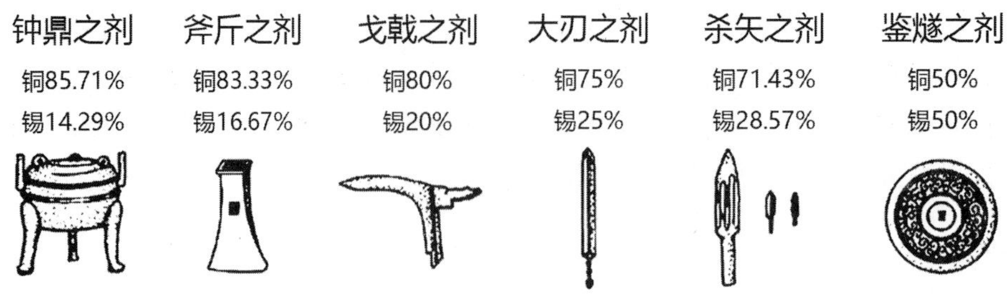

图 2 “六齐”规律示意图

又比如炒钢技术，文献上关于炒钢的记载最早见于东汉《太平经》卷七十二，书中说：“使工师击冶石，求其铁，烧冶之，使成水，乃后使良工万锻之，乃成莫邪耶。”这里的“水”应指生铁水。“万锻”应指生铁脱碳成钢后的反复锻打。百炼钢技术在文献中，最早见于东汉晚期。曹操作宝刀五枚，称誉是“百炼利器”；陈琳(？—217)《武军赋》上记载：“铠则东胡阙巩，百炼精钢。”文献都说明了钢铁冶炼的工程。

宋代的沈括《梦溪笔谈》卷三记载：“用柔铁屈盘之，乃以生铁陷其间，泥封炼之，锻令相入，谓之‘团钢’，亦谓之‘灌钢’。”就是把生铁和柔铁片捆在一起，用泥封住，入炉冶炼的一种灌钢技术(见图 3)。

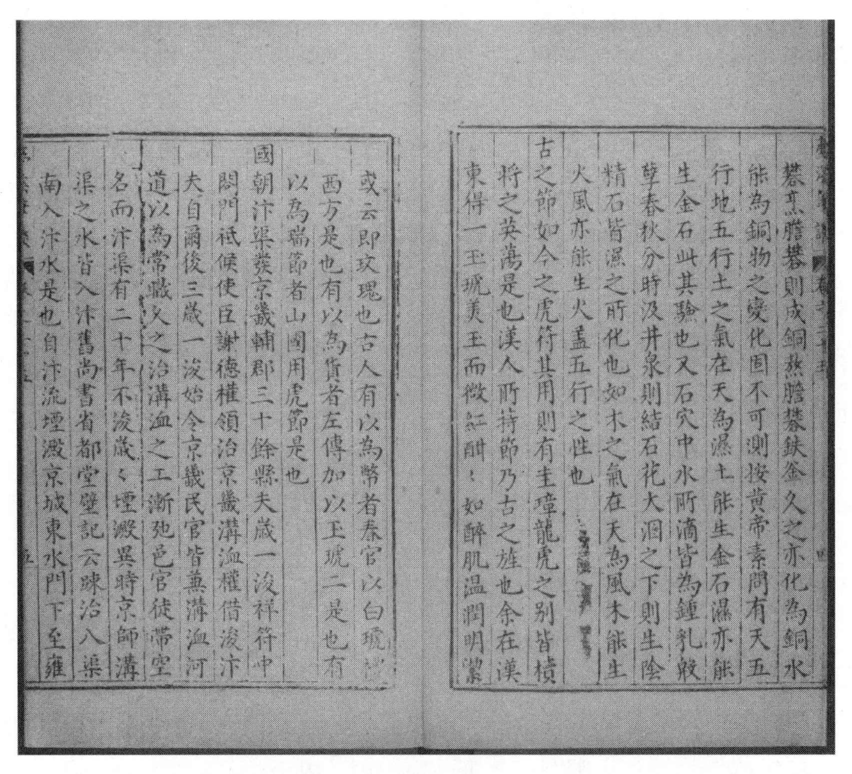
烹膽礬則成銅熬膽礬鉄釜久之亦化為銅水
能為銅物之變化固不可測按黄帝素問有天五
行地五行土之氣在天為濕土能生金石濕亦能
生金石此其驗也又石穴中水所滴皆為鍾乳殷
孽春秋分時汲井泉則結石花大滷之下則生陰
精石皆濕之所化也如木之氣在天為風木能生
火風亦能生火盖五行之性也
古之節如今之虎符其用則有圭璋龍虎之別皆椟
將之英蕩是也漢人所持節乃古之旌也余在漢
東得一玉琥美玉而微紅酣酣如醉肌温潤明潔
或云即玫瑰也古人有以為幣者春官以白琥禮
西方是也有以為貨者左傳加以玉琥二是也有
以為瑞節者山國用虎節是也
國朝汴渠發京畿輔郡三十餘縣夫歲一浚祥符中
閤門祗候使臣謝德權領治京畿溝洫權借浚汴
夫自爾後三歲一浚始令京畿民官皆兼溝洫河
道以為常職久之治溝洫之工漸弛邑官徒帶空
名而汴渠有二十年不浚歲歲堙澱異時京師溝
渠之水皆入汴舊尚書省都堂壁記云疏治八渠
南入汴水是也自汴流堙澱京城東水門下至雍

图 3 《梦溪笔谈》二十五卷有关胆铜法的记载(图为梦溪笔谈全编.二六卷.北宋.沈括述.明万历三十年沈儆炌延津刊本)

明代宋应星《天工开物》卷十四载：“用熟铁打成薄片如指头阔，长寸半许，以铁片束包尖紧，生铁安置其上，又用破草覆盖其上，泥涂其底下，洪炉鼓鞲，火力到时，生钢先化，渗淋熟铁之中，两情投合。取出加锤，再炼再锤，不一而足。俗名团钢，亦曰灌钢者是也。”这是一种是把生铁放在熟铁(可锻铁)片的上面，生铁先化，渗淋到熟铁中的灌钢法(见图 4)。《天工开物》较系统地记载了我国古代各种工艺，被誉为“中国 17 世纪的工艺百科全书”。在这部伟大的著作里面，有关冶金的记载涉及各种古代金属矿产的开采、冶炼技术。《天工开物》关于炼铁和炒钢两步法并联的连续生产工艺、用生铁水灌入熟铁的“灌钢”法等工艺技术的记载，对我们研究古代冶金工程具有很高的史料史价值。

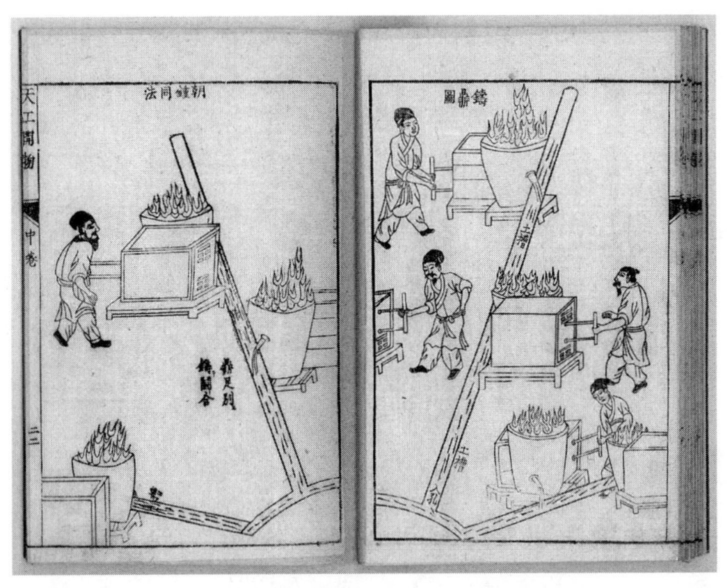

图 4　大型铸件浇铸法(采自《天工开物》)

我国近现代冶金工程资料，大多是由经过专业训练的人员记载的，因此留下来的文献较古文献具有较高的可靠性，为研究冶金工程史提供了宝贵的资料。例如关于镍白铜的生产技术的描述在清代同治九年刻本《会理州志》(见图 5)中记有“煎获白铜需用青、黄二矿搭配”，虽指出冶炼白铜的原料，但未言及冶炼过程，亦不知青、黄二矿为何物。近人锡献先生于 1940 年写的《西康之矿业》中对生产镍白铜的矿产有如下记载：“会理镍矿发现后，即有人用铜矿与之混合冶炼，然不知其为镍，故呼之为白铜矿。人从其带有黑色，又呼之为青矿。”他还详细记述了镍白铜的冶炼过程，为后人研究古代镍白铜的冶炼工艺提供了清晰的流程，使人清晰地明白此项冶金工程史。不但容易读懂，且多用专业名词。

同治九年歲在庚午冬刊

會理州志

板藏金江書院

图 5　清代同治九年刻本《会理州志》

以上事实充分说明调查文献等第二性的资料可以反映历史上某些工程技术成就的发明和发展，使我们从纵向上看到冶金工程的发展史。但是第二性资料的调查研究有很多缺陷。

首先，第二性的文献资料只记载了有文字以来的历史，之前的历史还要靠考古发掘来弥补。

其次，文献资料记载不够准确和清晰，不能全面了解冶金工程史的真谛。尤其在古代记载这些资料的文人们一般对冶金工程不是很了解，在封建社会，通常把冶金工程视为奇技淫巧，不屑于记载，因此资料有很多不够完整的地方。

第三，第二性的文献资料有很多已经散遗，或者工艺失传，或者资料散失，系统的、脉络清晰的记载殊为难见。

第四，尤其是古代文献文字古奥，用语不专业统一，常人难以读懂，对研究冶金工程史造成了很大的困难。

2. 传统工艺调查

我国许多工程的工艺流程往往是代代相传，经世不绝。因此，调查研究现存的传统工艺流程对了解古代工程史有着十分重要的价值。通过对湖北铜绿山春秋战国时期的古矿遗址的发掘调查，使我们对古代采矿工程，地下采矿的开拓、井巷、支护、运输、提升、排水、通风和照明等技术有了清晰的认识(见图 6)。

图 6　铜绿山古矿遗址

作者为了了解古代的炼锌和土法炼汞，1975 年到贵州省毕节市赫章县进行实地调查，结果与宋应星的《天工开物》记载大体一致。作者还到海拔 4200 米的云南省东川铜矿，和云南省个旧锡矿去实地调查。为揭开龙泉宝剑的工艺技术，还到浙江龙泉实地考察(见图 7)。对其锻造过程和精湛的淬火工艺有了较为深刻的认识。同时，在附近的地区还看到用木炭炼钢、炒钢、锻造和热处理等土法技术。

图 7　龙泉“沈广隆剑铺”制剑的工艺(新闻图片)

随着社会的发展、技术的进步，基本建设用地的增加，土法生产逐渐被淘汰，地面古代遗存常常遭遇破坏。同时，工艺的传承往往有很多问题，老艺人、老工匠越来越少，许多工艺面临失传困境，因此对传统工艺的调查研究显得更加紧迫和必要。

二、出土文物 (第一性材料)科学考察法

对出土文物进行科学的检测和实验是一种利用现代科学手段对冶金工程史研究的重要方法。它和前述的调查研究方法往往是相辅相成的，调查研究常常离不开科学检测与实验的方法，科学检测与实验往往又以调查研究为前提。科学实验与检测包括对样品的检测分析与工艺的实验模拟。出土文物、矿冶遗址和传统工艺的科学考察，特别是年代准确的出土文物更具工程史的价值。

对矿冶遗址的考察可以获取第一手的感性资料，矿冶遗址保留有古代采矿冶金工程的大量信息，如古矿洞、矿石、采矿工具、残留的炉壁、炉基、炉渣、风管、坩埚、陶范等遗物，考察研究冶金工程遗物是冶金工程史研究的极其重要的方法。洛阳水泥制品厂战国早期灰坑遗址出土过两件铁锛，对其中一件的銎部作金相分析，知道它的表层已经脱碳，稍里是珠光体，中心是白口铁组织。这表明铁锛是生铁铸造的产品，进行过不完全的脱碳退火处理，表面是性能柔软的低碳钢，可以增加铁锛的强度，中间是珠光体，属共析钢的金相组织，这使没有炼钢条件的古人使用了钢的产品，它是古代工匠的绝妙的产品，铁锛应属铸铁脱碳钢的前身或早期阶段。铸铁脱碳钢的生产对中国战国以来铁器的广泛使用具有十分重要的意义。从铁碳平衡图(见图 8)可知，铸钢需要 1538℃的高温才能使钢融化，古代的鼓风和耐火材料只能达到 1200℃左右，超过生铁 1148℃的熔点得到铁水进行浇铸，根本不能熔化钢，所以不可能生产铸钢。我国古代利用生铁生产率比较高、容易成型、夹杂比较少的优点，通过铸铁退火的工艺脱碳的办法，得到一种组织和性能同近代铸钢相近的铸件，这是我国古代冶金工程上的一项绝妙的重大创新。

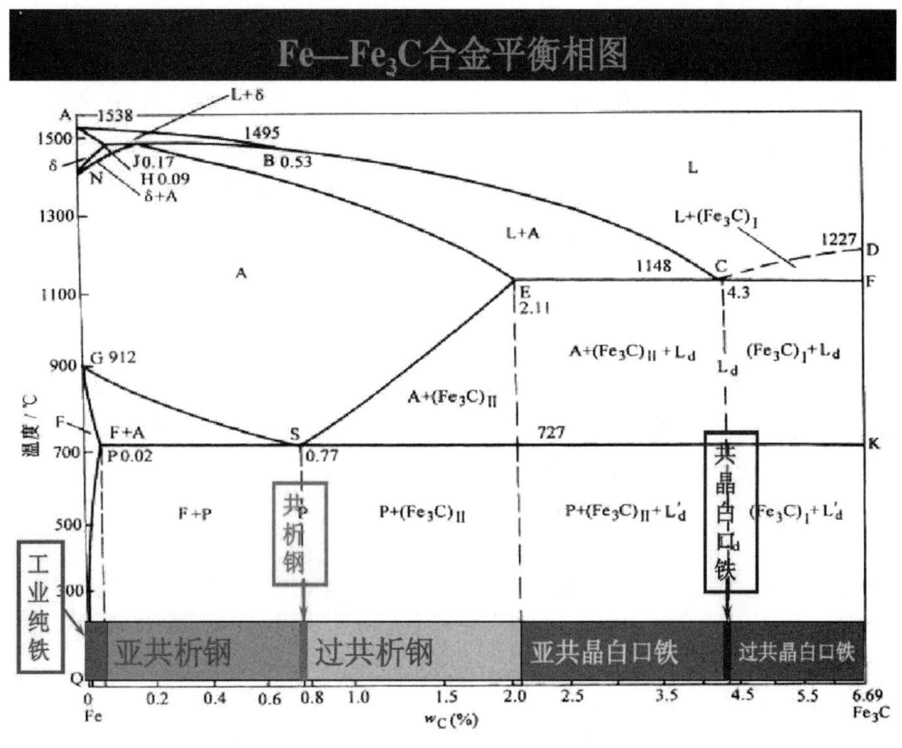

图 8 铁碳平衡图

近年在河南巩义市铁生沟、南阳瓦房庄等处都发现过汉代退火炉遗址(见图 9(a)至图 10(b))。巩义市遗址断代是西汉中期到新莽，瓦房庄遗址使用时间比较长，由西汉中期到东汉晚期。另外，铁生沟还出土了一些炒炼产品，经分析，有的含碳量是 1.28%的高碳钢，有的是 0.048%的纯铁。通过对它们的科学考察，揭开了古代炒钢、百炼钢技术的面纱。

图 9(a)　铁生沟冶铁遗址出土的铁刀

图 9(b)　汉代冶铜竖炉示意图

图 10(a)　汉代河南郡第一冶铁作坊冶铁炉遗址

图 10(b)　出土的炉底积铁

对河南郑州古荥镇汉代河南郡第一冶铁作坊遗址(简称河一遗址)的考察，从那里发现的六块巨大“积铁”，是炼铁炉温太低，炉缸铁水冻结残留的积铁(Salamander)，它反映了汉代早期冶铁作坊遗址的炉缸尺寸、炉容、反映冶炼工程的规模。据此复原出汉代椭圆形高炉炉缸的大小，从积铁边缘竖立的条状铁瘤高度及与积铁的夹角，推算出鼓风口的位置及高炉的炉身角，从而推算出汉代高炉的高度及容积等一系列冶金工程的技术参数。在河一遗址，前后检验了 73 件铁器，包括白口铁 19 件，灰口铁和麻口铁共 8 件，展性铸铁(包括白心和黑心在内)14 件，铸铁脱碳钢 14 件，脱碳铸铁 2 件，对它们进行研究，还原了河一遗址的基本生产工艺流程：炼铁—铸造—脱碳退火(见图 11)。这种工艺生产的钢铁制品占研究铁器数量的 70%以上，工艺流程较之西方的“块炼铁—渗碳—锻打”优越得多了。

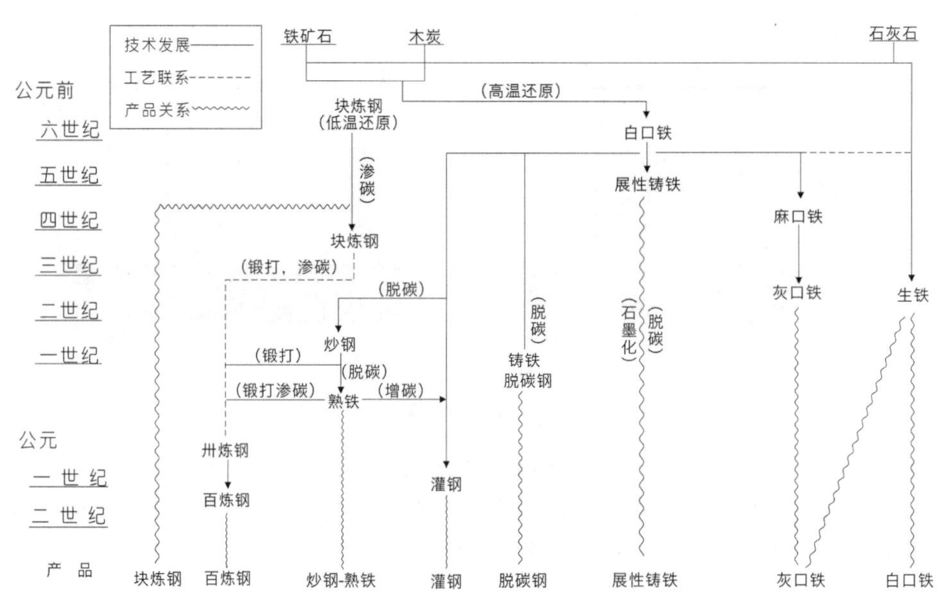

图 11　汉代冶铁工程工艺流程图(采自《中国冶金简史》科学出版社 1978 年)

1. 样品的检测分析

利用现代科技手段检验、鉴定和考察古代金属文物和冶铸遗址、遗物，是冶金工程史研究的重要方法。借助现代分析仪器和方法对古代金属器物的成分、组织和炉渣、炉壁、陶范等冶铸遗物进行分析检测研究，能逆向推知古代的冶金工程，我们运用科学技术，取得了过去文献方法不能得到的大量的资料。

古代遗留下来的金属文物的成分、组织结构和性能的关系是有规律的，在一定程度上反映着当时的冶炼加工的工艺水平。这就需要对金属样品有计划的取样，科学地检测分析，然后对分析结果进行研究以得到重要的发现。1972 年 10 月，河北省博物馆及文物管理处在群众协助下，于河北藁城台西村商代遗址发现一件铁刃铜钺，铁刃部分断失，残存刃部包入铜内约 10 毫米，铜钺残长 111 毫米，阑宽 85 毫米(见图 12)，通过科学检测分析，原来铁刃是一块陨铁，说明在此时期我国还不会炼铁，但是已经知道铁和铜的性能不同，知道铁比铜要硬，可以用在刀刃上。这个检验解决了全国关注的中国商代会不会炼铁的大问题。

图 12　河北藁城台西村商代遗址出土的铁刃铜钺

又如我们通过金相研究方法，发现河南洛阳水泥厂出土的铁锛，具有表面为钢、中心为白口铁的组织，说明此铸铁锛经过脱碳退火工艺处理，我们为产品命名“铸铁脱碳钢”；同一个遗址出土的铁铲，基体为铁素体，并且有团絮状石墨，证明其为白口铁经退火工艺的处理，成为类似现代以铁代钢的可锻铸铁的产品。

炼渣等这些冶金遗物含有重要的古代冶金信息。炼渣是冶炼反应平衡中的一相，在冶炼温度下呈熔融状态，能反映冶炼的过程。同时炼渣具有良好的封闭性，能提供比其他冶炼产物更准确的冶金信息，对其分析研究具有很高的冶金工程史价值。如根据炼铜渣中的铜和硫赋存状态和二者含量之比，可以区分是冰铜渣还是还原渣，从而判断其采用的是硫化矿还是氧化矿的冶炼工艺(见图 13)。

图 13　古代炼铜渣

应当指出的是，检测分析样品是为解决所要研究的问题，并非样品分析越多越好。分析所用仪器设备的选择，也是以能解决问题为原则，并非越先进越好，以免造成资源浪费，过犹不及。

2. 实验模拟

为了探求古代金属冶炼与铸造工程，选择性的进行模拟实验是冶金工程史研究的又一重要方法。进行模拟实验有助于探索发现古代工程的奥秘。例如我国陕西姜寨仰韶文化晚期遗址出土的黄铜片(见图 14(a))和山东胶县三里河龙山文化晚期遗址出土的黄铜锥(见图 14(b))，曾因工艺问题引起争论。因为金属锌的冶炼比较困难，锌的沸点低，只有 906℃，氧化锌在 950～1000℃才能较快还原成锌。还原温度高于锌的沸点，得到的是锌蒸汽，如果没有特殊的冷凝装置，在还原炉冷却时，锌蒸汽被炉气中的 CO_2 再氧化成氧化锌，那样就得不到金属锌。这样一来，在四千年前的古代，不可能冶炼出金属锌。那么古人是怎样得到早期黄铜(铜锌合金)的呢？

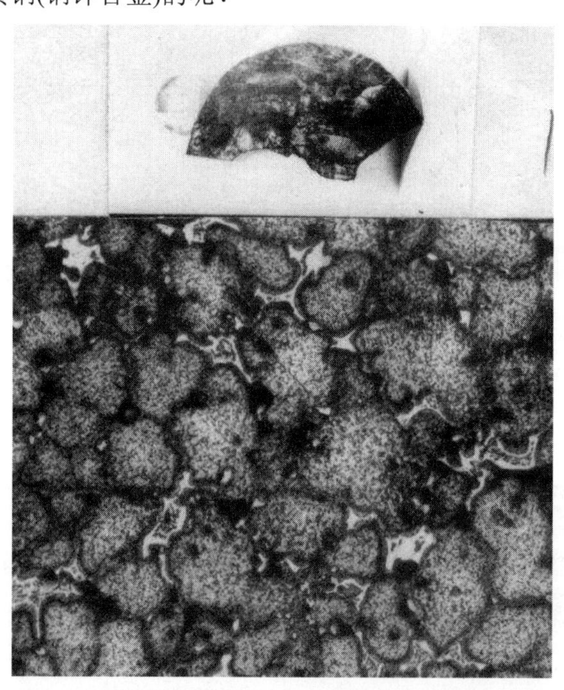

图 14(a)　陕西姜寨仰韶文化晚期遗址出土黄铜片(上图)及其金相组织(下图)

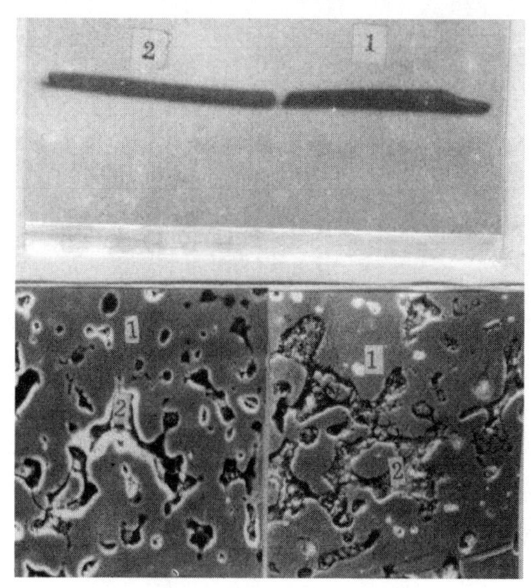

图 14(b)　山东胶县三里河龙山文化晚期遗址出土的黄铜锥(上图)及其金相组织(下图)

带着这个问题，我们进行了模拟实验。通过用木炭还原混合的氧化亚铜(Cu_2O)和氧化锌(ZnO)及还原混合的孔雀石和菱锌矿的模拟实验，分别获得黄铜。孔雀石在较低温度下就可被固态还原成铜，当菱锌矿被还原成的气态锌扩散其中时，进行气固反应，从而生成黄铜。模拟实验表明，在古代炉温不高的原始条件下，用木炭还原铜锌混合矿是可以得到黄铜的。通过这个工艺说明，早期黄铜锥和黄铜片是古人炼铜初始阶段在原始冶炼条件下偶然得到的。

这充分说明了模拟实验在冶金工程史研究中的重要意义。但需要指出的是，有时用现代方法模拟并不能证明这个方法是古代唯一采用的工艺技术。因此要多角度、多思路，方能揭开古代工艺技术的真正奥秘所在，才可以得到更加完善的古代冶金工程史料。

三、跨学科的研究法

冶金工程需要用辩证的方法，多学科结合的方法来进行研究。古代生产力的发展与冶金工程的发展相互作用，从历史唯物主义的观点来看，中国古代的冶金工程对中国社会的发展有重要的作用，是四大文明古国中中华文明承传五千年不断的一个非常重要的原因。

科学技术的进步与人类社会的发展密不可分，因此对冶金工程史的研究必然涉及社会学、文化学、历史学等诸多问题。通过跨学科综合的研究方法，站在社会发展史的高度，冶金工程史的研究、剖析我国古代冶金工程产生、发展的社会背景以及对社会发展的影响会有新的认识(见图 15)。这是冶金工程史研究不可或缺的重要的方面。

图 15　《天工开物》记载的明代炼铁炉和炒铁炉串联的操作方法

比如，在冶金工程史上，我国春秋战国时期冶铁工程、生铁铸件经退火制造韧性铸铁的工艺，以及以生铁为原料脱碳成钢的发明，标志着生产力的重大进步。对我国乃至世界的文明进程都有重大而且深远的影响。冶铁工程使得铁制农具(见图 16)大量生产和广泛使用，促进了战国中晚期农业耕作技术的革命性变革，粮食产量大幅度增长。社会对铁器的大量需求，又促进了冶铁手工业、冶金工程的进一步兴旺。铁器对上层建筑的变革也产生着重要的影响。农业的发展，使社会有剩余粮食，为那些不直接从事体力生产的知识阶层提供了展示才华的机会，出现了百家争鸣的局面，从而推动了古代文化、科技的进步。正是由于农业的发展，使以一家一户为单位的小生产和以个体经营为特色的小农经济成为社会发展的基础，土地私有制进程的加快，促使奴隶制生产关系在中国较早瓦解并在世界上最早建立封建制度。因此可以说古代冶铁工程的是秦统一中国、汉帝国发展强大的重要物质基础。此外，我国古代冶铁工程从战国起不断向外传播，不仅传至周边国家，甚至传播至中亚、西亚。所以，从骨耜到石犁，再到各式各样的铁制农具，我国古代冶铁工程对中国乃至世界文明进程的影响是不可低估的。

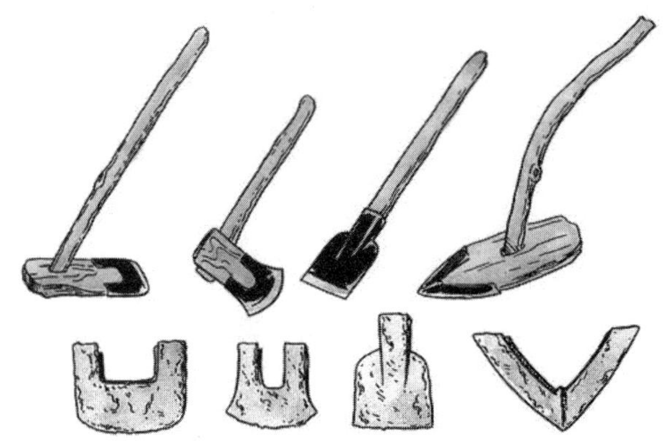

图 16 战国铁制农具

目前，在进行冶金工程与社会关系的综合研究上，我们做的还很欠缺，许多东西尚待完善，需要加强。

多学科交叉研究是开展冶金工程史研究的重要途径。在冶金工程史的研究中，常常需要历史、考古和冶金工作者相互结合。几十年来，在实际工作中，我们体会到冶金工程史的研究既需要历史、地理、考古学的知识，又需要冶金其他学科的知识，以及运用现代科学手段对文物进行检验的能力。

冶金工程史的研究涉及采矿、冶炼、材料、历史、考古等多学科的知识和物理及化学组成的分析研究手段与方法，因此，不仅要求冶金工程史研究者本身要不断学习，扩大知识面，改进知识结构，同时，多学科的结合更是开展冶金工程史研究的重要途径。特别是冶金工程史的研究离不开对考古发掘样品的分析鉴定，没有考古工作者的支持和配合是不行的。

例如河南温县烘范窑出土的五百多套汉代叠铸范(见图 17(a)与 17(b))，反映了汉代精湛的铸造技术，此范总浇口直径仅 8～10 毫米，分浇口只有 1～2 毫米，这样细小的浇口，铁水能否流通？器物能否铸成？一系列工艺上的问题难以解答。通过冶金工作者、铸造老工人以及考古工作者的结合，复制出古代叠铸的制范、烘范、浇铸工艺等冶金工艺工程，并成功浇铸出一批叠铸的铜器和铁器。

图 17(a) 汉代的叠铸范

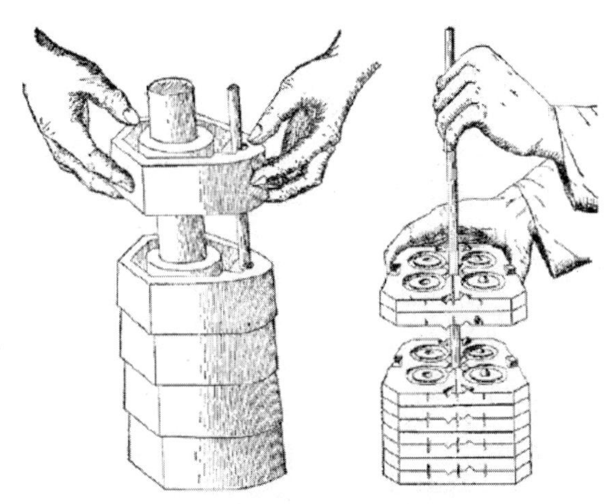

图 17(b)　叠铸范的两种套合方式

以上事实说明了冶金工程史研究与考古工作者紧密结合的重要意义。冶金工程史工作者在配合考古工作者的进一步研究中，既为考古工作者服务，也在服务过程中阐明科学技术、冶金工程的发展和进步的历史进程。

★ 参考文献

[1]　丘亮辉. 试论我国古代冶金的特点[J]. 自然辩证法通讯，1980(2).

[2]　丘亮辉. 冶金史研究方法[J]. 北京钢铁学院学报(现《北京科技大学学报》).

[3]　宋琳. 中国冶金史研究的前行者[J]. 北京科技大学学报，2012(1).

[4]　丘亮辉. 巩县铁生沟遗址的再研究[J]. 考古学报，1986(2).

[5]　丘亮辉. 工程哲学应用的思考[J]. 科学技术哲学研究，2014(1).

作者简介：

丘亮辉：中国科协研究员、中国自然辩证法研究会原副理事长兼秘书长、国际易学联合会荣誉会长、太湖书院山长，研究方向工程哲学，科学技术史；

李威：太湖书院编辑。

试论我国工程哲学的创立和发展

陈建新

摘要：本文认为我国工程哲学的滥觞可以追溯到第二次世界大战结束后，钱学森先生从美国回国先后在浙江大学、交通大学、清华大学发表题为“工程和工程科学”(Engineering and Engineering Sciences)的学术讲演，传播工程科学思想。钱学森是我国工程哲学的先驱和开拓者，钱学森系统科学思想是工程哲学宝库中最具独创性和中国特色的学术资源。文章进一步分析了21世纪初我国工程哲学正式创立与发展的历史背景，我国工程哲学从“工程本体论”、“工程演化论”到“工程方法论”的研究进程，概述了我国工程哲学发展的突出特点。最后，本文提出我国工程哲学研究要与高等工程教育紧密结合，尤其要关注我国高等教育界正在兴起的“新工科”革命。

关键词：工程哲学；发展历史；钱学森

2016年5月18日，习近平总书记在哲学社会科学工作座谈会上发表重要讲话，提出“要按照立足中国、借鉴国外，挖掘历史、把握当代，关怀人类、面向未来的思路，着力构建中国特色哲学社会科学，在指导思想、学科体系、学术体系、话语体系等方面充分体现中国特色、中国风格、中国气派。”我国学者创立和推动工程哲学的发展在这方面做出了可贵的、卓有成效的尝试。

一

我国学者几乎与欧美学者同时创立了工程哲学这个新的哲学分支。我国工程哲学的滥觞最早可以追溯到第二次世界大战刚结束，还在美国任职的钱学森先生随美国空军科学咨询团赴欧洲考察战时航空、导弹等技术，并参与起草涵盖航空、导弹、电子、核技术等当时科学技术最新成果的前瞻性报告《迈向新高度》，钱学森对近代科学技术发展规律的认识产生了质的飞跃，总结提炼出工程科学思想。1947年夏，钱学森回国度假先后在浙江大学、交通大学、清华大学发表题为“工程和工程科学”(Engineering and Engineering Sciences)的学术讲演，传播工程科学思想。1948年，钱学森将在国内三所大学的同名讲演整理成文发表。他认为，正在崛起的工程科学展现出巨大价值，将会对人类社会产生划时代影响。他把工程科学定位为沟通基础科学与工程技术的桥梁，是一门新的知识体系。钱学森将工程区分为“工程科学”和“工程技术”两个层次，他强调这两个层次都是面向实践的。他指出，工程是什么呢？工程就是要客观地改造，科学地改造客观世界。它是科学的，不能蛮干，也就是说必须掌握客观世界的规律，然后利用这个规律，能动地去改造客观世界。你不能乱来，你要尊重客观世界的规律，这就有一个认识客观世界的规律的过程。科学是认识世界的学问，技术是改造世界的学问，工程是改造世界的实践。进一步确认工程的独立性，这是钱学森工程本体论思想的萌芽。钱学森是我国工程哲学的先驱和开拓者。钱学森一生从事工程科学和系统科学研究，前半生研究工程科学，后半生研究系统科学。钱学森认为系统工程不光是系统，而是工程，他的工程科学思想和系统科学思想是一脉相承、紧密联系的。钱学森系统科学思想是工程哲学宝库中最具独创性和中国特色的学术资源。

进入 21 世纪，我国哲学界和工程科技界、产业界空前关注工程哲学问题，系统论述工程哲学的论著相继出现，工程哲学逐步建立起自己的学术和社会影响。技术哲学专家、东北大学陈昌曙教授从技术哲学入手论述了工程与技术的差异，呼吁发展不同于技术哲学的工程哲学。中国工程院院士殷瑞钰 2002 年发表《关于技术创新的若干认识》，讨论了“科学、技术、工程、产业的本质及其相互之间的关系”，这是一篇对工程哲学学科的确立具有开创性意义的论文。2002 年 7 月，中国科学院大学李伯聪教授的著作《工程哲学引论——我造物故我在》正式出版，提出了作为工程哲学基础的科学、技术和工程“三元论”，先于 2003 年美国学者布希莱利出版的《工程哲学》一书，我国学者在欧美学者前面创立了工程哲学学科。

二

我国工程哲学的创立不是来自于形而上学的思辨，而是着眼于工程实践的理论总结和升华，是面向工程实践的哲学，面向现实生产力的哲学，面向工程思维的哲学，这就决定了我国工程哲学发展的理论进路是与工程实践紧密结合的。中国工程院工程管理学部和中国自然辩证法研究会工程哲学专业委员会组织编撰，高等教育出版社出版的《工程哲学》(2007)、《工程演化论》(2011)、《工程哲学》(第二版，2013)和 2017 年 9 月苏州第八次全国工程哲学学术会议上首发的《工程方法论》四本学术专著，集中反映了我国工程哲学学术研究的成果和水平。

中国工程院从 2004 年起立项研究工程哲学，经过三年深入探究、反复讨论，于 2007 年出版了《工程哲学》，突出工程活动集成、建构的本质特征，进一步明确“科学—技术—工程”三元论，科学、技术、工程是三类不同属性的知识/活动，它们既互相紧密关联，又有各自的特征。2008 年起，中国工程院工程管理学部的院士们和有关哲学、工程专家继续开展“工程演化论”的研究，于 2011 年出版了同名专著《工程演化论》，运用唯物史观，提出工程是不断演化的，深入探究工程演化的要素变化及其系统内外的动力机制。

《工程哲学》第二版除了修订和满足读者购书的需求外，还反映了若干新的认识和观点，强调了工程本体论。工程本体论进一步夯实了“三元论”哲学观点的理论基础，认为工程有自身存在的根据，有其自身的结构、运动和发展规律，有自身的目标指向和价值追求。不能简单地把工程看成是科学或技术的衍生物、派生物。从工程本体论立场看工程，就是要确认工程是直接的、现实的生产力，从直接生产力的评价标准出发，来认识和处理工程与科学、技术的相互关系。以工程为主体，强调以工程为主体的选择、集成和建构的过程和效果，高度重视“选择—集成—建构”的特征和机制，并落实到工程对“要素—结构—功能—效率”的综合集成上。应该说，工程本体论的提出和阐述，是《工程哲学》(2 版)中最为突出的亮点，是中国学者在这个领域的最新哲学见解。

《工程哲学》(第二版)中另一个特点，是充实了有关工程思维和工程知识方面的理论阐述，补充了关于“物理、事理和人理”的分析。在工程思维方面，着重阐述了工程思维是人类的一种重要思维方式，是“造物”导向的思维，其基本内容是提出和求解“工程问题”。工程问题的答案具有非唯一性，在问题来源、自身性质、求解特征等方面，工程问题都不同于科学问题，也不同于技术问题。显然，工程思维不是简单等同于科学思维或艺术思维，但工程思维又同时具有科学思维和艺术思维的某些特征。工程哲学必须重视对工程思维、工程知识和工程方法论的研究。

《工程方法论》2014 年立项研究，召开多次专题研讨会，几易其稿，提出了关于工程方法论研究的总体性认识，形成了具有一定系统性、内容丰富、现实感强、工程特色鲜明的工程方法论总体框架。工程方法论总体框架是工程“三元论”、演化论和本体论的逻辑延伸，不仅纵向区分了“一般方法”、“方法”和“工程方法”，还横向区分了工程方法论与科学方法论、技术方法论的异同。特别是认为在工程方法论体系中，必须更加重视和强调综合、集成、协调、权衡等的作用和位置，这些方法在解决科学问题和技术问题时并不是十分突出。这一观点是工程方法论研究的突破性成果。

按照“三元论—演化论—本体论—方法论—知识论”的学术构想，我国工程哲学的发展下一步开展工程知识论研究。有必要提及的是，我国工程哲学研究共同体以中国工程院院士为核心，基于“我造物故我在”的理念，研究主要是围绕物质工程实践展开的。当代工程实践发生了很大变化，不仅开展了大量精神、文化和社会层面的工程实践，而且出现越来越多、越来越重要的虚拟时空的工程活动，这些工程活动的形式和内容都不是传统的物质工程实践所能概括的。“我造物故我在”的理念有必要向“我创造故我在”拓展，无论是物质工程实践，还是精神、文化和社会层面的工程实践，抑或是虚拟时空的工程活动，工程的创造本质是没有改变的。

三

我国工程哲学创立和发展的历史背景，正是新一轮科技革命和产业变革同人类社会发展形成历史性交汇，工程科技进步和创新成为推动人类社会发展的重要引擎的关键时期。

进入21世纪以来，全球科技创新呈现出新的发展态势和特征。信息技术、生物技术、新材料技术、新能源技术广泛渗透，带动几乎所有领域发生了以绿色、智能、泛在为特征的群体性技术革命。大数据、云计算、物联网、移动通讯等新一代信息技术同机器人技术相互融合步伐加快，3D打印、人工智能迅猛发展，科技创新链条更加灵巧，技术更新和成果转化更加快捷，产业更新换代不断加快。这些突破性变革必然反映到工程领域并实现向现实生产力的转化。工程科技是改变世界的重要力量，工程科技的每一次重大突破，都会催发社会生产力的深刻变革，推动人类文明迈向新的更高的台阶。当代工程的规模越来越大，复杂程度越来越高，对社会、经济、环境、文化等方面的影响越来越深远，人类的工程理念正在发生重大变革。新工程理念的核心是以人为本，全面认识和把握工程的本质和发展规律，协调人与自然的关系，让工程更好地造福于人类。面对工程科技创新的新趋势、工程理念的新变化，世界各国都在寻找新的突破口，抢占先机，必然引起要从哲学的高度，对工程进行深刻的哲学反思。

面对世界新科技革命和工程技术创新的机遇与挑战，我国必须迎头赶上，奋起直追、力争超越。党中央审时度势，相继提出了科学发展观、走新型工业化道路、生态文明建设和创新驱动发展等重大国家战略，提出了“创新、协调、绿色、开放、共享”的新发展理念。工程创新无疑是实施国家重大发展战略最广阔的主战场。960万平方公里的中华大地上，正在进行着人类历史上空前的工程建设，几乎同时拥有世界最大的工程项目和最多的工程量，我国目前正在进行的工程建设，无论数量、类型还是规模，都位居世界前列。我国正在从中国制造实现中国创造，从工程大国走向工程强国。我国是世界上工程实践最丰富多彩，经验教训最为深刻的国家之一。为了更好地推进工程实践活动，解决工程活动相关的各种社会问题与环境问题，工程科技和工程实践必然成为我国社会各界关注的中心和焦点。我国工程建设需要树立新理念，克服重技术因素、经济因素和短期利益，而轻视和忽视综合效益、社会效益和长远效益等问题。要在哲学和工程之间架起一座桥梁，把工程和哲学贯通起来，既改变哲学“无视”工程的状况，又改变工程“远离”哲学的状况。使工程界和哲学界开阔视野、转变观念，提高全社会对工程的认识水平，从而把我国的工程建设搞得更快更好。这是我国工程哲学发展的现实基础，是我国工程哲学有条件走向国际学术前沿的时代背景。

四

我国工程哲学创立和发展的一个突出特点，是工程科技界和哲学界共同参与、建立联盟，面向实际、协同创新。2004 年 12 月，中国工程院第 33 场工程科技论坛暨第一届全国工程哲学年会召开，会上成立了中国自然辩证法研究会工程哲学专业委员会，标志着以中国工程院为代表的工程科技界和以中国自然辩证法研究会为代表的哲学界之间研究联盟的形成。2005 年 8 月，第 59 次香山科学会议主题为“工程创新与和谐社会”，引起中央有关部门与领导对工程哲学问题的关注。至 2016 年秋，已经举办了 7 次全国工程哲学学术年会和近百场学术论坛。令人高兴也发人深省的是，20 世纪 80、90 年代，我国也出现过科技工作者与哲学工作者的“两科”联盟，并在钱学森、钱三强、钱伟长、于光远、李昌等同志的推动下，成立了中国科协“促进自然科学与社会科学联盟委员会”，当时哲学工作者“剃头挑子一头热”，并没有引起科技工作者的广泛参与。我国工程哲学发展，工程科技界与哲学界的联盟，工程科技界更加积极主动，中国工程院等机构以及相关企业提供了多方面的强有力的支持和保障，开展了很多实实在在的活动，取得了一批实实在在的成果。

我国工程哲学创立和发展的又一突出特点是紧密为现实服务，在中国工程院的大力推动下，工程哲学创立之初，来自工程实践第一线的院士、大工程甚至超级工程的领衔人、企业家结合项目总结、反思、提升工程哲学的原理和方法论，如三峡工程、载人航天、石油化工、高速铁路和大型桥梁、建筑的设计和施工建设等。哲学工作者与专业技术人员、实际工作者协同研究、共同完成的“上海虹桥综合交通枢纽工程理念体系的研究”课题，跨越单纯学科背景的理论研究，不是就工程论工程，而是以工程哲学、工程社会学、产业经济学、区域经济学、工程项目管理学等跨学科理论与方法为基础，开放、融合、创新，深入调研，与国内外类似项目对比分析，将虹桥综合交通枢纽工程实践中取得的各方面经验性认识，综合上升为系统的理论认识，凝练成综合价值观及其理念体系，为工程的后期建设及向运营阶段顺利转换提供理论依据。该课题获得了政府、项目完成单位、企业和市民的认可，并在后期工程和运营中得到验证，实现了各方面目标值的优化，为大型综合性工程建设和研究提供了一个范本。还有“大庆油田五十年历史回顾和相关工程哲学研究”，首钢旧址开发规划等课题都是工程哲学应用研究的成功案例。

我国工程哲学创立和发展的另一突出特点是普及与提高相结合，中国工程院工程管理学部组建“工程哲学”讲师团赴企业、高校宣讲工程哲学，讲师团由十多名中国工程院院士和哲学专家组成。2008 年 7 月在大庆，10 月在上海宝钢，2009 年又到举世闻名的中国长江三峡工程开发总公司宣讲，现场讨论交流，受到听讲的工程技术人员和干部的热烈欢迎。十多年来，讲师团在各类场合宣讲工程哲学近百场，听众达数万人，参加宣讲的院士和专家也越来越多。

值得一提的是，民营社会组织苏州太湖书院以“工程哲学开新篇”为宗旨，为我国工程哲学的研究、普及和推广做了大量工作。积极推进工程哲学进校园，先后在北京科技大学、同济大学、苏州科技大学、江苏理工学院和苏州职业大学举办多场论坛和讲座，数十位院士亲临演讲，让师生了解工程哲学研究的前沿和工程建设的最新成果。太湖书院与苏州科技大学共建研究生培养基地和江苏省研究生人文工作站，研究生到太湖书院实习，参加课题研究、社会调查、社区服务等实践活动，多位科技哲学专业研究生选择工程哲学方向完成了硕士学位论文。太湖书院与北京科技大学高等工程师学院共建工程哲学研究中心，开设系列课程，组织以工程哲学为主要内容的暑期社会实践，考察了太湖环境治理工程、高新技术企业和传统文化保护基地等，了解工程哲学应用和传统文化研究方面的最新成果。太湖书院抓住一切机会，不遗余力地向地方政府、企业推介工程哲学，提出了“打造苏州新名片，建设国际养生之都”、“建设环太湖经济圈”、“‘天堂中的天堂’如何再创辉煌？”和“用‘两山理论’回答‘创新四问’”等决策咨询建议。太湖书院主办的《太湖春秋》杂志开办了“工程哲学”专栏，报道工程哲学的重大活动，登载工程哲学的最新成果。2014 年夏季号发表的“防致霾可毫不考虑农村的面源污染吗？”一文，运用工程哲学原理，另辟蹊径，综合大量数据和信息，深入细致地分析，找到了新的致霾原因，并探索性地提出了治理方法，是 2017 年“两会”上李克强总理“悬赏”致霾新招的先期工作。

五

我国工程哲学的发展与高等工程教育紧密联系在一起，最初是在理工科大学“自然辩证法概论”等相关课程中开展工程哲学教育，有的高校独立开设工程哲学相关课程。2003 年，中国科学院大学成立了“工程与社会研究中心”，这是我国高校第一个对工程进行哲学研究和跨学科研究的专门研究机构，将“工程哲学”、“工程与社会”两门课程作为专业课开设。齐齐哈尔工程学院从 2009 年开始在全体本科生中开设工程哲学课程，是为数不多的地方高校开设工程哲学课程的高校。据不完全统计，到 21 世纪初，全国至少有 60 多所高校独立开设了工程哲学方面的课程。工程哲学教学针对我国高等工程技术人才培养存在创新思维不够、实践训练不够、工程伦理不够和社会责任不够等弊端，培养工程技术人才的大工程观，激发创新思维、确立工程伦理、增强责任意识，培养创新型工程技术人才。

进入新世纪，为了适应新科技革命和工程技术创新的需要，我国高等工程教育改革加快和深化，推动工程教育面向产业、面向世界、面向未来，培养综合素质优良，专业基础扎实，具备国际视野和跨文化合作交流能力的高素质人才，成为我国教育界与工程界的共识，本世纪初启动的工程教育专业认证以及“卓越工程师教育培养计划”就承载着这样的使命与责任。近年来，国家引导一批普通本科高校向应用技术型高校转型，这是顺应现代工程科技发展，更好更快更多地培养现代化建设需要的高等工程人才的战略举措。2016 年 6 月 2 日，在马来西亚吉隆坡举行的国际工程联盟大会上，我国成为《华盛顿协议》第 18 个正式成员，使我国高等工程教育迈上国际舞台。

尤为值得关注的是，我国高等教育界正在兴起的“新工科”(Emerging Engineering Education：3E)革命，立意高远、发展迅速、影响深远。“新工科”这一概念自 2016 年提出以来，在不到一年的时间里，教育部组织高校深入研讨，形成了“复旦共识”(2017 年 2 月)、“天大行动”(2017 年 4 月)和“北京指南”(2017 年 6 月)。显然，“新工科”不是局部考量，而是在新科技革命、新产业革命、新经济背景下工程教育改革的重大战略选择，是今后我国工程教育发展的新思维、新方式，说是一场“革命”应不为过，我国工程哲学发展应当积极关注并主动参与这场高等工程教育革命。

“新工科”是基于国家战略发展新需求、国际竞争新形势、立德树人新要求而提出的我国工程教育的改革方向。“新工科”的内涵是以立德树人为引领，以应对变化、塑造未来为建设理念，以继承与创新、交叉与融合、协调与共享为主要途径，培养未来多元化、创新型卓越工程人才，具有战略型、创新性、系统化、开放式的特征。尽管对新工科的本质、模式和途径众说纷纭，还在探索之中，但新工科的目标和最终检验标准是培养新型高等工程技术人才，这是无可非议的。有关新型人才描述的共同特质是他们与传统人才在思维素质和能力方面的差异性，这正是工程哲学理论内涵的应有之义。哲学与人、与教育、与人才培养具有天然的关联性，新工科提出的很多问题有赖于工程伦理学、工程价值论和工程教育学思考回答，可以期待，新工科革命将引发我国工程哲学的更大发展。

(作者单位：苏州科技大学，苏州太湖书院)

从虹桥机场到虹桥综合交通枢纽的工程史研究

崔家滢　贾广社

摘要：本文在跨学科工程研究的视野下，展现了近现代以来，从虹桥机场到虹桥综合交通枢纽，再到“大虹桥”战略形成的“工程史”，如何通过工程发展的条件要素、社会场景的演变要素及工程功能定位的机遇要素，进行与上海城市发展的互动与建构。文章将虹桥机场到虹桥综合交通枢纽的工程演变分为五个阶段，并进一步分析得到，城市催生、塑造了综合交通枢纽，同时，枢纽的产生又进一步造就了城市、区域乃至全球化发展的机遇，使工程史与城市发展呈现渐进式向前发展的关系。

关键词：虹桥机场；虹桥综合交通枢纽；大虹桥；工程史；城市发展

虹桥综合交通枢纽是一项举世瞩目的城市大型工程(Urban Mega-project)，亦是上海城市发展史上一个举足轻重的里程碑事件，这一功能不仅实现了交通一体化，还优化了上海的城市组团功能，又进而发挥上海西部门户枢纽优势，推动了长三角区域一体化，进一步推动全球化的进程。然而，这一过程并非一蹴而就，在虹桥机场到虹桥枢纽的工程史研究中，既可以看到城市需求带来的跃升动力，也可以看到城市扩张带来的条件限制；既可以看到政治力量与资本力量在不同社会情景(Context)演变下对空间的生产影响，也可以看到交通枢纽的自身变化，如何进一步造就城市、区域乃至全球化发展的历史机遇。因此，需要将其纳入到整个上海城市发展的历史与空间关系中进行跨学科视野的分析。

一、工程史与城市发展史

工程是直接生产力，是人类社会最基本、最重要的社会活动方式，[13]与科学活动、技术活动不同的是，工程活动具有更强烈和更深刻的社会性。对工程活动的渐进深入认识，造就了21世纪之初在国内外都迅速兴起的工程哲学，在这种学术形势下，工程史的开拓和研究任务也涌现了出来，力图通过工程史，还原人类直接生产力发展的历史。

过去30年，全球经历了一个巨型工程的新时代，Altshuler超高层建筑、国际性枢纽机场、高速铁路等工程的建设现象在亚太地区占据主导地位。美联邦公路管理局(FHWA)提出超过10亿美元的重大基础工程即为“巨型工程”，也称“大型工程”(Megaprojects)。Flyvbjerg将其定义为对社会、环境和预算有显著影响而具有较高公众关注度与政治效益的投资较大的工程，并提出巨型工程是国家或地区的身份象征。赵玉宗也认为巨型工程成为城市或区域发展的引擎和新增长点，由此可见，工程与城市的相互影响及嵌入作用愈发深刻。目前对工程史，特别是机场、交通枢纽等大型城市基础设施工程史如何嵌入城市发展背景进行分析，业内研究也正在起步，成为研究热点。

本文将参考李伯聪对工程史的开端(1840—1911年)、基础奠定(1912—1949年)、进一步发展(1949—1978年)、市场经济转型(1978—2010年)的阶段划分，依据工程发展的条件要素、社会场景的演变要素及工程功能定位的机遇要素为切入口，融入对城市发展史的分析，形成虹桥机场工程史与上海城市发展史的案例研究。

二、虹桥机场

虹桥机场的诞生起源于向西方学习的自强运动，机场作为现代化及先进科学技术的象征，在“现代”城市规划中也有一席之地，后期更是作为战时军事力量的配备设施存在，工程的第一阶段初步形成期中，更多体现了国家或地方政治力量，即以追求现代化城市样本的官方意志为需求动力，从而产生了机场。在第二阶段，计划经济开始向市场经济转型，上海的国际化城市形象，使得它具有向国际航空枢纽发展的潜力，由此，机场的规模也在稳步提高。

1. 第一阶段：初步形成期(1920—1949 年)

第一阶段为初步形成期(1920—1949 年)，在这一时期，航空作为现代性城市的代表，成为贸易、主权的彰显标志。这也恰逢中国近现代工程史的开端阶段，第一次从古代工程体系向近代工程体系的转型时期，[13]除了工具、方法、建筑样式的改变，更多的是学习西方的先进工程技术与城市规划思想。

自从 1904 年来自法国的两架小飞机在南苑校阅场上进行了飞行表演以来，飞机已成为近现代科学技术的象征，因此城市乃至国家现代化的进程自然要有航空力量的加盟。1920 年，北洋政府逐渐认识到领空贸易的重要性。航空事务处随即拟定了一个全国航空线计划，决定筹办京沪航空线，由此开始在上海勘察机场站址。

“京(北京)沪绾毂南北，所经各地，半属通商大邑，外人垂涎既久，主权之丧失堪虞。”

——《上海地方志·专业志·上海民用航空志》第二章 机场

最初的选址地，选在了上海西郊——虹桥路西端上海县与青浦县交界处，此处地势平坦开阔，以农田为主，是建造机场的理想之地。后征收了 267 亩土地作为上海航空站，1921 年 6 月底完成，随后却因经费不足，未能发挥实际效用。

1920 年以后，虹桥机场的变迁与社会场景的改变有很大关系。自从国民政府在南京建立后，开始对城市进行有意识的规划，以增强华界的主权。

1929 年国民政府决定成立沪蓉航空线管理处全线分段筹备，率先筹办京(南京)沪航线段，并选定虹桥机场作为该管理处上海航空站，开航营业。1931 年 2 月，中德合办欧亚航空公司(以下简称“欧亚”)正式成立，虹桥机场一直是其在上海的飞行基地。

“上海居东亚巨埠，工商云集，且为文化经济之中心，发展航空已属刻不容缓。兹查本区之内，尚无适当之机场，决定将原有虹桥机场酌予扩充，以满足飞机起降之用。”

——上海市政府于 1924 年 4 月 12 日发布的虹桥机场征地公告

上海经济、贸易需求日渐增高，3 年后，据上海土地局资料记载，虹桥机场在原基础上又征地 890 亩扩建。抗日战争爆发，虹桥机场陷入敌手，日军在上海陆续修建江湾机场与大场机场，作为其军事飞机基地。抗战胜利后，虹桥机场由国民党空军接管。

当时，交通部鉴于各国要求与中国通航日益增多，1946 年，国民党空军总司令部通知交通部，决定“再划上海虹桥机场为民航机场，除饬本部供应司令部知照外即请派员前往接管。”

2. 第二阶段：稳定发展期(1949—1978 年)

在虹桥工程史发展的第二阶段，即 1949—1978 年，上海进入稳定发展时期。“适应国际形势的变化和平衡国内经济布局的需要，是上海城市功能定位的前提条件。”[5]随着大量国际建交工作的展开，中国与其他国家的友好交往提上日程，而将门户城市上海，作为中国对外联络、展示国家形象的桥头堡之一，国际机场的建设刻不容缓。

“1963 年 3 月，中国和巴基斯坦两国总理进行会谈，达成通航原则，中巴航线定于 1964 年 5 月通航上海，是上海解放后第一条国际航线……必须建设一个达到应有水平、符合国际标准的机场。”

——《上海地方志·专业志·上海民用航空志》第二章 机场

政府勘察小组对四个机场进行比较。龙华机场因受黄浦江和市区限制，已经不具备扩建条件；大场机场位于虹桥机场和江湾机场之间，彼此干扰很大，亦不宜扩建。后上海市城市建设局提出比较方案，大量技术资料表明扩建虹桥机场为国际机场较为适宜，是年 10 月国务院下发《关于扩建上海虹桥国际航线机场的通知》，“同意扩建虹桥机场为国际航线民用机场方案，投资由国家计划委员会以专案解决。”1964 年 4 月 29 日，中巴航线正式开通，架起解放后上海通向世界的第一座空中桥梁，虹桥机场开始成为国际机场。

随着国民经济的日益发展，至 20 世纪 60 年代，龙华机场由于紧靠市区，受净空条件等限制，已无法适应大型飞机起降的要求。曾经因为靠近黄浦江的地理优势，成为中国首个水陆两用机场的龙华机场，逐渐退出历史舞台。从 1965 年起，上海民航运输业务全部从龙华机场转移到虹桥机场。1972 年，中国民航上海管理局本部也从龙华机场迁至虹桥机场，至此，虹桥机场由军民合用机场转为民航专用机场。

三、虹桥综合交通枢纽

近现代工程史发展的第三及第四阶段，依据客流量及货运需求的增长不断扩建的机场，更多体现了“城市—资本—工程”的循环，其中资本，或者说市场化力量，在改革开放以及浦东新区开发的社会情景下，成为了机场规模跃升的动力。

1. 第三阶段：格局变动期(1978—2006 年)

改革开放后，上海从生产制造型城市再次转化为功能中心型城市，上海市的经济贸易发展与航空业的进步相互促进。1984 年上海虹桥机场候机楼工程再度扩建，使用面积比过去扩大了一倍。1988 年，上海民航进行重大体制改革，实行政企分开，机场和航空公司分营，并在同年进行了候机楼第三次扩建，在 1994 年又进行了一次扩建，最终形成了今天的 T1 航站楼基本格局。

虹桥机场不断的扩建背后，反映的是上海近十几年来的跳跃式发展，据民航数据显示，1990—2000 年十年间，上海航空旅客吞吐量增长了 1000 万人次，仅 2004 年一年，就增长了 1100 万人次。

然而工程史的演变也受到社会的条件约束，一边是不堪流量剧增重负，只能不断扩大面积的机场，一边是紧缺的土地资源，原处于上海市西郊的虹桥机场，因市域面积扩大了近 15 倍逐渐进入市区范围，仅距离市中心 13 公里，而机场又有十分严格的净空、噪音要求，周边能扩建的地方已经十分捉襟见肘。

与此同时，城市发展的历史机遇也为工程带来了功能定位的变革。20 世纪 90 年代，令全国瞩目的是另一件大事——浦东新区的设立与开发，这一策略彻底改变了随后上海城市发展的空间格局。为了加快浦东开发开放、发挥上海在长三角的龙头作用，确立上海亚太地区航空枢纽地位，也考虑到虹桥机场继续扩张的现实困难，中央和上海做出了建设浦东国际机场的战略决策。

上海市政府及中国民航总局，根据国家对上海的机场的总体定位、上海的区域地理位置及市场资源的综合分析，为上海机场功能布局做了新的定位，如表 1 所示。

表 1　两场定位对比表

	浦东机场	虹桥机场
定位	国际机场，国际大型复合航空枢纽	国内机场、航班备降
客运量	8000 万人次	3000 万人次
货运量	570 万吨	100 万吨
服务范围	国际国内民航市场、货邮运贸易	向通用航空、公务航空市场开放

然而，城市的发展却展现出更为复杂的变化，特别是长三角地区的经济联动与城市居民出行要求的提高，都让民众对于两场最初的定位产生了更多讨论。

虹桥机场的地理位置十分优越，靠近苏南一带，20 分钟可以向内进入上海市区，也可向外辐射长三角地区。昆山、无锡、苏州的企业，特别是对日对韩的贸易，都会通过虹桥机场开展商业活动，对货运来说，生命线就是运输成本，国际航班迁到浦东，时间及运输的成本也会大大提高。此外，随着航班在浦东机场的富集，虹桥机场的资源出现了不小程度的空置，好地段的优势没有展开，对当时上海的整体发展造成了诸多不便。

2. 第四阶段：一体转型期(2006—2010 年)

在两场功能定位的背景下，虹桥机场本应成为上海的次交通枢纽，然而时至今日，它却成为了我国第一个，也是世界上为数不多的集轨、路、空三位一体的世界级综合交通枢纽，日旅客吞吐量 110 万人次，以面向全国，服务“长三角”为目标，实现了高铁、磁浮、机场在规划格局上从分散走向集中一体化。

总工程师刘武君在访谈中提及，旅日时日本高度集中的交通设施引发了他的思考，他认为一体化必将是未来土地资源“寸土寸金”形势下，交通设施的发展趋势。

除人力推动外，虹桥枢纽的建成还有三个外部契机，一是 2005 年虹桥国际机场总体修编，近距离跑道腾出了约 8 km^2 的土地；二是京沪高铁上海站原来选址在闵行区七宝，处于虹桥机场的南面，正好位于跑道的断头处，由于高速铁路触网经常会产生电火花和电磁场对飞机起降有一定影响，用地搬迁量等也有很大矛盾，最后需重新选址；三是磁悬浮城际线虹桥站的选址，为实现虹桥、浦东两个国际机场快捷联系和世博会需要，上海提出了磁悬浮龙阳路向西延伸至虹桥枢纽站的项建书。以上城市条件要素皆为综合交通枢纽的开发与建设提供了充足空间。

虹桥枢纽的诞生既有各种契机相接的“偶然性”，也有出于规划者们对未来城市与交通发展趋势的深刻理解与预测，既是高铁枢纽、磁浮枢纽、航空枢纽从分散走向集中一体化的必然结果，也是上海辐射、带动长三角发展的必然选择。

城市资源的限制，还体现在一体化的枢纽建筑布局形式上。如图 1 所示，即使将多种交通方式汇接在一个建筑之内，也非简单的“拼接”，而是在竖向紧凑布局的基础上，力求流程、设施、运营的一体化发展，“使用最少的资源(人、财、物)，提供最便捷的旅客流程”。

图 1　虹桥枢纽竖向剖面图

四、大虹桥战略

如果说从虹桥机场到虹桥综合交通枢纽的变迁，更多反映了中国近现代工程史受城市定位、城市需求、城市规划所影响的发展规律。那么随着枢纽的建成，工程更多地参与进城市发展的进程中来，甚至成为“城市触媒”，哺育城市的建设，激发公共空间潜力。依托枢纽形成的“大虹桥”战略正是工程推进城市前进的又一具有战略性、历史性意义的重大举措。

1. 第五阶段：城市反哺期(2010 年至今)

“大虹桥”发展战略体现的以机场枢纽为核心的巨型工程对城市的哺育作用有以下几点：充分发

挥综合交通运输体系的作用，建设有利于商务活动的经济社会环境和优美的自然环境，逐步建成上海高起点、现代化、具有国际水平、独具特色的现代服务业的集聚区，形成上海经济发展的西部中心，服务长三角，促进上海和长三角经济发展的一体化，实现江浙沪共赢共荣[11]。

1) 完善综合交通体系

综合交通枢纽，首要功能即是发挥不同交通方式的换乘、衔接作用。在总建筑面积约 150 万平方米的虹桥综合交通枢纽中，不同交通方式之间存在 64 种可能的连接，56 种换乘模式，每天处理近 110 万人次旅客吞吐量，64 000 人次换乘转运量，这无疑改变了当前上海市域范围的交通枢纽格局，虹桥火车站以高速铁路及机场接驳为主的功能也与南站长途大运量火车互为补充，极大减缓了上海市外来人口季节性流动带来的运输压力。至此，上海市内形成了轨道交通、城市高速路、高速铁路、普通铁路、磁浮与航空、港口密切对接的综合交通运输网络。

2) 新产业空间形成

城市巨型工程通过吸引直接关联产业，引起经济活动的集聚，推动着新产业空间的形成和发展，尤其是交通枢纽区域，其密集、便利、快捷流转的人流、物流、信息流，构成了各种贸易商务活动的最佳空间区域[6]。

虹桥枢纽区域以便捷高速的交通设施为载体，直接吸引高度依托于航空客运、高速铁路的现代产业，“功能更加综合了，不只是机场，零售、办公、餐饮、会展、酒店、广告投放、公共空间等无一不有”，成为了邻近地区名副其实的“城市综合体”，进而成为上海的区域性专业服务集聚区，拓展了现代服务业东西向发展轴线，成为上海现代服务业集聚带的重要支撑(见图 2)。

图 2　上海现代服务业集聚带

3) 城市空间结构重组

交通设施作为城市空间形态的基本骨架，推动着城市形态与功能的演变，[6]“核—轴”式的枢纽发展模式表明，城市枢纽交通节点，具有成为城市新中心，继而发展成为多中心城市、卫星城、都市连绵带的潜力。

在上海市的经济发展定位中，浦东与虹桥如哑铃一般，位于上海市最重要的东西发展轴的两端，被描述为“上海经济发展的西部中心”。目前上海城市发展最紧迫的问题，是长期以来外环内中心城区人口密度过大，急需向郊区分散的问题。“大虹桥”的建设并非是浦西中心向西方向“摊大饼”式的扩张，而是有空间层次结构的“组团式”发展，因此对于建立上海西部中心，疏散中心城区过分集中的人口，推进上海大都市区的建设也具有直接作用。

4) 区域一体化增长引擎

从虹桥枢纽出发，长途客车所及是传统的杭嘉湖、苏锡常经济圈；利用城际铁路是沪宁、沪杭甬经济圈；利用民用航空就可覆盖全国，以及东亚、南亚的国家。通过以虹桥枢纽为中心的“一日交通圈”的打造，营造出“同城感”，可共享许多市政基础设施、文化设施、医疗设施、教育资源、经济资源、环境资源与土地资源等，从而带动整个长三角地区一体化构想的实现。

从 1992 年起，14 个城市组成了“长三角”城市经济协调会，但彼此间仍是以竞争关系为主，对于“各自为战”还是“一体发展”时有争论。因而在国际“大都市群”“大都市连绵带”(Metropolis)蓬勃发展之时，长三角城市群一体化架构仍未形成。随着区域合作逐渐成为国家重视的战略选择，虹桥枢纽工程的诞生也提供了一个绝佳的契机。

因此，除了构建长三角重要交通网络集散节点的首要功能，大虹桥战略还聚焦于“长三角大都市群”的发展。如图 3、图 4 所示，位于上海西部门户的虹桥枢纽，内接上海 U 型新兴产业廊道，外联沪杭、沪宁两大都市服务圈。服务长三角、辐射长三角的定位与上海城市空间结构中长三角地区支点的布局，让虹桥枢纽得以进一步发挥上海在长三角地区发展中的引领作用，提升上海的区域统合及集成能力，确立上海在长三角城市圈中的重心城市地位，逐步形成“以特大城市与大城市为主体，中小城市和小城镇共同发展的网络化城镇体系，成为我国最具活力和国际竞争力的世界级城市群。”[12]

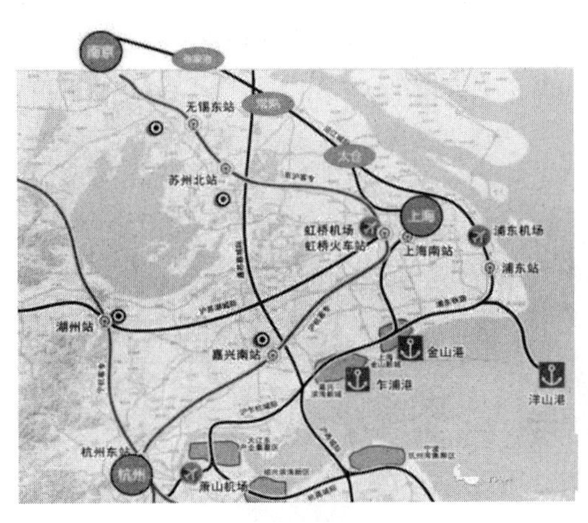

图 3　长三角地区交通节点

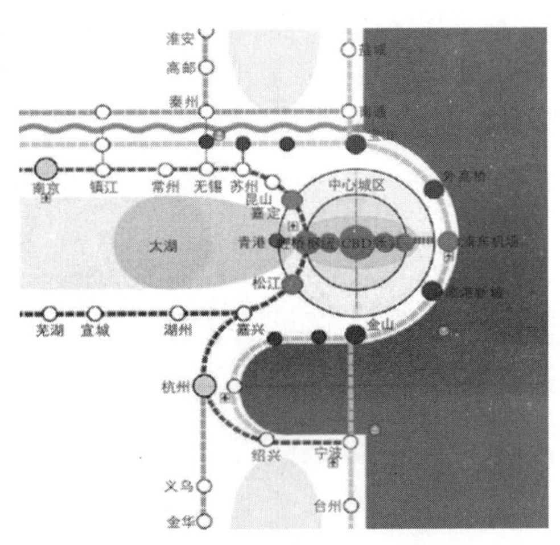

图 4　虹桥枢纽在长三角城市群定位

2. 工程与全球城市

虹桥机场到虹桥综合交通枢纽的转变案例，体现出在中国近现代工程史与城市发展史的渐进前进过程，城市催生了工程，工程又壮大着城市，在这一过程中，区域和国际间资本、贸易、信息和人口流动得以同时促进，进一步加深了工程与城市的互动与相互建构。以中国成为世界第二大经济体的 2010 年为分割点，当进入工程史发展的第五阶段，工程史的发展趋势是什么？笔者认为，巨型工程将成为全球化视野中城市形象和城市地位的重要符号，特别是带来时间与空间压缩的交通枢纽，将继续成为空间生产角逐的对象以及成为地方政府推动增长型公共政策的重要工具和载体。值得注意的是，在这一城市全球化的进程中，第五阶段将更看重工程对于地方主义、地方特色的构建，即通过某一世界城市或者区域(如大都市带)，打开全球化发展的视角与格局，正如上海在 2040 规划中更加强调长三角一体化建设的同时，坚定自身“全球城市”的定位。

★ 参考文献

[1]　上海虹桥综合交通枢纽工程建设指挥部. 虹桥综合交通枢纽工程建设和管理创新研究与实践

[M]. 上海：上海科学技术出版社，2011.
[2] 虞同文. 上海城市与交通历史沿革及发展态势[J]. 交通与运输，2011，27(5).
[3] 上海城事｜大上海计划：国民政府抗衡租界的构想[EB/OL]. [2017-05-24]. http://www.thepaper.cn/newsDetail_forward_1681970.
[4] 上海地方志·专业志·上海民用航空志·第二章·机场
[5] 冯小敏. 现代上海研究论丛[M]. 上海：上海书店出版社，2005.
[6] 邓波. 从上海城市发展史看“大虹桥”战略的意义[J]. 工程研究-跨学科视野中的工程，2011，03(2):132–148.
[7] 上海市综合客运交通枢纽布局规划[EB/OL]. [2007-01-11]. http://www.ciac.sh.cn/ newsdata/news12588.htm.
[8] 刘武君. 航空港规划丛书：综合交通枢纽规划[M]. 上海：上海科学技术出版社，2015.
[9] 约翰·卡萨达，格雷格·林赛，John Kasarda，等. 航空大都市[M]. 郑州：河南科学技术出版社，2013.
[10] 范玉贞. 论上海浦东机场和虹桥机场的分工与合作[J]. 城市发展研究，2009，16(7): 91–94.
[11] 李惠国，李伯聪，丘亮辉. “大虹桥”：上海和“长三角”腾飞的彩虹之桥[N]. 解放日报，2009.
[12] 长江三角洲地区区域规划[EB/OL]. [2010-06-22]. http://www.china.com.cn/policy/txt/2010-06/22/content_20320273.htm.
[13] 李伯聪. 中国近现代工程史研究的若干问题[J]. 科学技术哲学研究，2013(6):61–67.

(作者单位：同济大学)

“需求牵引、技术推动”下的美军 F-22 战机项目

夏　宇

摘要：实现武器装备高质、高效、科学发展是各国国防建设的重要领域。需求牵引和技术推动是武器装备发展的两大基本动力。武器装备发展全过程应当充分发挥需求的牵引作用和技术的推动作用，促进二者有机融合，并根据实际情况，做出适当调整。F-22 具有超声速巡航能力、超机动高隐身能力、强大的制空和对地攻击能力，是世界上最早投入服役的第五代战斗机。洛克希德·马丁公司宣称，“猛禽”的隐身性能、灵敏性、精确度和态势感知能力，结合其空对空和空对地作战能力，使得它成为当今世界综合性能最佳的战斗机。本文聚焦于美军 F-22 战机项目，简要梳理了 F-22 战机项目的战略背景、激烈的飞行竞争等内容，较为系统地研究了 F-22 项目全过程中需求牵引与技术推动两种动力机制。文章认为，苏联空中威胁、局势变化、价格昂贵等引发的需求变化是影响美军对 F-22 战机项目态度的重要因素，低可探测技术、发动机技术、材料技术等先进技术是 F-22 战机卓越性能的重要保障。本文聚焦于需求牵引和技术推动两种动力机制分析，研究专门、深入而系统，对于提高我军装备发展效率，增强装备实战能力，紧跟技术的时代步伐，具有重要意义。

关键词：需求牵引；技术推动；F-22 战机项目

作战需求的根本牵引和科学技术的强大推动这两种动力的有机融合，是高质、高效、科学发展武器装备的必由之路。习主席在 2014 年 12 月全军装备工作会议上指出：“要坚持作战需求的根本牵引，建立健全具有我军特色的作战需求生成机制，增强装备发展的科学性、针对性、前瞻性……要坚持创新驱动发展，紧跟世界军事革命特别是军事科技发展方向，超前规划布局，加速发展步伐。”[1]

F-22 战斗机从立项到服役全过程有需求的牵引作用，也有技术的推动作用，在两大基本动力的有机融合下共同演绎了 F-22 战斗机发展历程。F-22“猛禽”战斗机，由美国洛克希德·马丁公司、波音公司和通用动力公司联合研制，是世界上第一个第五代战斗机。F-22 超越了 F-15 时代的空优概念，具有高隐身性、高机动性、超声速巡航能力等诸多优势，即使在未来二三十年时间里，它仍是性能超群的空优战斗机。[2]

一、先进战术战斗机(ATF)计划概述

F-22 战斗机起源于美国空军先进战术战斗机(ATF)计划，旨在获得绝对空中优势，实现先敌发现、先敌开火和先敌摧毁。

1. 战略背景

海湾战争期间，美国出动 F-15“鹰式”战斗机对伊拉克军队进行了长达 42 天的空袭，获得了压倒性的空中优势，最终以较小代价就取得了决定性胜利。海湾战争表明，敏捷、迅速、锐不可当的空中打击仍是空战的主要方式。1977 年和 1979 年，美国侦察卫星拍到苏联儒可夫斯基飞行试验中心的新型

战机照片，分别称之为“RAM-K”和“PAM-L”，后证实为“苏-27”和“米格-29”。1978 年，苏联声称米格-25 已成功进行“下视/击落”雷达，理论上实现了对海拔 60 米到 6000 米的飞行目标的杀伤能力，这种能力严重威胁到了北约用于拦截低空飞行的飞机和炸弹。同时，苏联新型伊尔-76 运输机也投入服役，外形和载重性能上都超过了美国的 C-141“运输星”重型运输机，极大地提高了苏军的运输能力。到了 80 年代中后期，米格-29 和苏-27 开始具备作战能力，动摇了美国试图继续依靠 F-15 和 F-16 夺取制空权的信心。

越战期间，美国在战机中加入自卫干扰系统，但受到了雷达制导防空武器的严重威胁。美国从越南战争得到的教训之一就是地面防空系统，包括网络雷达，地对空导弹(SAMs)和雷达制导的高射炮等，已对现有战斗机构成了严重威胁。越南战争后，战机仍然不能有效应对来自雷达的威胁，现代雷达已渐渐具备给战机以致命打击的能力，这种影响以第四次中东战争最为明显。第四次中东战争期间，埃及引进苏联先进导弹防空系统(SAMs)应对以色列从美国引进 F-4“鬼怪”、A-4“天鹰”等战斗机，在战争初期掌握了制空权，相反以色列在战争初期损失惨重，凸显出苏联防空系统的优越性能。很明显，如果战机要继续作为一种威胁性武器存在，那么就必须实现对敌“隐身”。

为了应对来自苏联的空战威胁，以及维护自身空中霸权，美国空军于 1983 年正式启动了研制新一代战斗机的计划。

2. 激烈的飞行竞争

1981 年 6 月，空军发布第一份先进战术战斗机的《设计信息征询书》，将空对空能力和空对地能力放在同等重要的地位。1982 年 8 月，《设计信息征询书》修订完成，将空中优势确立为项目主要任务，并将 F-22 项目分为两个子项目：① 先进战术战斗机(ATF)计划，包括概念设想、相关技术研发和原型机制造等；② 联合先进战斗机发动机(JAFE)计划，研发新型战机的先进动力推进系统。1983 年 9 月，美国先进战术战斗机系统计划办公室(SPO)提出 ATF 具体设计概念，标志着先进战术战斗机计划正式启动。

随后，美国空军与两家发动机制造商和七家机体制造商签署了合同。发动机制造商普·惠公司和通用电气公司分别获得了价值 2.02 亿美元的合同，将在为期 50 个月内完成新型发动机地面验证工作。七家机体制造商各自获得了约 1 百万美元的概念机合同，这七家公司是洛克希德公司、波音飞机公司、通用动力公司、诺斯罗普公司、格鲁门宇航公司、麦克唐纳·道格拉斯公司以及罗克韦尔国际公司。

1986 年初，由专业人员组成的蓝带委员会发布了一份报告，建议增加原型机试验阶段。5 月，时任空军部长爱德华·阿尔德里奇宣布采纳蓝带委员会的建议，增加原型机飞行试验，计划将有两家公司获得机体研制合同，分别制造两架原型机，一架装备 F-119 发动机，另一架装备 F120 发动机，然后根据试飞结果，从 4 架原型机中选出优胜者。考虑到研究费用和技术风险太高，空军建议各竞标商采取团队合作的方式。随后，洛克希德与波音、通用动力组成联合小组，诺斯罗普与麦克唐纳·道格拉斯形成联合小组，并相互约定，成功竞标的公司成为首席制造商，组内其他成员成为主要承包商。而格鲁门公司和罗克韦尔国际公司选择继续独立参与竞争。

1986 年 10 月 31 日，美国空军宣布，七份方案中，洛克希德和诺斯罗普两家公司的设计方案评价最高，顺利进入下一阶段，分别获得了价值 6.91 亿美元的研发合同。空军赋予洛克希德方案的 ATF 编号为“YF-22A”，赋予诺斯罗普方案的 ATF 编号为“YF-23A”。

1990 年 7 月，诺斯罗普公司研发的 YF-23A 在爱德华兹空军基地率先亮相，并进行了低速滑行试验。8 月底，完成了首次试验飞行，时间约 50 分钟，最大飞行高度为 7500 米，最高速度为 0.7 马赫。11 月 14 日，YF-23A 飞至 12800 米高空时，速度达到 1.43 马赫，在后来的飞行中更是达到了 1.6 马赫。

到 1991 年 2 月底，YF-23A 共进行了 50 次试验飞行。但直至试验结束，YF-23A 也没有进行导弹发射和大攻角机动飞行。YF-23A 试飞两个月后，9 月 29 日，YF-22A 开始试飞。洛克希德公司安排了史上最为紧凑的试验飞行，两架 YF-22A 原型机在 60 天的时间内进行了 74 次试飞，却比 YF-23A 还整整提前了两个月结束试飞。11 月 3 日，YF-22A 在试飞中速度超过 2 马赫，率先达到超声速巡航速度。12 月，YF-22A 成功发射了两枚空空导弹。为了突出 YF-22A 的优越性，洛克希德公司更是安排了 10 个架次的攻角机动飞行，包括 45 度压坡度飞行、360 度翻转、垂直爬升和垂直俯冲，充分显示了 YF-22A 良好的机动性能。

发动机方面，普·惠公司设计的 F119 采用常规设计，强调应用现有成熟技术，通用电气公司的 F120 设计上要激进一些。F119 涵道比为 0.2～0.3，属于双转子涡轮风扇发动机，与 F120 相比，F119 结构更加简单，耐久性提高了两倍，零件数减少了 40%，零件寿命延长了 50%，发动机总增压比提高了 40%，无加力状态下的推力提高了 61%，开加力状态下的推力增加了 47%。F120 涵道比为 0～0.25，推力达 156 千牛。F120 发动机的特点在于采用了可变—循环技术，可以实现多种热力循环，能在涡喷和涡扇等模式下相互切换，即使在超声速巡航速度下，也表现出了很高的燃油使用效率。F120 还有一个特别之处，就是采用双转子、无叶片、对转的涡轮。F120 在美国空军阿诺德工程发展中心进行测试时，创造了 37 小时的试验时间记录和 87.5 万个破纪录的试验数据。

1991 年 4 月 23 日，经过长达 8 年的激烈竞争，空军部长唐纳德·赖斯宣布洛克希德、波音和通用动力联合小组获得先进战术战斗机(ATF)竞争的胜利，并决定采用普·惠公司研发的 F119 发动机作为推进系统。赖斯称，两家公司以更低的成本、更低的风险，提供了更好的设计方案，为空军提供了最优选择。[3]

二、需求牵引战机项目发展

需求牵引是武器装备发展的源头和灯塔，有利于保证武器装备发展的正确方向，F-22 战机项目是美军军事需求牵引下的产物。

1. 苏联空中威胁，引发新型战机需求

20 世纪 60 年代末，苏联启动“先进战术战斗机”(PFI)计划，该计划分为两个部分，一个是先进重型战术战斗机(TPFI)计划，即苏-27 战斗机，另一个是先进轻型战术战斗机(LPFI)计划，即米格-29。苏-27 战斗机由苏霍伊设计局设计，北约代号“侧卫”，以 F-15 为主要假想敌，具有机动灵活、续航时间长、全天候、超视距作战能力等特点，能遂行空中格斗、护航、巡逻等多种任务。苏-27 自诞生之日起，就创造了多项世界纪录，该机从地面爬升至 3000 米高空只用了 25.4 秒，比 F-15 快了 2 秒，之后又相继创造了 6000 米、9000 米、12 000 米世界纪录。米格-29 是由米高扬·格列维奇飞机设计局设计，北约代号“支点”，具有超音速、高性能、全天候、多用途的特点，主要承担与美战机争夺空中优势的任务，同时也可担负起对地攻击的重任。

美国前国防部长理查德·布鲁斯·切尼说：“苏联战斗机已从根本上对我们构成了威胁，技术上已经与我们处于同一水平，美国决不能容忍苏联乃至其他任何国家统治未来。”[4]苏联高度重视发展空军，1946 年正式设立空军总司令一职，空军成为与陆军、海军并列的军种，并建立了远程轰炸航空兵和空降运输航空兵。1954 年到 1959 年，苏联大力发展核武器部队，空军此时得到优先发展，为了提高应对敌核轰炸机空袭的能力，苏联战斗机发展迅猛，第二代战斗机大量装备部队。20 世纪 60 年代后期到 70 年代，在勃列日涅夫积极进攻战略的指导下，空军的发展，特别是轰炸机的发展，进一步受到重视。苏联将轰炸机视为战略武器的三大支柱之一，新型轰炸机研制和生产的速度大大加快。到了 70 年代中期，苏联轰炸机体系化、系列化发展。与此同时，苏联还大力发展空中运输能力，以满足大型装备和

大量兵力的运输需求，如安-22 和伊尔-76。

2. 局势变化，项目减产

20 世纪 80 年代末 90 年代初，世界局势发生了天翻地覆的变化，美苏两极格局终结，两大阵营之间的冷战结束。以美国为首的联军轻而易举地就取得了波斯湾战争的胜利，F-117 隐身战斗机在此次战争中大显身手，彰显出先进战斗机强大的作战效能。随后，美国调整国防战略，国防预算削减了近 40%，许多武器发展项目被压缩甚至完全中止，ATF 项目战机数量也由原计划的 750 架削减到 648 架。1993 年 9 月，美国国防部再次决定削减到 438 架，经费减至 716 亿美元。到了 1997 年 5 月中旬，F-22 的采购总量再次减少到 339 架。

F-22 可以说是美国冷战思维的产物，是以苏联为主要假想敌。冷战结束，主要对手苏联已然解体，美国成为唯一的超级大国，军事重心转移到打赢局部战争、区域性战争和反恐怖行动。美国逐渐转变冷战时期的军事战略和武器发展方向，注重提高美军应对远程导弹的能力。[5]在局部战争中，F-15、F-16、F-18 能满足军队需求，并且成本更低、维护更方便，战术运用和作战指挥上也更成熟。奥巴马政府上台后，积极调整军事战略，在 2010 年的《国防预算报告》中，大幅度削减为应对大规模常规战争而启动的武器装备发展项目，增加实战型武器装备研发项目，同时加大对伊拉克和阿富汗地区反恐作战行动的经费。[5]这意味着美国将以发展适用于局部战争、反恐行动的武器为武器装备发展的重点，而 F-22 是传统战争模式下的高级尖端武器。

3. 价格昂贵，影响需求

据美国空军估计，F-22 的采购价格约为每架 1.2 亿美元，如果算上研发费用，那么每架飞机的成本约在 2.563 亿美元左右，而根据私人机构的估计，每架 F-22 的成本高达 3.29 亿美元。[6]当 2012 年飞机最终交付时，F-22 的采购计划已经全部完成，费用总计超过 670 亿美元。由于美国空军认为美国有必要成立空军远征军，因此坚决反对大量削减 F-22 战斗机采购数量。面对 F-22 的昂贵造价，美国空军和国会、国防部展开了激烈的斡旋、斗争，最后不得不做出妥协，接受减产。成本增长的原因主要有：① 机身部件的设计、修改和制造费用超出预期；② 航空电子设备的开发和整合，由于航空电子系统的复杂性，以及分包商的软件开发能力不足，航空电子设备成本大大增加。同时，随着 F-22 项目发展，不得不增加一些必要的分析论证项目。

为了节约研究资金，美国空军不得不做出延缓生产 F-22 的决定，1993 年，工程与制造发展(EMD)比原定计划推迟了 6～18 个月，EMD 战机生产数量从原计划的 11 架减少到 9 架。空军重新分配资金，并制定了若干计划[7]：① 外部武器试验推迟到 EMD F-22 完成后进行；② 重新评估头盔瞄准系统以及 AIM-9X 导弹配备情况，并降低测试成本 1.1 亿美元；③ 降低承包商实验经费 1 亿美元；④ 要求洛克希德·马丁公司减少成本 8000 万美元，但据洛克希德公司称，最终该公司只减少了成本 2000 万美元，远远没有完成任务。2005 年，美国著名的综合性战略研究机构兰德公司对 F/A-22 和 F/A-18E/F 的经费进行了具体研究，指出 F-22 机体部分超支 42%，航空电子系统超支 25%，动力推进系统约超支 3%，研制总成本超过预算 76 亿美元，整体进度比预期推迟 52 个月。[8]

三、技术推动战机项目发展

美军历来重视军事技术的发展，主张获得对他国武器装备上的技术优势来保证己方的军事领先地位。F-22 战斗机采用了多种先进技术，这些技术推动了 F-22 的发展，保障了 F-22 的优异作战性能。

1. 低可探测技术

洛克希德·马丁公司在 F-22 隐身性能方面大下工夫，采用了先进的外形设计和大量隐身复合材料。外形设计是实现战机隐身最为关键的因素，在错误的外形设计下，再多隐身材料也难以补救。[9]F-22 战机整体采用平滑流线结构和外倾双尾式布局，应用了翼身融合体技术，将机身和机翼融合设计，结合处圆滑，无棱角。具有较大的菱形机翼，两个八字形的垂直尾翼和棱锥状机头。在战机的垂直尾翼、水平尾翼设计了 42° 后掠角，用以提高战机的机动性，同时降低战机的雷达散射截面积。采用横向偏置进气道，进气道位于战机机翼下方的机身两侧，进气口呈平行四边形且形成后掠，过气导管向上、向内弯曲。机身上的座舱盖、喷口、雷达罩、起落架舱门、弹舱的边缘等大部门可以打开的部分，均采用了锯齿形结构，减弱绕射回波。机身边沿和锯齿边沿构成平行直线，能够减小雷达回波的数量以及角度。武器舱内挂于机身下部和进气道两侧。将内埋式天线与共形式天线结合，将天线置于雷达吸波材料腔内，并覆盖一层特殊材料，实现了隐身与收发信号的完美结合。

除了外形设计上，洛克希德·马丁公司在隐身材料上也多下工夫。F-22 在外形设计上采用了较多的内置方法，导致战机机身总体偏大，仅凭外形设计难以满足新一代战机隐身性能的要求。F-22 采用了多种隐身材料，包括 RAS 吸波材料、RAM 吸波材料和防红外涂层等。据统计，在 F-22 战机采用的材料中，具有隐身能力的复合材料约占 50%。[10]F-22 不同部位应用了不同的隐身材料：机头部分采用了 S-2 玻璃纤维增强复合材料，这种材料具有很好的透波性与吸波性；在进气道、机翼前后缘等部位采用了在吸波材料表面均匀涂抹吸波涂层的方法，吸波涂层吸收高频雷达信号，吸波材料吸收低频雷达信号；座舱腔体镀上了一层透明导电膜，在满足透光率的前提下，实现座舱腔体的电磁屏蔽；座舱盖应用新研发的铟锡氧化物陶瓷镀膜，透光率高达到 85%；发动机舱以复合材料蒙皮，实现了减轻质量和提高隐身性能的双重效果。

2. 发动机技术

根据 F-15、F-16 以及其他喷气式飞机的发展经验教训，美国空军认为有必要在战机机身设计前启动发动机项目研究，即“联合先进战斗机发动机(JAFE)”计划。新型发动机旨在提高推重比，具备超声速巡航能力，在不使用加力燃烧室的情况下能持续以超声速飞行，具备隐身能力，提高燃油效率、可靠性和维修性等优异性能。结合发动机发展史，美国空军认为新型发动机应该具备推力矢量能力，增加作战灵活性，减少对机场的依赖，提高生存能力。随后，空军提出了新型战斗机的短距起落(STOL)验证项目，最开始是打算在 F-15、F-16 或 F / A-18 上装备二维矢量喷嘴。1983 年 9 月，美国空军正式发布推力矢量验证方案。1984 年，麦道公司参与到 F-15 战斗机的升级项目中，1984 年到 1988 年进行了战机短距起落和机动性能演示验证，1988 年到 1991 年，进行了飞行测试，为发动机项目的发展提供了宝贵的经验和技术支持。

F119 发动机采用的新技术主要有高低压涡轮转向相反、整体叶盘结构、浮壁燃烧室结构、可上下偏转的二维矢量喷管、第三代双余度 FADEC、整体式加力燃烧室设计、三维黏性叶轮机设计方法、高紊流度强旋流主燃烧室头部等。高低压涡轮的叶片是由普·惠公司研制的第三代单晶材料做成，采用了带有扰流柱的先进气膜冷却技术，将高压涡轮和低压涡轮设计为转向相反，取消了高、低涡轮转子动叶之间的导叶，提高了飞机的可操控性，对 F-22 战机的高机动性有着十分重要的作用；采用了整体叶盘结构和空心叶片，运用刷式封严技术，提高了效率，减少了漏气。燃烧室采用双层浮壁式，外层为环形壳体，内层为薄板，壳体与薄板之间留有缝隙，方便冷却燃烧室的空气通过，提高了燃烧室的使用寿命，减少了废气排放，而且方便维修与更换。加力燃烧室采用 Alloy C 阻燃钛合金，减轻了重量。燃油控制系统是第三代双余度 FADEC，每台发动机设计了两套调节器，每套调节器又设计了两台计算机，有利于故障的发现和处理，提高了燃油控制系统的可靠性；采用二维矢量喷管，是实现短距起落、非常规机动的关键，同时降低了雷达和红外信号特征。

3. 材料技术

20 世纪 80 年代初，航空界对用先进复合材料代替大部分金属材料抱有很大希望。为了测量出各种先进材料的物理性能，并了解它们在不同环境和配置下的性能情况，承包商对各种材料进行了 9000 多次测试。材料测试具有高回报性，以热塑性材料和热固性材料为例，热塑性材料在 ATF 战机演示/验证阶段时被认为是有很大希望大量应用到机身上的，因为热塑性材料是在高压加热的状态下形成的，它可以多次重复高压加热的形成过程，使得它可以在零部件损坏的情况下迅速替换原有零部件。热固性材料被加热和固化只经历一次化学变化，不能重复加工，一旦在生产过程中出错，就难以修复。洛克希德公司曾预测，热塑性材料将会是量产型 F-22 使用的主要复合材料。然而，经过长达四年的研发和测试，材料承包商认为热塑性材料不能达到预期性能和成本要求，相反，热固性材料的表现却大大超出预期。于是，洛克希德公司将热固性材料作为主要的复合材料，而将热塑性材料仅用于少数特殊部件，如容易受到外部异物破坏的武器舱门和起落架舱门等。

F-22 战斗机大量使用了石英纤维、玻璃纤维、芳纶纤维、吸波材料、合金材料、复合材料等高技术材料，其中，钛合金占比达到约 36%，热固性复合材料占比约为 24%，热塑性复合材料占比约为 1%，铝合金占比约为 16%，钢占比约为 6%，钛合金占比约为 3%，其他占比约为 15%。复合材料在蒙皮、骨梁、燃油箱骨架与箱壁、机翼梁、垂尾梁、隔框等部分都有体现。钛合金材料具有一流的耐高温性和耐冲击性，采用钛合金能大大增强战机机体强度。F-22 原型机中，钛合金占总结构质量比为 24%，而量产型 F-22 钛合金占比达 36%，足以可见美国空军对钛合金的优异性能的认可。研究表明，使用复合材料制造的战机部件使用和维修成本要比金属部件低 16%～25%。[11]除了高技术材料外，F-22 战机也受益于复合材料结构制造工艺的创新，减轻了零件数量和结构重量，降低了生产制造成本，例如树脂转移成形技术、纤维束自动铺放技术、超级隔板成形技术。

四、结束语

20 世纪 80 年代初，美国卡特政府时期的副国防部长、负责研究与工程的威廉·佩里明确提出了“需求牵引、技术推动”的装备研发动力机制。自 1994 年 6 月起，佩里推动面向性能的军标改革反映了融合需求牵引与技术推动的意图。经历海湾战争、科索沃战争、9·11 事件、阿富汗战争、伊拉克战争以后，美国适时调整军事战略，在装备发展方面拓展出以能力为指导的建设思想。不过究其根源，以能力为指导的装备建设仍然是需求牵引的另一种表现，也在相当程度上综合了技术推动。进入 21 世纪以后，国内从实践上越来越强调融合需求牵引、技术推动两种动力机制的重要性，但是在理论研究上相对滞后，主要集中在需求牵引上，二者间关系也仅是一般性研究。F-22 战机项目是美军装备采办建设中的重大典型项目，是世界空军建设的一个重要里程碑，对我军装备采办建设具有重要借鉴意义。

★ 参考文献

[1] 习近平. 装备建设要坚持作战需求的根本牵引[EB/OL]. 新华网，2014-12-04. http://news.xinhuanet.com/ politics/2014-12/04/c_1113525477.htm

[2] Ross Babbage. The F-22 and the Japan-U.S. Alliance—A Response to Weston Konishi and Robert Dujarric. Pacific Forum，CSIS，July，2009.

[3] D. E. Bond. Risk，Cost Sway Airframe，Engine Choices for ATF[J]. Aviation Week and Space Technology，1991(17): 20–21.

[4] S. Pace. F-22 Raptor: America’s Next Lethal War Machine[M]. Mcgraw-Hill，1999:1.

[5] R. M. Gates. Defense Budget Recommendation Statement (Arlington，VA)[R].U.S. Department of Defense，April 06，2009. www.defenselink. mil/speeches，June 01，2009.
[6] 闵增富. 美国未来空军[M]. 北京：解放军出版社，2007: 172.
[7] United States General Accounting Office. F-22 AIRCRAFT：Issues in Achieving Engineering and Manufacturing Development Goals(GAO/NSIAD-99-55)[R]. 1993.03:8.
[8] Younossi O，Stem D E，et al. Lessons Learned from the F/A-22 and F/A-18E/F Development Programs[R]. The RAND Corporation，2005: 29–46.
[9] Rahret W F. The beginning of stealth technology[J]. IEEE trans. on AES，1993，29(4):1377–1385.
[10] 林刚. F/A-22 飞机的隐身性能设计、验证与维护[A]. 中国航空学会航空武器系统专业分会 2007 学术年会论文集[C]，2007: 174–177.
[11] 昂海松，余雄庆. 飞行器先进设计技术[M]. 2 版. 北京：国防工业出版社，2014: 179.

(作者单位：国防科技大学)

工程评论

试论中文“工程”和英文“Engineering”的理解和翻译问题

尹文娟

摘要：中西方工程研究者们在诸多基本问题上至今依旧各执一词的一个可能原因在于双方将“工程”与“Engineering”进行直接对译并按照自身文化语境中赋予源出语的涵义来理解译入语，阻碍了彼此真实意图的表达。通过将两个概念重新置于各自内生历史文化场景下进行概念史考察，一方面揭示出二者在涵义上的不对称，另一方面也解释了双方学者所坚持立场的逻辑起点。最后根据功能等效建议将“工程”与“Project”进行对译并区分了 Engineering Practice 的工程师实践属性。

关键词：工程哲学；工程；Engineering；工程本体论

一、关注“工程”与“Engineering”转译不对称问题

二十一世纪之初中西方技术论者们几乎在同一时间不约而同地将目光转向了与“技术”密切相关却又具有独立实在意义的另一主题——“工程”(Engineering)。此后各国学者围绕这一主题思考贡献了许多富有价值的议题和方法，并且尝试推动“工程哲学”作为一个学科的建制化进程。然而令人意外的是，在经过了十几年坚持不懈的学术交流与合作之后，中西方学者们虽然彼此肯定并相互借鉴了对方很多具有启发意义的学术成果，却依旧在一些关键性概念框架和元问题上无法达成共识，有时候甚至连最基本的相互认可都做不到。例如，中国工程哲学学者始终无法认同西方工程研究者们将“工程”仅仅概念化为与工程设计相关的态度，但欧美学者却开宗明义的宣称“设计就是Engineering①的同义词”，[1]viiL.布恰瑞利撰写的那本宣告西方工程哲学诞生的经典小册子虽然命名为Engineering Philosophy，但全篇探讨的都是设计的事；同样，在西方工程研究者这边，他们也很难赞同中国学者提出的诸如在“Engineering Community(工程共同体)中纳入管理者、其他技术专家、工人和投资者”[2]3 的做法，因为在他们看来“Engineering 应该是工程师按照工程师的能力所做的事”[2]3，这样一来 Engineering Community 就应该是跟工程师的职业协会是一回事，又怎么会跟投资者、管理者甚至民众扯上关系？不仅如此，很多次双方还一度出现了在一方视域下争执的相持不下的问题在另一方那里却被认为是无法形成问题域从而不值得思考的情形②，其中最著名的一次理论交锋就是

---

① 由于笔者试图论证“工程”与“Engineering”的对译是成问题的，因此在论述过程中会刻意将凡西方学者使用的用语都沿用原文“Engineering”而非译入语“工程”，以方便读者体味二者之间微妙的差异。

② 有关这一问题的细致讨论参见殷瑞钰，李伯聪. 关于工程本体论的认识[J]. 自然辩证法研究，2013(7)：43-48.

关于加拿大哲学家邦格的“Engineering 是应用科学”的讨论。西方学者几乎从技术论研究时期就在要么证实要么证伪“Engineering 是应用科学”这一论断；而中国的工程哲学从建立之初却明确提出“工程活动是一种既包括技术要素又包括非技术要素的以系统集成为基础的物质实践活动”，[3]8 这样一来工程既不可能是科学的附庸更不可能是技术的附庸，反而是科学、技术、资源、资金、劳动力等要素需要被工程按照工程的目的和要求进行选择、集成和建构，也就是说“工程是否是应用科学”的论点在中国工程哲学这里从一开始就失去了存在的土壤。为了更清晰地表述这一立场，2013 年中国工程哲学学者们更是直接提出了工程依靠自身是其所是的“工程本体论”观点，完全否定了西方世界在工程本源问题上各类衍生论的说法。

为什么中西方工程研究者们会出现这种“各说各话”的现象？笔者以为其中一个可能的原因在于我们将双方的核心概念“工程”和“Engineering”进行了不假思索的直接对译，并一厢情愿地用自身文化语境下赋予源出语(工程/Engineering)的涵义来理解分析译入语(Engineering/工程)，从而导致了翻译学上经常出现的——译文接受者和译文信息之间的关系并不等同于原文接受者和原文信息之间的关系——错误①。举一个简单的例子。SPT(哲学与技术协会)前主席杜尔滨(P.T.Durbin)先生一直避免使用“工程哲学”一词，也拒绝承认有这样一个学科存在，他在一篇文章中这样写道，“当我第一次看建立工程哲学(Philosophy of Engineering)这个提议时，我脑海中浮现的是一种非常狭隘的关注——即所谓的 R&D 共同体”，[4]11 也就是说当杜尔滨提到“Engineering”的时候，在他看来该词的内涵与 R&D(即研发)的内涵几乎是一致的，那么如果我们按照约定俗成的译法将“Engineering”直译为“工程”，想必没有人会在汉语语境中把“工程”与 R&D 直接联系起来，这两者甚至都可以说是大相径庭的两件事；然而需要注意的是，在英语语境里，像杜尔滨先生那样理解“Engineering”并支持其看法的学者却不在少数。不难想象，如果此时有某位中国学者试图与杜尔滨先生探讨关于工程哲学的看法，并选择将“Engineering”与“工程”直接对译的话，他们的讨论很可能不是在同一个语义世界中进行的，因为在对貌似是同一个词的使用上，双方对其涵义的理解显然是不同的，而这必然影响彼此对对方真实意图的解读。

要解决这一问题，笔者以为我们需要将“工程”和“Engineering”复归至原初的历史文化场景中并对其涵义做一概念史的考察，这样一方面有助于我们对比二者之间的差异，从而找到恰当的对译语进行有效的意见交换，同时更重要的是能够让我们对中西方工程研究者坚持的学术立场达到一种理解和宽容。

二、历史文化场景中生成的“工程”与“Engineering”

无论是“工程”也好，还是“Engineering”也罢，首先都是一种社会现象，从而也就是一种历史现象。对于作为历史现象的工程或 Engineering 来说，历史演绎的复杂性使得我们无法通过给出这两个词精准的定义从而找到恰当的对译词，但我们却可以追溯这两个概念在本土历史文化场景中的生成历程来对它们今天丰富的涵义有一个管中窥豹式的了解。

首先看一下“Engineering”的涵义演进历程。“Engineering”一词来自于古拉丁语 Ingenero，意思是“产生”、“生产”。它的含义最初是与军事联系在一起的。比如“Engineer”最早指的就是军队

① 事实上，近些年来西方一些工程研究者也逐渐意识到东西方工程哲学交流上的障碍可能是由于某些翻译用语选择上的不精确带来的，于是开始尝试着对一些重要概念的翻译提出了修改意见，比如针对李伯聪教授提出的科学-技术-工程三元论学说中的“技术核心活动是发明”的观点，Ibo Van De Poel 建议在英文翻译中将此处的“技术”与“Engineering science”对应更为便于其真实意图的传达。相关讨论参见 Ibo van de Poel. Philosophy and Engineering: Setting the Stage[A].Michael Davis，Billy Vaughn Koen etc. Philosophy and Engineering[C]. Springer，2010:1-11.

中那些设计和操作战争工事的人。莎士比亚在戏剧中也将“Engineer”作为“Soldier”(士兵)的同义词来使用①。而 17 世纪有权授予工程学位的学校也都与军事有关，如美国的西点军校，拿破仑创立的巴黎理工学校等。事实上，Engineering 的这一军事化含义一直影响着其内涵的演变。1828 年版的韦伯斯特《美式英语词典》将“Engineer”定义为“精通数学和机械的人，他们为进攻或防御拟定工程计划，并且为防御划定地界”，也就是说，“Engineer”是指导形成计划的人或设计出某件事的人，而不是真正制作、建造的人，“Engineer”的这一涵义到今天依然被保留下来，这也就解释了为何设计会在 Engineering 中具有如此重要的地位，甚至成了 Engineering 的同源词，同时为何像杜尔滨这样的学者会把 Engineering 和 R&D 活动联系起来。不过随着战争的结束，“Engineering”的含义也开始有所改变。工业革命时上述军事院校培养出来的“工程师”(注意，此处笔者虽然使用“工程师”，但却跟当代我们对这一词的理解有很大不同)开始在军事领域之外的地方发挥作用，从而出现了一批“民用工程师”(Civil Engineer)。当“民用工程”出现的时候，“它在英语世界已经开始专指那些设计、建筑、道路、桥梁、供水、维修、卫生系统、铁路等——也就是说那些公众集资和使用的、从效用和效率角度而不是审美角度或象征意义角度评判的项目。”[5]191 到了 19 世纪，启蒙运动倡导的在科学和实用技艺之间建立联盟的态度逐渐使工程师的工作开始包含了一些科学过程，比如利用科学方法来解决工程结构问题，将古典的“思”变成了硬性的计算。“从那以后，工程就拓宽了思路去思考一个广义范围内的物质、能量、产品，正如在化学工程、电机工程、无线电工程、电力工程、航天工程、原子工程及计算机工程的范围内所表现的那样。”[5]192 启蒙运动使“Engineering”的涵义逐渐与过去断裂，使科学而非工匠传统成了当代 Engineering 的基础，从而将 Engineering 与科学的概念混淆在了一起。《麦克劳·希尔科学和技术术语词典》第三版(1984)中将“Engineering”定义为“可以将自然中的物质特性和能量、力量的来源变得在结构、机械和产品方面对人类有用的科学”，权威工程教育专家拉夫·史密斯(Ralph J.Smith)对此的解释是——“Engineering 是一项应用科学的艺术，目的在于最大限度地转换自然资源，以满足人类的利益”，[5]192 可以说，直至今日西方世界中 Engineering 与科学之间难分难解的关系仍然是学者们争论的话题，而这显然与 Engineering 自 19 世纪以来与科学之间错综复杂的纠葛不无关系。科学对于 Engineering 的影响使得 Engineering“与关于如何设计有用的人造物过程的系统知识是一致的，是一门包含纯科学和数学的学科”，[5]193 这在当时有效促进了工程教育课程体系的发展，因此除了军事和民用工程那种直接指向某种社会需要和期望的工程实践外，Engineering 又多了一层理论涵义，即“工程学”。杜尔滨先生曾公开否认“Philosophy of Engineering”存在的可能性，他在一篇名为《关于哲学与工程的多面性》的文章开篇就直截了当地提到——“有人说是否存在一门 Philosophy of Engineering，这里居然使用了 Engineering 的单数形式，那么我的回答是‘不存在’”，[6]3 显然按照杜氏的逻辑，如果“工程哲学”要建立，那也应该是“Philosophy of Engineerings”，这一看法遭到了很多中国学者的反对。事实上，无论是本文开篇提到的杜尔滨先生提出的 Philosophy of Engineering 就是 Philosophy of R&D，还是此处的“Philosophy of Engineerings”，这里如果将 Engineering 转译为“工程学”，或许可以有助我们部分理解杜尔滨的态度。一方面学科的专业化使得不同工程学门类如农业工程、电力学工程等有着显著的不同；另一方面 Engineering 在英语

① 《哈姆雷特》第三幕第四场中第 206 句台词便是：Engineer/Hoist with his own petard，此处 Engineer 指的是士兵，“士兵啊，你开炮却把自己给炸了”。

世界中又缺乏像 Technology 那样作为抽象独立主格的资格①，这样一来，单一的“Philosophy of Engineering”(即工程学哲学)的确很难成立，除非明确指出是对哪一类工程学的哲学观照，或者如杜尔滨建议的那样，将 Philosophy of Engineering 变成对 R&D 或者设计的哲学分析才更符合英语世界中对 Engineering 的理解。

再来看一下“工程”在汉语世界中涵义的演变。“工”属象形字，自甲骨文时期就有，其字形仿照的是匠师们用的一种可量可画的工具，因此“工”本意指器械、工具，同时也指持有器械的人，即工匠，如《论语·子张》中“百工居肆以成其事”。按照《说文解字》“程”字“从禾，呈声”，即“程”用“禾”作旁，“呈”作声，本意为称量谷物收成并上报，因此“程”主要是距离、大小、进度等度量衡的含义，如《荀子·致仕》中“程者，物之准也”。由此可以推知，“工”和“程”合体表示工匠所做活动进度的评判或者对人工物的一种度量。杨盛标等学者考证“工程”一词的合体最早出现在《新唐书·魏知古传》中“会造金仙、王真观，虽盛夏，工程严促”，此处“工程”具有了建造或建筑的含义。“中国传统工程的内容主要是土木构筑如宫室、庙宇、运河、城墙、桥梁、房屋的建造等”，[7]38 大概出于这一原因，洋务运动时期英国传教士傅兰雅选用汉语的“工程”与彼时的英文“Engineering”进行了对译，因为这一时期“Engineering”的涵义也恰好经历了由主要为军事向民用——即，土木工程——的转变，两个词至少在当时从指涉内容上说是接近的。此后，清朝官方文件又相继出现了“工程师”、“工程科”，这表明“工程”与“Engineering”的对译基本规范化了，之后不仅“工程”成了常见的日常用语，而且其语义还呈现出扩大的趋势。不过其最初的“建造”的含义却始终被保留了下来。到了现代，随着造物活动的频繁和日益复杂化，“工程”的涵义也变得更加丰富了，不过通过目前主流的一些对“工程”的定义还是可以捕捉到它的一些内在本质特征的。李伯聪教授将“工程”理解为广义的“生产”，提出“工程这个术语一般性地界定为对人类改造物质自然界的完整的、全部的实践活动和过程的总称”，[8]8 “是一个包括了计划、实施(即狭义的生产)和消费(用物和生活)这三个阶段的完整的过程”，[8]9 其特征是“建造”。殷瑞钰院士等人在《工程哲学》中提出：“工程是人类运用各种知识(包括科学知识、经验知识，特别是工程知识)和必要的资源、资金、装备等要素并将之有效地集成——构建起来，以达到一定的目的——通常是得到有使用价值的人工产品或技术服务——的有组织的社会实践活动”，[3]5 “工程往往表现为某种工艺流程、某种生产作业线，某种工程设施系统，乃至各种工业、农业、交通运输业、通讯业等方面的基础设施或设施网等。”[3]6 工程包括了工程决策、工程规划、工程设计、工程建造、生产运行和工程管理。[3]16 从这些主流定义可以发现与“Engineering”相比，“工程”具有三个明显的独特属性：第一，建造或说“操作才是工程过程的最核心和最关键的环节”，[8]176 设计只是工程活动的基点，一个组成部分而已。第二，“工程”在现代汉语中总是与生产相关的，而且指的是大型生产的全生命周期过程，也就是说，我国的“工程”涵义内在的指涉了生产的整个过程，那么工程活动显然就是一个“不但工程师是不可缺少的，而且投资者、管理者、工人和其他‘利益相关者’也不可能‘缺席’”[9]27 的集体性活动。基于这样的理解和逻辑，中国工程哲学讨论的“工程共同体”就必然不仅仅关乎工程师群

① 必须说，今天英语世界中“Engineering”的涵义变得越来越狭隘。从时间顺序上说“Engineering”一词的出现要远早于“Technology”，但是 1958 年美国技术史协会(Society for the History of Technology，即 SHOT)成立的时候在讨论协会名称是使用“Technology”还是“Engineering”好的时候，学者们一致倾向于使用前者，理由是“Technology”比“Engineering”的涵义更广泛，“Engineering”只是“Technology”所属的研发(R&D)活动的一个构成部分而已。按照这样的理解，“Engineering”的确只能由具有重要技术专长的工程师来完成，那么英文中的“Engineering Community”显然指的是工程师的职业协会，如果我们将我国工程哲学倡导的“工程共同体”也直译为“Engineering Community”的话，二者内涵显然是有所不同的。

体，而是将与工程有关的所有群体都尽可能地纳入进来，因为每一个群体的行为对于工程运行的不同阶段来说都是至关重要的；同样中国的工程伦理学范畴也必然是“团体伦理学”导向的，与西方由于 Engineering 内置的“工程学”倾向导致 Engineering 只能锁定于工程师群体，从而工程伦理学主要是“个体伦理学”的研究范式有很大不同。第三，工程的选择、集成和建构特征赋予了工程依靠自身“具有本体的位置而不是依附的位置”，[10]45 因此较英语世界中 Engineering 要么更多地遮蔽在关于 Technology 的哲学讨论中，要么仅仅囿于设计和 R&D 的范畴内，从而失去了作为独立概念化的资格相比，“工程”在汉语语境中不仅可以指一个个具体的工程项目，如三峡工程，也可以作为一个抽象的概念框架进行本体论、方法论层面的考察。所以在西方学者还在为 Philosophy 和 Engineering 之间关系究竟该表述为 Engineering and Philosophy (工程与哲学)、Engineering in Philosophy(哲学中的工程)还是 Engineering Philosophy(工程哲学)相持不下的时候，“工程哲学”在中国作为一个建制化的学科却已经冉冉升起并逐渐走向成熟。

事实上，倘若从工程本体论的立场出发或许可以这样解释：恰是由于“工程”与“Engineering”在各自的语境下本体论地位发展上的不对称导致了二者在转译过程中的不对称。

三、关于“工程”与“Engineering”的功能等效对译

需要注意的是，当前有部分西方学者——以密歇根大学科学与工程系教授 James J.Duderstadt[11]iii-iv 为例——开始尝试着做出“Engineering Practice”、“Engineering Research”和“Engineering Education”的区分，然而这里的“Engineering Practice”与汉语中的“工程实践”还是有很大的差别的，如前文所述，工程一词内置了工程从理念构想到实践操作到最终使用完成的整个过程，因此工程实践也是一个包含着工程整个造物环节的活动，而“Engineering Practice”则更多地指的是“工程师的实践”或者说“工程师的操作”活动。这是因为在 James 那里，他虽然将 Engineering 的涵义进行了——作为一种学科、作为一种职业、作为一种知识基础和作为一种教育系统——四种细致区分和论述，但毫无疑问这里的 Engineering 仍旧是面向工程师的一种活动属性，此外从其分列的三种 Engineering 的活动类型(实践、研究和教育)也说明了这一点。不过从广义的工程教育上来说，现行的工程教育所推广的 CDIO(构思、设计、实施、运行)模式倒是与我国的“工程”的外延与内涵有着极大相似之处。

事实上，汉语“工程”与英文中的“工程”并未完全无法实现对译，我们可以从二者的共性入手，无论是汉语的“工程”造物活动还是西方“工程”造物活动，都有一个共同点，即实际造物活动是按照项目来具体实施的，因此其实汉语的“工程”可以根据功能等效翻译成“Project”，例如“曼哈顿工程”其实就是“Manhattan Project”，甚至是“希望工程”这样的借住了造物中的复杂性来表述自身复杂性程度的社会工程其恰当对译的英文也是“Project Hope”，因此我们可以根据实际的需要，在进行汉语“工程”向英文的输出的时候将其翻译成“Project”，而将英文的“Engineering”向中文输出的时候适当翻译为“工程学”或者“工程”。

★ 参考文献

[1] Henry Petroski. To Engineer is Human: the Role of Failure in Successful Design[M]. New York: Vintage Books，1992.

[2] Ibo van de Poel. Philosophy and Engineering: Setting the Stage[A]. Michael Davis，Billy Vaughn Koen etc. Philosophy and Engineering[C]. Springer，2010.

[3] 殷瑞钰，汪应洛，李伯聪. 工程哲学[M]. 北京：高等教育出版社，2007.

[4] Durbin P T. Introduction[A]. Paul T. Durbin etc. Critical Perspectives on Nonacademic Science and

Engineering[C]. Bethlehem: Leigh University Press.
[5] 卡尔米切姆. 通过技术的思考：工程与哲学之间的道路[M]. 陈凡，朱春艳，等，译. 沈阳：辽宁人民出版社，2008.
[6] Durbin P T. Multiple Facets of Philosophy and Engineering[M]. Michael Davis，Billy Vaughn Koen etc. Philosophy and Engineering[C]. Springer，2010.
[7] 杨盛标，许康. 工程范畴演变考略[J]. 自然辩证法研究，2002(1)：38-39.
[8] 李伯聪. 工程哲学引论：我造物故我存在[M]. 郑州：大象出版社，2002.
[9] 李伯聪. 微观、中观和宏观工程伦理问题：五谈工程伦理学[J]. 伦理学研究，2010(4).
[10] 殷瑞钰，李伯聪. 关于工程本体论的认识[J]. 自然辩证法研究，2013(7)：43-48.
[11] Duderstadt James J. Engineering for a Changing World: A Roadmap to the Future of Engineering Practice，Research，and Education[M]. Michigan：The University of Michigan Pres，2008.

(作者单位：东北大学马克思主义学院)

马克思主义哲学中的系统思想

韩　毅

摘要：马克思和恩格斯虽然没有专门论述系统思想的专著，但在其作品中却多次出现与系统相关的概念，其很多重要理论中也都蕴含着系统的思想。具体来看，其系统思想主要体现于唯物辩证法中有关世界是普遍联系、不断发展、遵循一定规律的有机整体的观点；马克思主义认识论中有关认识的过程、内容、手段、能力的观点；历史唯物主义中关于社会有机系统的观点。

关键词：系统思想；马克思主义哲学

马克思和恩格斯虽然没有专门论述系统思想的专著，但在其作品中却多次出现系统概念，其很多重要理论中也都蕴含着系统的思想。[①]就连系统论的创始人贝塔郎菲也承认自己的理论很大程度来源于马克思主义哲学。[②]苏联系统论学者库兹明专门发表了《马克思理论和方法论中的系统论思想》一书论述该问题。[③]我国系统论集大成者钱学森也表明马克思主义是系统概念的哲学根源。[④]具体来看，马克思主义中的系统思想主要体现在其唯物辩证法、认识论以及历史唯物主义三个方面。

一、唯物辩证法中的系统思想

马克思哲学辩证唯物主义将整个世界看作一个大的动态系统，一个普遍联系、不断发展的有机整体。强调在这个世界中没有孤立存在的事物，各个事物之间紧密联系，并且通过相互作用导致变化发展。[⑤]以此世界观为基础，马克思认为要想认识这个联系、发展的世界，就得用联系、发展的视角去看待它，于是提出了马克思主义认识世界的方法论，即唯物辩证法。[⑥]

系统思想很大程度上是通过人们辩证地认识世界而产生和发展的。在中国古代和古希腊就产生了

---

① “我们所面对的整个自然界形成一个体系，即各种物体相互联系的总体。”《自然辩证法》第 54 页。

② 贝塔郎菲：“一般系统论原理和辩证唯物主义的雷同是显而易见的。”《一般系统论》。

③ 库兹明：“马克思不仅把系统性原则体现在他关于社会和历史过程的观念中，而且系统性原则还构成整个辩证方法论和辩证唯物主义认识论的重要方面。”《马克思理论和方法论中的系统论思想》。

④ 钱学森：系统概念是“首先在马克思主义的经典著作中总结上升为明确的思想的”。《现代科学技术研究的方法》第二节《系统方法》。

⑤ “当我们深思熟虑地考察自然世界或人类历史或我们的精神活动的时候，首先呈现在我们眼前的，是一幅由种种联系和相互作用无穷无尽地交织起来的画面，其中没有任何东西是不动的和不变的，而是一切都在运动、变化、产生和消失。我们首先看到的是总画面。”《马克思恩格斯选集》第 3 卷第 417 页。

⑥ “要精确描绘宇宙、宇宙的发展和人类的发展，以及这种发展在人们头脑中的反映，就只有用辩证的方法，只有经常注意产生和消失之间、前进的变化和后退的变化之间的普遍相互作用才能做到。”《马克思恩格斯选集》第 3 卷第 62 页。

朴素的辩证法。[①]但到了近代，自然科学的快速发展使得分析的方法逐渐占据主导。人们开始习惯于将事物从总的联系中抽离开来，分门别类地单独研究。这种研究方法在一定时期取得了突出成果并推动了自然科学的发展，但其缺乏系统的观点，是一种忽视整体联系的形而上学思想。马恩着重批评了这种“只见树木，不见树林”的狭隘思想，[②]并借助十九世纪以来科学技术跨越式发展的大背景(以三大发明为代表)，提出了强调事物之间整体性联系的唯物辩证法，[③]系统思想正是其中的重要内容。

按照钱学森的定义，系统是由相互作用和相互依赖的若干组成部分结合的具有特定功能的有机整体。任何系统都具有三个基本特征：由若干元素组成；元素之间相互作用；由于元素间的相互作用，使得系统具有特定的功能。而唯物辩证法的基本观点认为世界是由普遍联系的物质构成的，这些物质处于不断地运动和发展之中，而这种运动和发展又遵照着一定的规律。可以说系统思想贯穿于唯物辩证法之中，这些基本观点更是系统论的重要哲学依据。

首先，唯物辩证法强调构成世界的物质是普遍联系的，[④]因而物质之间通过这种联系构成统一的有机整体，这里马恩不仅说明了世界的整体性，还说明了这个整体内部的有机性。这就对应了系统的相关性，即系统各要素之间相互联系，牵一发而动全身。

第二，唯物辩证法强调构成世界的物质是处于不断地运动发展之中的，[⑤]恩格斯就将整个自然界作为一个过程系统来理解。[⑥]运动观点是系统论中的动态原则和适应性原则的哲学依据。由于任何系统都处于一定的物质环境中，必然会受到外界环境的影响，导致内部各要素的变化，因而系统必然处于动态变化之中。而只有能适应环境变化的系统才能长期存在，因而系统必须具备通过不断地动态调整以适应环境变化的能力。

第三，唯物辩证法强调物质的运动遵循一定的规律，这就对应了系统的有序性原则。该原则指出系统是一个要素和结构组成的相对稳定的有序整体，系统处于运动发展中，但是这种发展是有序的；系统要素间相互联系，这种联系也是有序的。

第四，在唯物辩证法中，马恩还研究了整体和部分的关系问题。他们认为虽然整体由部分构成，但整体不是部分的机械组合，二者在本质上是不同的，整体具有部分简单叠加所不具有的性质。这一观点使得马克思主义跳出了还原论的局限，马克思曾用社会协作来说明这个问题，[⑦]恩格斯也曾以有机界的研究来举例。[⑧]这就对应了系统的整体性思想，系统论认为任何要素都不能脱离整体去研究，要素

---

① 比如都江堰水利工程包括三大主体工程和120各附属渠道，从整体出发，形成一个协调运转的工程总体。

② “它看到一个个的事物，忘了它们互相间的联系；看到它们的存在忘了它们的产生和消失；看到它们的静止，忘了它们的运动；因为它只见树木不见森林。”《马克思恩格斯选集》第3卷第454页。

③ “由于这三大发现和自然科学的其他巨大进步，我们现在不仅能够指出自然界中各个领域内的过程之间的联系，而且总的来说也能指出各个领域之间的联系了，这样，我们就能依靠经验自然科学本身所提供的事实，以近乎系统的形式描绘出一幅自然界联系的清晰图画。”《路德维希·费尔巴哈和德国古典哲学的终结》第36页。

④ “粗滤和无知之处正在于把有机联系着的东西看做是彼此偶然发生关系的，纯粹反射联系中的东西。”《马克思恩格斯选集》第2卷第91页。

⑤ “机体产生、成长和构造的秘密被揭开；从前不可理解的奇迹，现在已经表现为一个过程”，“现在，整个自然界是作为至少在基本上已解释清楚和了解清楚的种种联系和种种过程的体系而展现在我们面前。”《马克思恩格斯选集》第3卷第526、527页。

⑥ 恩格斯根据运动形式的不同物质基础，将运动分为机械的、物理的、化学的、生物的和社会的五种由低到高的运动形式，力图以近乎系统的形式描绘出自然界系统稳定清晰图画。详见《自然辩证法》中《运动的基本形式》。

⑦ “许多人协作，多力量溶合为一个总的力量，用马克思的话来说，就造成了‘新的力量’，这种力量和它一个个力量的总和有本质的差别。”《马克思恩格斯选集》第三卷第166页。

⑧ “部分和整体已经是在有机界越来越不够的‘范畴’”，“无论古、血、软骨、肌肉、纤维质等的机械组合，或是各种元素的化学组合，都不能造成一种动物。”

之间也不能脱离整体去考虑，系统不是各个要素的简单相加，而是有机结合。系统整体也因为这种结合而具备所有要素简单叠加不具备的功能，用古希腊亚里士多德的话来说就是整体大于部分之和。

第五，结构的思想也在唯物辩证法的考虑范围之内。马克思曾建立社会结构模型，将人类社会作为一个有机系统进行研究。恩格斯则通过分析物质化学结构，研究了结构和功能的辩证关系[①]。

二、认识论中的系统思想

认识论研究人对客观世界的认识过程。为了在思维中真实再现世界的原貌，马克思通过实践将辩证法引入反映论，提出辩证唯物主义认识论。强调实践对认识起决定性作用，人类在对周围世界的实践中通过感觉器官得到感性材料，然后对累积的感性材料进行抽象，使其上升为理性认识，再用得到的认识去指导人类的实践活动，最后在实践中检验和发展认识。人类认识及基本过程就是在实践—认识—再实践—再认识的无限循环中上升，从而无限逼近真理。辩证唯物主义认识论中同样包含着丰富的系统思想。

首先，人类认识的过程实际上也是一个信息传输和反馈的系统过程：人们通过实践首先获取信息，将其记忆在大脑中，再通过大脑的思考加工，将信息抽象为作为理性认识的概念和判断，然后通过人的效应器官输出抽象后的认识，最后通过实践反馈来检验认识是否正确。

其次，认识的内容包括感性认识和理性认识，二者都是人类对客观世界的把握，但二者与真理的贴近程度却完全不同。马克思主义认识论认为，真理是具有整体性的。通过初步实践获得的感性认识即便有一定整体性，也是掺杂着极大混乱的整体。只有通过思维的抽象，对感性材料进行系统的整理，理清其中各个对象的属性和联系，才能达到准确的整体性，从而上升为理性认识。[②]这时的认识已经是"一个具有许多规定和关系的丰富的总体"，[③]感性认识中的各个事物已经通过抽象形成了一个综合的有机整体。当不断重复认识的过程，对事物属性和关系的整体性把握进一步加深时，就会逐步逼近真理。而这个过程也又要经过相对真理向绝对真理的转化过程，马克思主义认为绝对真理是无数相对真理的总和，这里的总和也自然是系统有机地结合。[④]

此外，人类认识世界的重要手段是分析和综合两个方法。马克思主义认为二者是对立统一的，通过分析才能分解事物复杂现象，理解事物的本质，[⑤]从而为综合提供前提，而只有通过综合，才能把相互联系的各个侧面联结成一个整体，达到对事物的整体把握。而只有有机结合二者，才能真正达成对事物本质的整体认识。马克思认为通过"综合—分析—再综合"的认识过程，才能真正把握事物，达到"多样性的统一"。[⑥]

最后，人类的认识能力是有限性和无限性的对立统一。作为一个人类个体，其认识能力受到极大约束，因而是有限的。但是将整个人类作为主体，这种认识能力就是无限的。这种无限性是通过无数

---

① "这里我们看到了由于元素的单纯的数量增加——而且总是按同一比例——而形成一系列在质上不同的物体。"《马克思恩格斯选集》第 3 卷第 167 页。

② 《马克思恩格斯选集》第 2 卷第 104 页。

③ "研究必须充分占有材料，分析它们的各种发展形势，探寻这些形式的内在联系，只有当这项工作完成以后，现实的运动才能适当反映出来。"《资本论》第一卷第二版跋。

④ "真理只是在它们的总和中以及在它们的关系中才会实现。"《列宁全集》第 38 卷第 209 页；"无数的相对真理之总和，就是绝对的真理。"《毛泽东选集》第 2 卷第 272 页。

⑤ "思维既能把相互联系的要素联结为一个统一体，同样也把意识的对象分解为它的要素，没有分析就没有综合。"《马克思恩格斯选集》第 3 卷第 81 页。

⑥ "具体之所以具体，因为它是许多规定的综合，因而是多样性的统一。因此它在思维中表现为综合的过程。"《马克思恩格斯选集》第 2 卷第 104 页。

人的世代更替达到的，但这种认识能力的提升绝不是所有人类认识能力的简单叠加，而是将其作为一个整体系统，通过将所有人类的认识能力进行有机结合才能达到。

三、历史唯物主义中的系统思想

马克思主义哲学产生之前，历史唯心主义曾长期占据统治地位。哲学家们把历史视为偶然性的堆积，或将人类的思想特别是伟人的主观意愿当做社会历史发展的根本原因。他们也许可以对简单的现象自圆其说，但在纷繁杂乱的社会现象面前就一筹莫展。而马克思主义的唯物史观认为社会的发展有其固有的客观规律，不以人的意志为转移。人类社会作为自然界的一部分，其发展是自然历史过程。①

历史唯物主义充分体现了系统的思想，②马恩认为社会首先是一个系统，而且是自然系统的一个子系统，社会系统的内部要素是人以及人们之间的社会关系。③人作为社会系统的要素，是不能脱离社会整体来讨论的，孤立的个人是无法进行生产的。④因而脱离社会整体去孤立考察作为元素的个人，是不可能得到正确结论的，⑤这也是历史唯心主义的狭隘之处。

马克思主义将社会视为一个有机系统，那么该系统就必然是动态的活系统。⑥社会系统通过其元素，即具有意识的人的活动，获得了动态性和自组织性。这一点也是该系统不同于其他生物系统的本质原因。⑦

马克思运用系统思想研究社会，创立了社会系统的整套理论：社会系统是由生产力，生产关系和上层建筑三个子系统构成，每个子系统又包含众多元素。其中生产力本身也是一个复杂的系统，是参与社会生产和再生产过程的一切物质的、技术的诸要素的总和，它是社会得以存在和发展的基本条件。生产关系系统则是人们生产过程中所结成的整体社会关系，⑧这个整体又由生产、分配、交换和消费四个相互联系的基本要素组成。上层建筑同样是一个复杂的系统，它是建立在一定的经济基础上的社会中的政治、宗教、艺术等观点，以及与之相适应的制度和设施构成的整体。

三个子系统共同构成人类社会这个复杂庞大、多层次的巨系统。马克思运用系统思想研究了这个巨系统，特别是其特殊形态——资本主义。他将资本主义社会作为一个整体系统，从其最基本的元素商品出发，推出资本主义的根本矛盾，直至揭示资本主义剥削剩余价值的秘密，以及资本主义必然被社会主义取代的历史发展规律。可以说历史唯物主义是马克思运用系统思想分析社会问题的典范，是马克思哲学天才般的伟大独创。

(作者单位：国防科技大学人文与社会科学学院)

① “我的观点是：社会经济形态的发展是一种自然历史过程。”《资本论》第一卷第一版序。

② “马克思辩证法首先是社会系统的辩证法。”；“从方法论来看，毫无疑问，历史唯物主义实质上就是系统理论。”《马克思理论和方法论中的系统论思想》。

③ “社会系统的形成是由于人之间以及社会因素之间的相互作用。”《马克思理论和方法论中的系统论思想》。

④ 比如马克思曾批评费尔巴哈“撇开历史的进程，孤立地考察宗教感情，并假定出一个抽象的、孤立的人类个体。”《马克思恩格斯选集》第4卷第478页。

⑤ “我们越往前追溯历史，个人，也就是进行生产的个人，就显得越不独立，越从属于一个更大的整体。”

⑥ “现实的社会不是坚实的结晶体，而是一个能够变化并且经常处于变化过程中的机体。”《马克思恩格斯选集》第二卷第208页。

⑦ “历史和自然史的不同，仅仅在于前者是具有自我意识的机体的发展过程。”《马克思恩格斯选集》第2卷第557页。

⑧ “每一个社会中的生产关系都形成一个统一的整体。”《马克思恩格斯选集》第1卷第209页。

工程活动中的审美因素

朱葆伟

摘要：美是人类实践活动中合规律性与合目的性高度统一的体现，其本质是自由。19世纪中叶以来，工程和艺术活动在理念、方法上相互渗透并互为手段，促进了它们各自的发展；工程技术的发展也大大地拓展了人们的审美领域，改变了人们的审美观念，显示了一种不同于艺术品的工程和技术产品自身的美。工程中的美是一种与实用功能相统一的美，它直接显示在材料、结构、工艺和功能中，并表现为人—机和谐和人工物与自然的和谐。审美因素贯穿了工程活动中设计、建造、使用的每一环节，同时它也作为一种内在的尺度影响着一般的工程方法与原则。力图在实现完美的功能的基础上满足人类的更丰富的精神需求，已成为今天工程的发展趋势。

关键词：工程活动；艺术；审美；和谐；宜人

今天，我们已日益生活在一个由工程技术及其产品所建构的世界中。除了提供效益、便捷、舒适以及能力和力量的增长外，工程技术也参与和承担了美的生活和美的环境的创造。“按照美的规律来建造”成为工程方法集成中的一个组成部分。

一

人们把包含了简明、和谐、完满，以及巧妙构思、制作等的东西称为美，它是人类实践活动中规律性与目的性高度统一的体现。美给人以愉悦感，其本质是自由。

古希腊哲学家把美看作是宇宙本身的性质，近代以来的哲学家们认为审美活动处于人的生命活动的“根源部位”，在这里，人能够感受到自己与世界的亲密关系。马克思主义强调美起源于人类实践，首先是物质生产劳动。人类活动的本质是创造性的、自由的，它在劳动即人的造物实践中得到充分的、自由的展开。一方面，劳动的对象、环境、条件诸客观因素与人交互作用形成和谐的感性统一，劳动过程本身形成和谐的韵律、节奏，由此，人得到了审美体验；另一方面，人的智力与体力外化、物化、对象化为人造物——产品，人可以反过来从劳动及其产品中直观到自身的本质力量，欣赏自己的创造。在劳动和其他人类活动中，按照美的规律来活动和建造是一种内在的要求。因为如果没有审美来协调规律性(真)与目的性(善)的冲突，使双方和谐统一，人们就既不能成功地从事生产、生活，也不能成功地建构起自身。而且，人们的美的观念、审美意识和审美能力同样也是在实践活动中，在生产劳动中，在社会历史文化的教化、熏陶中形成和发展起来的。

近代以来，艺术被看作是审美功能的承载者。而在人类发展的早期阶段，技术与艺术是一体的，审美也没有完全从“技艺”中分化出来。古希腊的“Τέχυη”就是制作活动的统称，它既包括了技术也包括了艺术。古代的技艺、工艺是建立在生产者的直接经验和直观感受的基础上的，对于尺度关系、比例、节奏的掌握成为劳动经验和技术改进的中心。技术的发挥靠双手使用工具的技巧，它也体现和转化、物化了人的感觉、精神及个性，使实用的器物获得了一种审美效果。在新石器时代的陶器、商周的青铜器，埃及的金字塔和希腊、罗马、中国的古代建筑中，我们都可以强烈地感受到其中的美。我们今天在博物馆看到的大量的古代艺术品，在当时都是实用器具。

工业革命使机器生产代替了手工业生产。工业化早期的工业产品与审美相分离，人与机器关系的领域也出现了严重的非人性化倾向。1851 年英国的“万国工业博览会”上，人们对工业制品的粗糙丑陋，以及其繁琐庸俗、矫揉造作的装饰感到不满，由此开始了寻求机械化大生产中工程技术与艺术、使用功能与审美功能的统一的漫长过程。开始是一些艺术家决心介入到工业生产中去，让“无关利害”的艺术重新回到社会生产和生活中去，由此产生了英国的“工艺美术运动”。“工艺美术运动”的倡导者主张用工匠的手工业生产方式来克服这一弊病，这显然是没有出路的。但是这场运动在客观上推动了艺术与工业生产的结合，使得审美的因素进入到工程技术设计中并影响到了产品的评判标准，并且最终导致了“工程设计”“工程美学”的出现。到 20 世纪，“工业设计”发展成为现代生产中的一个重要领域，艺术性的设计工作成为生产和生活要素的必要组成部分。

在这方面，“包豪斯运动”起了重要作用。“包豪斯”(Bauhaus)原是 1919 年在德国魏玛成立的一所工艺美术学校的名称，其理想目标是“培养一群未来社会的建设者，使他们能够完全认清 20 世纪工业时代的潮流和需要，并且能具备充分能力去运用所有科学技术、智识和美学的资源，创造一个能满足人类精神和物质的双重需要的新环境。”

“包豪斯”的理论原则是形式依随功能并体现功能，尊重产品结构自身的逻辑，重视机械技术，促进标准化并考虑商业因素，这些原则被称为功能主义。功能主义者反对把产品中美的因素看作是外在的“装饰”，他们从工业生产的合理性中看到了产品审美形态的决定性基础，并主张使产品形象的审美特征寓于工程的目的中。包豪斯的创办人及首任校长、德国现代主义建筑大师格罗皮乌斯还努力倡导了工业设计“视觉语言”的创造。经过多年的努力，包豪斯形成了一种简明的适合大机器生产方式的美学风格，将现代工业产品的设计提高到了新的水平。1933 年学校遭纳粹查封而被迫解散，包豪斯的一批中坚力量和主要人物先后跑到英美等国。他们努力传播包豪斯的思想和精神，对全球建筑和工业产品设计领域产生了巨大影响。

另一方面，工程技术的发展，又大大地拓展了人们的审美领域，改变了人们的审美观念。19 世纪中叶以来，人们在看似纯粹实用或功能性强的工程和建筑中，看到了一种不同于艺术品中所表现的、令人震撼的美，如泰尔福特的铁桥，英国工业博览会的“水晶宫”，巴黎的埃菲尔铁塔等。这是不同于传统艺术的工程和技术产品自身的美。机器大工业中所体现出的速度、秩序、力量乃至整齐划一的标准化，也成为新时代重要的审美标准。

随之发生的，是工业和技术向艺术领域的全面渗透。它不仅深刻地改变了艺术的表现方式，改变了艺术的审美取向和价值取向，也最终改变了艺术本身，推动了 20 世纪艺术向现代艺术的转变。

二

工程活动与艺术活动的关系，是既相互独立又相互补充、相互渗透。

工程和艺术以及审美是人类不同类型、不同性质的活动，它们各自有着不同的规律、逻辑、内在价值和社会功能，其方法论原则也各不相同。工程是“造物”，它生产的产品是物质实体，在实用的范围内满足人们一定的实际需要；艺术是精神生产，它的产品是“形式”，满足的是人的精神需要、情感需要。工程追求效益，艺术追求美。工程活动是一个以理性为主导的过程，必须严格遵循科学技术以及经济、社会的规律和规则，程序化、标准化也是工程重要的特点和方法。而艺术和审美则是情感主导的，是非常个人化的。工程和艺术对经济、社会、自然环境乃至对人本身的影响也全然不同。

工程活动与艺术活动都有各自的界限和局限，它们相互独立又相互补充，与科学和其他形式一起，构成了丰富多彩的人类活动的全体。工程与艺术及美都是人类创造力的产物，它们都是服务于人，并统一于人类活动的最高目标——自由和发展。它们在思维方式和方法上也有共通之处，例如都要运用想象力和直觉等。工程活动与艺术活动在理念、方法(对于艺术来说还有材料)上相互渗透和引入并互为手段，促使了“现代艺术”的形成，也塑造了今天工程技术产品和我们的生活世界的面貌。

由此我们也可以看到，工程活动与审美事实上存在着两种关系：工程与艺术的关系和工程自身与审美的关系。由于以往艺术被人们认为是美的集中(甚至是唯一)体现者，工程和审美的关系常常表现为工程和艺术的关系。然而工程和审美之间的关系既有与工程和艺术关系相重合的方面，又有与艺术关系不同的方面。不全是通过艺术这个中介，工程与美有其自身的、不同于艺术的内在关联。不仅是在艺术活动中，而且在人的生活、实践的每一种活动中都有美的追求，这是生活、实践的本质所决定的，也是工程美的本体论根据。工程美有着自身的特殊性质，其范围甚至可以比艺术更广。工程中的美直接地依托于功能、结构、材料和工艺，是一种与实用功能相统一的美；工程中的和谐还包括了人—机和谐和工程及其产品与自然的和谐。

三

一项工程的完成或一件工程产品的问世，要经过设计、制(建)造、使用三个阶段。审美因素贯穿了工程活动的全过程。

首先是设计。它在三个方面涉及审美的影响。

(1) 其目的首先是优化、美化工业生产手段所形成的各种物质产品和环境。其基本标准除美观和实用外，还有“人机和谐”和“与环境和谐”。

(2) 一种与认知有关。与认知有关的因素，主要是简单性、和谐以及均衡(对称)等。在评价一项设计时，人们常常提到三个标准：效率、经济和简洁。[1]其中的简洁即涉及审美。

可以借鉴科学家的工作来说明。科学史中有大量这样的案例：科学家，特别是物理学家试图将美学与认知相结合，把简单性、对称性作为科学领域的认知标准或辅助标准。爱因斯坦、海森堡、狄拉克等人都对此做过论述，如狄拉克就认为物理理论中，数学的美在于其对称性，其重要性甚至高于实验本身。这方面著名的例子之一是麦克斯韦的电磁理论方程。

甚至在实验科学中，“简单”也被用作研究的指导原则，或为事物的自然顺序提供解释。例如在化学中，有排名前十的“最美的实验”的说法，如卡文迪什、玛丽·居里、卢瑟福、巴斯德的实验。其中涉及的美学特征有直截了当的推理、巧妙的实验、理念简明的设计等。而它们之所以被称为是“最美的”，是因为在这里，实验被赋予的价值是出于美学考虑而不是其认知价值。

这是因为，自古希腊哲学家起，人们形成了一个基本的形而上理念：宇宙是和谐的，自然有着简单的数学结构。简单性不仅是美的，也使得对象易于为人们所理解和直观地把握，尤其是我们在面对复杂问题时。①此外，在很多的科学研究和工程设计中，都会遇到有多个方案可供选择的问题，在诸多正确的解决方法中，显然是越简单越可取。

而“和谐”讲的是诸异质要素的整体联系，是它们相配合、契合的适宜性的尺度，也是它们存在、运动的规律性、秩序的表现。工程和工程方法论中一个很重要的特征是集成性，把各种异质的要素集成起来，以实现整体的功能或目标。在这里，“和谐”成为适切的标准。

(3) 另一种则类似于满足情感需求。对简单性、和谐等追求的也是一个满足情感需求的过程。当我

① 例如在软件设计中，因为简单的软件系统容易理解，相比起复杂的系统也更为可靠，因此，将简单性作为软件工程设计的目标成为切实可行的需要。

们用简单、直接、巧妙、优雅的方式完满地完成一项设计，或在一件设计成品中看到这些时，会由衷地喜悦或发出赞叹。

此外，设计者也会自觉或不自觉地受到审美趣味的引导。

第二是建造(或劳动)过程，即在建造(或劳动)过程中享受到愉悦。在工程活动中，包括工程师、管理者在内的劳动者自身也得到了或可以得到审美享受。马克思说："我的劳动是自由的生命表现， 因此是生活的乐趣。"人的本质力量的展现，正是首先体现在包括工程设计、建造和使用在内的生产劳动中；而韵律、和谐以及自由等美的形式，也可以首先表现在劳动中。"劳动产生美"不仅是说劳动是美的"基础和源泉"，事实上还有其他方面，如动作和劳动中的感受，包括简单、匀称、和谐等激起特殊的快感。庄子的《庖丁解牛》一方面描述了那种充分掌控对象，"恢恢乎游刃有余"的自由状态，另一方面也赞扬了其行动的"合于桑林之舞"的美(前述"设计"的第二方面实际上讲的就是精神劳动中的这种特殊的审美享受)。

第三，产品及其使用中的审美因素。除了实用，工程产品还承载着(或象征着)多重意义和价值，包括审美价值——这不但是指日用性产品，而且可以指作为工程活动产物的工程设施。当我们面对着宏伟的三峡大坝、蜿蜒在高原雪域上的青藏铁路时，会由衷地赞叹它们的壮美。因为除了其"路"和"坝"自身的功能，人们还可以从中感受到工程师和建设者的智慧和辛劳、国家的强盛以及科学技术的创造力量，感受到"工程美"。

关于这一点，"包豪斯"代表人物柯布西耶有一个精彩表述："无名的工程师们，锻工车间里满身油垢的机械匠们，构思并制造了这些庞然大物……如果我们暂时忘记一艘远洋轮船是一个运输工具，假定我们用新的眼光观察它，我们就会觉得面对着无畏、纪律、和谐与宁静的、紧张而强烈的美的重要表现。"[2]88

今天，人类生活于其中的世界，几乎是全部为工程技术所建构、所覆盖的。除了效益、便捷、能力和力量的增长外，我们在生活、工作和环境中能够享受到的审美愉悦，也越来越多地由工程活动及其产品所提供。工程技术参与了美的生活、美的世界的创造，美也成为工程技术产品的一个选择和评价标准。

四

170 多年前，马克思在其《1844 年经济学哲学手稿》中，提出了一个著名的命题："按照美的规律来建造。"

马克思认为，机器大工业生产是人的本质力量的外化。人同他的造物之间的关系是(或应该是)物质与精神、功效与审美诸方面之全面占有。人对人造物的占有，"不应当仅仅被理解为直接的、片面的享受，不应当被理解为占有、拥有。人以一种全面的方式，也就是说，作为一个完整的人，占有自己的全面的本质。……他同对象的关系，是人的现实性的实现。"[3]123-124

马克思比较了人和动物的建造活动，指出："而人却懂得按照任何一种尺度来进行生产，并且懂得怎样处处把内在的尺度运用到对象上去；因此，人也按美的规律来建造。"[3]97 这就是说，人能够按照自己的需要，驾驭、掌握、运用一切客观事物的规律性，并将它们纳入合乎人的生存目的的轨道，使规律性与目的性统一于人的感性的、和谐的形式，从而全面实现人的自由和发展，也创造了美。

使规律性与目的性统一于人的感性的、和谐的形式，全面实现人的自由和发展，这就是马克思所说的"内在的尺度"。它应当运用到生存活动的每一方面，工程活动也需要以此为准绳。

把美(学)的原则和方法运用于工程活动，其目的是优化、美化工程技术活动所生产出的各种物质产品和客观环境，其基本标准是舒适、美观和实用。它体现在三个层次上。

首先是产品的外观、造型诸如形态、色彩、材质等的美，亦即形式美。通过产品外观的线条、形状、色彩、比例、韵律与节奏的美，以及整体的稳定、整齐、统一、均衡、和谐，触发人们的情感和联想，体现并折射出隐藏在表面形态背后的产品信息。毕竟，人们接触任何一件工程产品都是先看其外观如何，在评价和选择任何事物和现象时也总是同时包含了审美的判断，这第一、直接的印象是否能够吸引人、给人好感，能够决定人的取舍和购买欲。而要求工程产品与环境的和谐，也是一个重要方面。

然而这里并非只是单纯的外形美化或“装饰”问题。作为形式的工程美紧密地依附于功能。一辆漂亮的汽车首先是汽车，是作为汽车而漂亮。进一步说，工程美的一个基本成分是工程自身的美，是结构、功能、工艺、材料自身体现出的美。内在结构的美蕴涵着产品的优质、高效、性能好、可靠性高等特点，功能美即适用性、安全性、易操作性。功能体现了目的，良好的功能基于结构和材料。上文所说的整体的稳定、整齐、统一、均衡、和谐等，甚至首先也不是形式意义上的，而是产品的各部件、各要素之间的整体关系。一项工程的造型首先要达到其内部各部件之间的协调和与周边环境的协调，并能发挥其最优作业功能。工程美不仅要求结构和功能在和谐与秩序中得到有机的统一，而且要求实现功能性和语义性的统一，即力求在形式构造上能够表达出所运用的工程材料、构造原理、造型等的依据和意义，或者说内容和形式的统一。工程美是内在结构美、功能美与外观造型美的有机和谐统一。①

进而，任何一种工程产品都是由人来使用，功能归根到底是服务于人，其有效发挥取决于合理的设计和制造，也取决于人的操作，这就要求工程产品不仅要使操作者操作方便，具有安全感，而且使其在操作时具有舒适感且不觉疲劳，能精神集中，高效地工作，并且能及时处理工作中所出现的故障或事故，乃至获得心理和情感的满足。解决产品与人之间(包括人—机之间)和人工物与环境之间的和谐关系问题，是工程美学方法的一个重要内容。第二次世界大战后发展起来的人机工程学，就是工程设计中，研究人与人造产品之间的协调关系的一门实用学科，它通过对人—机关系的分析和研究，寻找最佳的人机协调关系，为设计提供依据。其目的不仅是提高人类工作的效应与效率，而且要保证和提高人类追求的某些价值。

上述的三个层次既是逻辑上的逐层递进，也是随着工程实践和社会条件的发展，先后被人们认识到和创造出来的。科学、技术、工程的发展，要求人们精神、情感方面相应的发展和满足；而工业和技术的发展中出现的负面的作用，也从反面提出了生产过程和产品的人性化问题，以及人工物与自然环境的关系问题。另一方面，物质产品的空前丰富，人们选择空间的扩大和激烈的市场竞争，也对产品的适用性、个性和审美方面提出了更多的要求。这些都使得人们对工程美的要求越来越高。

而科学技术和工业高度发展，也使得产品在技术上的、工艺上的问题的解决变得相对容易。作为制造业价值链中极具增值潜力的重要环节，美的、宜人的因素对于提升产品附加值，增强行业、企业的实力和核心竞争力，促进产业结构升级等方面越来越显示出其重要作用。②

力图在实现完美的功能的基础上满足人类的更多需求，已成为今天工程的发展趋势。美学和艺术方法已成为工程方法 “集成”中的一个方面，且日益显示出其重要性。它也要求工程师提高自己的审美素养，以及跨学科工作的能力。

★ 参考文献

[1] Billington D P. The Tower and the Bridge[M]. New Jersey：Princeton Univercity Press，1983.

[2] 勒·柯布西耶. 走向新建筑[M]. 西安：陕西师范大学出版社，2004.

[3] 中共中央马克思恩格斯列宁斯大林著作编译局. 马克思恩格斯全集[M]. 北京：人民出版社，2006.

(作者单位：中国社会科学院哲学所)

① 例如，DOS 到微软的视窗以及鼠标。

② 例如 20 世纪二三十年代的经济大萧条中，“流线型”的设计是使工业产品走出低谷的一个因素。在汽车行业的竞争中，高品质、优美的设计也是重要的制胜手段。而在我国，设计的不足已成为制约一些工程产品(例如工程机械)国际竞争力的因素。

技术形象的媒介介入机制

——媒介对技术的二重形塑

徐　旭

摘要：媒介长久以来作为技术的子系统来研究，但是从某种意义上来说媒介对技术的影响却是在技术系统中最为关键的，包括科学技术与社会(STS)学者在内的研究者们通过各种不同进路探讨、研究媒介在社会中的作用，尤其是在技术形象塑造过程中的作用，英国社会学家吉登斯认为现代社会是一个危机文化社会，人们质疑新事物同时又拥抱新事物，这种心理尤其表现在对技术形象的认识方面。因此技术的社会形象是技术社会化的关键因素，社会形象塑造(下文简称“形塑”)一直以来伴随着社会群体的接受能力和接受者心理环境的不同而不断改变着。在对技术的社会形塑方面，媒介依托自身优势形成的媒介场域影响人们所处的环境和内在认知，同时媒介作为技术所具备的媒介三要素对技术形塑也有其特有作用，因此，在技术的社会形塑方面，既不能忽略媒介从自有属性对技术的形塑作用，也不能忽视媒介场域对人类认知的影响。

关键词：媒介；技术；技术形塑

一、引言

关于技术的形塑，陈凡教授在《技术社会化引论》中提到技术的社会融入需要处理好技术的形象塑造。马克思在《德意志意识形态》中也提出，资本主义使得人们在机器上的全部能力客观化，[1]77-79在某种程度上，技术表象了其使用者相应的方方面面。媒介对技术的形塑可以讲是内隐于技术中制造者的文化、理念等思维的扩大。这里我们要阐明一个理念，即言语和意识符号也是一种技术，它们既是媒介也是人类历史长河中出现最早的技术物。该观点是美国媒介生态学家尼尔·波兹曼提出的，他继承并发展了麦克卢汉关于媒介是人的延伸这一思想，所不同的是尼尔·波兹曼将一切技术都归于媒介，认为技术的形象就是媒介的形象。从狭义上来讲，媒介的技术性是公知的，例如书籍、广播、电视等，这种媒介定义域可以让我们直接从技术角度研究媒介作为技术子系统对技术的形塑；从广义上来讲，正如尼尔·波兹曼和其他语言哲学的观点，最初的媒介即是语言、文字。这些意识符号通过渗透到意识完成技术的形塑，当然这个过程依赖于特定的环境，即媒介场域。因此，从认知和技术的双重研究进路研究媒介对技术的形塑有助于人们把握技术属性，对技术的社会化和人们对新技术的适应过程都大有裨益。

二、技术形象的历史渊源

研究技术的社会形象首先从技术的定义开始。技术指代那些为了满足人类生存发展所需而对外部物质世界产生的改变活动。在人类发展初期，人们对技术并没有太多认识，也并没有把技术作为社会成员看待，这一点从技术史的发展脉络中可以看得出来。技术的社会形象变化是伴随着社会生产力的发展而发展的，这些微妙的变化由多种因素共同构成，包括人类文化发展水平和科学传播速度等。

神话是人类对科学的另一种解释，同样，技术成为早期人类保证生存的最大砝码。古代人类技术水平低下，在严酷的自然环境中学会的各种技能和制造的各种物品成为当时人类适应环境的唯一手段。同科学在人类产生之初的地位相似，古代技术虽然在漫长的历史长河中没有给予重要的地位，但是任何技术都是社会成员之间相互协作的结晶，并一代代地通过言传身教传递下去，逐渐成为人类改造自然的主要方式，拥有技艺的能工巧匠在进入中世纪的时候成为受人敬仰的人群，也就是在这段时间，出现的技术决定论学者们甚至认为，机器是人类发展的最高阶段。

技术发展到大工业化时期，人们对技术的片面追求既带来了极大的物质享受，也造成了许多灾难性后果，但人类群体之间技术的优劣仍然左右着人类社会地位的高低，拥有高技术的人群给予掌握的技术以“神话式”的形象，并人为地阻断技术知识的流动，一方面夸大技术所带来的革命性成果，另一方面利用媒体渲染人为技术使用不当的可怕后果，当然，这种人为原因所针对的就是剩余的大多数人民。这样使得当时大多数的人民对技术或者技术物产生畏惧，这种畏惧感在第一次工业革命前后表现得尤为明显。例如 1952 年伦敦雾霾事件，当时由于制造业的需求和工业化水平有限，污染物大量排放造成 8000 余人死于呼吸系统疾病。人们将这次灾难归咎于当时政府的片面利益追求的同时，也更多地责难于技术。现代技术与现代社会的结合更加紧密。技术在人类不断探索的精神催动下迅速发展，人类一方面不断反思技术理念和技术成果的影响，另一方面，技术发展给人类带来便利的生活环境，人类与技术的相互认识、相互影响，人类视野变得更加宽广，自由成为一种相互影响下的有秩序的共生环境。人们打破了技术认知的信息“枷锁”，摈弃了近代以来人们对技术片面的认识，这有赖于人们对科学技术理念的不断更新，科技与人类关系难以定格，而技术的社会形象也不再是唯一的。

我们可以看到，技术的发展时刻伴随着人类认识的不断改变，这种改变产生的反馈机制侧面反映了不断更新技术的社会形象，不同的社会形象代表了人类对技术不同的需求和社会期待。由早期的技术到现代的技术发展过程来看，技术走过了一个从科学孕育技术到技术与科学相互影响的漫长过程，也正是因为人们对技术的期待和对科学的期待相互分离，因此技术的社会形象不能像科学一样实现由实验室到社会的塑造过程，而是在技术的产生地到技术的使用者之间来塑造，这之间的信息传递完全由媒介所控制和影响。

三、社会需要——媒介对技术形塑的动力源

技术的社会形象是在一段时期内技术在社会群体中业已形成的看法和评价，这种看法会影响人们对技术的认识和选择。唐·伊德认为新技术的发展给人们带来了新的选择，同时又剥夺了技术产生前人们拥有的部分权利，我们可以认为技术不仅可以给我们认识世界的新视角，也可以隐藏事实。技术不仅创造选择，也改变现有选择。例如，汽车可以载人从 A 到 B，但是这个选择却很难再享受安静。人们做不同的选择会影响人们对技术形象的不同认知，从而影响技术的社会化进程。李伯聪教授对技术的社会形象塑造者概述为特定时间的特定人群，而且这种形象是被这时期的特定人群所公认的技术的形象。对于科学社会学家来说，技术的社会形象是一个比技术的本质更加重要的问题，技术被作为社会建制中的一员来看待。技术的社会形象是一种固态形象，它一旦形成，“便具有很大的稳固性”。[6]29-36 不但抗拒理性的反驳，而且可以抗拒经验的否证，因此，技术在社会当中的形塑成为技术被社会其他成员接受的前提。在技术的社会整合论看来，技术的发展过程就是技术的社会整合过程，社会的自然、政治、经济、文化等各种区位因素以及社会心理各方面影响技术的社会形塑，形成并谋求实现技术的社会角色。而社会角色的确立需要社会各方面的认同和接受甚至是融合，形成什么样的社会形象对于社会角色构建有相当重要的影响。

技术社会角色的正确完成不仅是技术的内在要求，也是谋求人类福祉的必然要求，树立正确的社会形象的关键点不仅在技术本身，其他社会因素也起各种各样的作用，例如，政策对技术发展的指导性作用，军事对技术发展的刺激性作用等。而媒介是社会宣传的主要力量，也是社会接触新事物的第一元素。从媒介角度来看，媒介对社会群体的宣传效果是很强的，而这种宣传给受众留下的印象也是难以改变的，从这一点可以看出，技术和媒介有很大的共性。技术对于媒介相当于大脑对于思想，技术是一个物质仪器，媒介是这个仪器特定的象征符号，通过这个符号技术才能找到它特定的社会位置。从技术的发展史来看，媒介一直影响着技术的革新，技术史学家肯尼思·奥克雷教授就曾指出，语言对工具制造等行为有很大的推动。[5]157-172

社会需要从社会学角度来说就是完成社会期待的问题，也就是个体的社会化问题。陈凡教授就提出技术和人类一样，需要“知晓自己的社会角色，并塑造好社会角色”。[9]3-9 成功的社会期待(或社会化)需要足够的时间来完备地建立被期待对象的形象，使其完备地意义化。法国社会学家埃吕尔曾经在他《技术社会》这一著作中明确表示出对技术的社会期待，他认为通过技术，混乱的社会发展正变成更有秩序、更加合理和更符合理性的社会。社会元素的增长必然有技术的推动作用。他同时指出技术是一种人类自我解放的方式。从古至今，人类要面对天然自然和人工自然带来的各种困难和挑战，技术成为人类第一选择，由于社会需要，技术不断产生。科学哲学家吉本斯在《知识生产的新模式》中首次提出了“模式 2”的概念。“模式 2”是吉本斯对知识生产过程的全新描述，是相对于“模式 1”提出的，吉本斯认为“传统意义上由科学家在各自学科领域内以自由地追求知识探索真理为目标的研究模式”[10]23-49 已经发展到以明确的市场为目标导向的知识生产过程。换句话说，“模式 2”指出科学知识或者技术知识的目的是解决社会中其他问题的主要方式方法。相比较科学知识的产生和发展过程，技术从孕育到发展更需要贴近社会的需要，荷兰技术哲学家伊波教授在其文中也指出，社会需要是技术增长的动力。我们可以理解为自然是技术产生的基础，技术是社会繁荣的条件。

四、技术自我形塑的媒介表现

关于技术的社会形象的接受问题，国内学者大多认同重点在受众的心理调适问题(也有学者将心理调适理解为态度)上。

一方面，由拉图尔等学者组成的巴黎学派提出了行动者网络理论(ANT)，他们把认知过程看成一个异质性网络的建构和扩展过程，ANT 中参与的行动者既包括人和也包括其他非人的行动者，他们之间通过转译关系组合在一起。换句话说，技术极大地参与了人类的认知过程，在这个网络中各行动者不是单纯的线性关系，而是各主体间的相互建构过程，如果说在行动者网络中把每一个既定的行动者看做是定值，那么网络的传播速度和传播能力自然决定了该网络的效果。

另一方面，传播社会学中将受众的心理调适理解为受众的社会基础和前社会化过程中的背景相调和作用的共同结果。因此，在技术的形塑过程中，从媒介的角度要多方面考虑，不能把媒介作为一个整体来研究，技术哲学家休斯认为充分理解技术的形象需要考虑许多相关知识，媒介对技术的形塑首先表现在其三要素的功能中。

1. 传播者

根据技术社会学给技术下的定义，技术包含了三个部分：技术产品(电视，汽车等)，技术过程(炼钢，采煤等)和技术知识。技术知识是技术产生的源泉，作为第一批技术知识的拥有者或者制造者需要将技术知识传播到社会群体中去，于是这类人便成为了第一层的传播者，国内外学者已经开始讲目光转移到技术的初期—设计阶段，荷兰 3TU 协会提出的 VSD 概念(Value Sensitive Design)和劝导技术(Persuasive Technology)等建议将道德价值加入到了设计过程当中。荷兰学者维贝克在扩展了人工物道德的基础上提出了道德物化概念，[12]361-377 道德物化是指将外在于社会的道德内化到人工物的构造之中去。所以说设计师是第一层传播者，他们将嵌入的社会道德和设计理念嵌入到人工物中，并传播出去。考虑到技术形塑的目的，嵌入到技术人工物的道德应该和社会普适性道德相结合，海格德尔曾说过，技术人工物应该被理解为人类和现实世界的联系纽带。而在技术设计阶段，越多的相关利益集团，例如政府、经济团体等的道德利益加入到技术设计中，并成为技术传播者越容易使技术在社会当中被大众群体所接受。

2. 传播载体

传播载体分为两种：一种是本身是传播载体的技术人工物；一种是人类思维的各种载体，包括语言、文字、图像、声音等。

技术的演进过程就是一个技术形态变化和相关社会群体选择不断交替的过程，由于技术的受众群体多元化，不同的相关受众群体对技术的具体要求不同，贴近受众要求的技术特征被媒介传递给受众才容易完成技术社会角色建立。作为媒介的技术人工物本身需要被社会群体所接受，自身需要不断根据被接受者的社会群体需要而塑造自身形象，嵌入到社会当中的技术需要一个准线，也就是调整的过程，这个准线是社会给予技术物的。马克思指出，社会条件是决定技术后果的主要因素。符合产生技术的社会条件的技术才能更好被接受。通过社会群体不断给设计者的反馈，技术承载越来越多的社会意义。因此媒介的社会意义依赖于它被使用的社会环境并随之变化，不同的媒介载体形成了更加强大的覆盖网增强了对人们的控制，例如，语言是人类产生之初最基本的交流载体，科学哲学家很早以前就研究语言学和语义学对科学技术的影响。技术哲学家们也逐渐关注到言语对于技术的影响。技术哲学家平齐和比克认为修辞学可以达到平息技术争论的效果。[13]131-137 除了在修辞学方面，为了平息技术争论，人们不一定要解决一般词义上的“问题”，让相关社会群体认为问题已经被解决也是可行的途径，比之于言语，声音、图像等信息载体更能导向受众的关注点，而从语言到图像的多种形式的综合运用使得宣传效果更甚。

3. 传播效果

传播效果是指当个体接受信息后，信息在个体身上所产生的知识、情感、态度等方面的变化，因此，信息所承载的技术形象被社会大众所接受是需要一个接受周期的。媒介传播的作用是缩短这个周期，而且在周期内所发生的由于各受众团体不同的需求，导致的可能出现的冲突现象也需要通过媒介来缓解。我们从技术知识和技术人工物两个方面来说明传播效果控制问题。

从技术知识层面来讲。因为受众不同，传播技术知识可以大概被分为基本知识和上层知识。基本知识是指普通大众所能接受的，被多数人所熟知的知识；与此对应的上层知识指代的是技术的专业术语、名词，或者是需要专门学习基础知识才能理解的内容。因此，不同受众群体如果要认识甚至接受新发现的上层知识，没有特定的基础知识做铺垫是无法内化新的上层知识的。技术体系的发展需要更多的人在了解基础知识和上层知识之后创新，以求更多的人参与技术体系知识的更新。

从技术人工物层面来讲。我国著名学者戴元光说过，在交往手段高度发展的今天，大众媒介已经成为重要的公共领域。也就是说媒介为信息的传播不仅提供了通道，而且提供了平台。受众从大众媒体得知新的技术产生，对技术的认同度一方面是媒介对新技术的报道程度，包括语言学中的用词手法和修饰；另一方面是受众之前对技术的既有认识，比如核能的认识度和了解度等，如果受众之前接受核能给人类造成的负面影响大于正面影响，就会自然地将和核能相关的新技术给予负面印象。因此，技术人工物通过媒介面向更广泛的社会群体之前，设计者越细致地将技术人工物的本身问题解决就更容易让社会群体接受新的技术人工物。

五、媒介对技术的场域形塑

媒介场域在技术形塑中扮演的角色是特殊的，它是在社会中通过传播所形成的一种舆论引导，这种引导尤其体现在影响社会部分或全部群体的观念，媒介场域形成于大众媒介的传播，社会学家阿伦特认为社会是个体意识的绵延，是各种个体意识的集合体，她将社会理解为私人领域的扩大化、公开化，从而形成一个非私非公的怪物，阿伦特的这种比喻反映出现代社会个人—社会之间的关系是被媒介所放大的相互影响体。伴随着现代人与社会媒介平台之间的相互作用越来越紧密，媒介环境和物质环境一样已经成为社会空间的中心。这种鲜明的特征尤其体现在媒介由个人观点引发的群体效应上，而这种结果的产生就是媒介场域的作用，媒介场域的效果在媒介生态学中通过对人们的行为和心理研究得到体现。尼尔·波兹曼认为技术进入社会的过程中占据了人类的思想和观念，并且这种从潜意识的占据使得社会变成了技术垄断社会，他认为该过程随之而来的就是对社会文化的侵入，而且这种侵入往往在社会人无意识的情况下进行。值得一提的是，技术不同于自然人，技术出生时就携带着很深的社会烙印，包括创造者的意识、伦理，以及技术所带来的文化等。现代关于技术理论认为技术和社会的关系不是简单的因果关系，而是相互影响，技术不决定社会，而是作用在一个复杂的社会环境中。学者阿伦特认为家庭私人领域进入到公共领域，这一过程既消灭了私人领域也消灭了公共领域。

媒介场域对技术的形塑可以从两个方面来研究：宏观和微观。尼尔·波兹曼的学生约书亚·梅罗维茨认为，媒介作为环境，不同的媒介有不同的特色，这使得它们有不同的物质、心理和社会观。在微观层次，媒介环境关注于媒介如何影响特殊情形下技术与人的相互关系。在宏观层次，不同媒介促进技术与人们之间的相互影响，改变社会建构方式。在笔者看来，媒介场域的微观影响在于媒介对社会人的行为和心理改变，以及宏观方面媒介与社会文化相互作用产生的技术角色，尼尔·波兹曼就将文化解释为人类和媒介相互作用的产物。[14]84-87

从微观方面来看，技术应该被看作是社会的创造物和再创造物，由人们的兴趣、意识而来。媒介影响个体的每个行为和该行为在社会中的作用，修复个体的认知观念和管理个人经验。因此，媒介是影响人类对技术认知的重要因素。

那么媒介是如何影响人类对技术认知的呢？

以电子媒介为例，电子媒介(包括网络、电视、平板等)为人类提供服务的时候，其在潜意识中成为技术，这种技术通过影响我们意识中的符号从而影响我们的思考和决定，这种符号就是我们常说的：语言。语言从本质上来说就是一种技术物，只不过这种技术物太过于特殊以至于人类早已经忽略了它的存在和作为技术的作用，人类对于不同概念的认知从给它下定义开始，也就是贴标签。技术给人类提供服务的过程也就是人们习惯甚至是养成依赖习惯的过程，当该技术第一次给使用者提供了有趣的体验，那么在脑海中用户就会给它贴上标签，直到有一天出现故障，但此时，技术依赖已经形成。在尼尔看来，当代社会正处于一个技术垄断社会，在这个社会里人们被各种技术所包围而且被技术所蛊惑，如电子媒介的例子所说明的那样，技术的使用过程使得人们忽略了嵌入在技术中的思想。

另一方面，人们在使用媒介的时候会很快淡忘媒介所传播的具体内容而只留下对事物的印象，虽然如此，但是技术却不会抹消掉人们对信息的喜好和习惯，根据这些数据，媒介会用不同的信息来迎合不同的人群。

从微观转向宏观，我们可以更清晰地看到媒介是如何影响技术的。

在宏观方面，不同利益相关者(包括政府、组织、个人、用户等)对新技术的认知不同、与新技术的利益切合点不同，当新技术进入媒介场域的时候通过媒介场域的宣传加工形成接受或丢弃两种行为。在社会系统中，技术是社会系统的中心，因此当新技术进入媒介场的过程中增加了媒介场域的技术文化内涵；文化元素也会进入技术物中，帮助或者抵制技术物的社会融入，客观地说，文化的形成和媒介场是紧密相连的，媒介场所宣扬的道德等元素既来自于文化，又重塑文化，例如，媒介生态学家尼尔·波兹曼认为电视是我们了解自己文化的一种规则形式，从电视媒体开始，社会中信任度的考量从理性变为感性，从分析变为直观。换句话说，在媒介场中的人们会对技术的社会形象进行考量，然后形成技术的社会角色认同。

媒介场域如同一个技术保护场，在这里人们无法识别技术信息的真伪，媒介可以肆意对技术的真实面貌改写和创造，和上文所说到的媒介三要素对技术的形塑所不同的是，媒介场域是对个体认知的改造，这个改造可以在一段时间内由媒介场域所决定。

六、结语

媒介自古至今一直在技术的社会化方面，尤其是技术形塑方面扮演重要角色。从研究方法上来看，关于技术的社会化近年来主要的研究进路是将技术与社会其他方面的互动作为主要研究对象。本文来源于两点：一方面，媒介研究进入了新阶段，即将媒介作为生态域，扩大媒介在社会当中的作用；另一方面，技术社会化成为现代技术不断发展的迫切需求，技术的发展，尤其是媒介技术的更迭带来了新的评价体系和研究方式。

技术实现社会化，需要对技术进行社会调试，这种社会调试主要是指通过媒介对技术使用者的心理认同，即在技术的社会化过程中，技术利益者利用媒介制造媒介环境对人们有关技术的社会心理及其行为进行调整。大众传播媒介利用自己的影响力，在潜移默化地改变着人们的价值判断以及生活态度的同时，也在引领着受众的行为。[15]24-26 技术史学家V·戈登·柴尔德教授曾说过，人类对世界的了解大多数并不是通过感官经验，而是经由听说和阅读，因为，人们对世界的了解是社会所有成员传播到社会当中的共有经验总和。媒介是社会系统中唯一可以传承并引导社会成员认知的因素，而传播是社会舆论的载体，在社会群体的知识量无法充分了解一个技术的时候，媒介的导向作用更是尤为重要。电话和打印机在发明之初是为了解决社会上那些无法听写人群的问题而发明的，而现在媒体对新技术产生的社会问题，例如大媒体道德、数据隐私等放大和不间断宣传，从而成为吸引媒体受众眼球的噱头，使得有些人对新技术产生或多或少的负面影响。媒介对于个体认知的影响涉及传播学、心理学、社会学、技术哲学等学科知识，在本文中笔者仅从STS学科和传播学中尝试将学科交叉从而另辟蹊径寻找一个对技术社会化的研究方式，因为对技术的判断，来源于个人的道德认同，而道德评定不仅来源于他们知道得多或者少，而且来源于他们所处的社会总体道德评价体系，这些都跟媒介的作用密不可分。

★ 参考文献

[1] 陈凡. 技术社会化引论[M]. 北京：中国人民大学出版社，1994：8-9.

[2] 李真真. STS的兴起及研究进展[J]. 自然辩证法研究，2011(1)：77-79.

[3] 李庆林. 传播研究的多维视角[J]. 新闻与传播研究，2005(4)：72-75.

[4] 李伯聪. 略论科学技术的社会形象和对科学技术的社会态度[J]. 自然辩证法研究，1988(4)：29-34.

[5] Tsjalling Swierstra，Katinka Waelbers. Designing a Good Life：A Matrix for the Technological Mediation of Morality[J]. Sci Eng Ethics，2012(18)：157-172.

[6] 李伯聪. 略论科学技术的社会形象和对科学技术的社会态度[J]. 自然辩证法研究，1988(4)：29-36.

[7] Neil postman.Technopoly[M].New York：Vintage Books，1993: 92-106.

[8] 肯尼思. P. 奥克雷. 人类所掌握的技能(卷一)[M]. 上海：上海科技教育出版社，2004: 1-22.

[9] 陈凡. 技术社会化引论[M]. 北京：中国人民大学出版社，1994: 3-9.

[10] 吉本斯. 知识生产的新模式[M]. 陈洪捷，沈文钦，译. 北京：北京大学出版社，2011: 23-49.

[11] 李天铎. 技术社会学新问题域的形成[J]. 管理观察，1999: 44-44.

[12] Peter-PaulVerbeek. Materializing morality[J]. Sage Publications，2011(7): 361-377.

[13] 张桂珍，史美越. 浅析媒介的社会功能对社会公平正义的影响[C]. 世界社会主义专业委员会2013年年会论文集，2013(7): 131-137.

[14] Neil postman. Amusing ourselves to death[M]. London：Penguin Books，2006：84-87.

[15] 林秀梅. 试论传播媒介人文精神的建立[J]. 新闻知识，2009(10)：24-26.

[16] V.戈登·柴尔德. 社会的早期形态(卷一)[M]. 上海：上海科技教育出版社，2004(12)：5-27.

(作者单位：东北大学科学技术哲学研究中心)

传统村落保护工程中的设计原则

——基于生态文明建设的视角

尚晨光　赵建军

摘要：传统村落是生态文明建设的重要载体，拥有独特的人文与自然景观，以及强烈的地域文化特色，极具保存与保护价值。在现代化进程中，传统村落的消失速度令人担忧，保存状况也是好坏不一，如何实现对传统村落有效地保护与合理开发，已经成为建设美丽中国、实现生态文明的关键所在。本文首先理清了传统村落的定义以及实施传统村落保护工程对我国生态文明建设的重要性，并提出在传统村落保护工程中，工程设计作为工程活动的起始阶段的重要性，继而认为坚持绿色发展理念是实现传统村落保护的重要实现途径。

关键词：传统村落；保护工程；生态文明设计原则

传统村落真实记录了传统建筑风貌、优秀建筑艺术、传统民俗民风和原始空间形态，反映了不同时期、不同地域、不同经济社会发展阶段形成和演变的历史过程，是我国历史文化遗产的重要组成部分。随着生态文明建设战略地位的提升，广大农村发生了翻天覆地的变化，这为传统村落保护工程提供了千载难逢的发展机遇。但如何利用古村落厚重的文化积淀和独特的历史遗存，改善人居环境以适应社会发展要求，延续乡村特色，保护发展古村落，成为保护工程中首当其冲的问题。

在当前的新农村建设过程中，传统村落的农村文化、生活方式和物质实体未能得到很好地保留与尊重，特色受到影响；存在着空间格局的混乱，村民流失的问题。因此，在传统村落保护工程中，需要综合把握工程的全体布局以及未来规划做好工程的设计理念和设计原则成为当前传统村落保护与发展中需要系统、理性思考的问题。

一、传统村落概念的界定

传统村落也被称为“古村落”，“古村落”是 20 世纪 80 年代以后，随着旅游业的发展而出现的词汇。作为“聚落”的一种形式，它主要体现村落的古老性和深厚的历史文化内涵。由于古村落类型丰富，数量众多，政府和学术界长时间以来未曾对其统一定义。2011 年，在住房和城乡建设部、文化部、国家文物局、财政部四部委在征求了专家学者的意见后，将判断传统村落的重点放在其文化内涵和独特的地域特色方面。最终决定将“古村落”的概念延展为“传统村落”。2012 年 4 月 16 日国务院发布的《关于开展传统村落调查的通知》(以下简称《通知》)中明确指出，所谓传统村落是指村落形成较早，拥有较丰富的传统资源，具有一定历史、文化、科学、艺术、社会和经济价值，应予以保护的村落。[1]

传统村落的概念界定具有重要意义。“传统”一词在中国汉语里，特指历史沿传下来的思想、文化、道德、风俗、艺术、制度和行为方式等，是历史发展继承性的表现。“传统”一词最鲜明的特征在于强调文化和文脉从古至今的延续性，诠释了一个长期的动态变化过程。由此可见传统村落概念是对有特殊保护意义的古村落所作的界定，更有利于体现古村落的历史价值和文化内涵。所以对那些始建年代久远，经历了较长历史沿革，至今仍然以农业人口居住和从事农业生产为主，而且保留着传统起居形态和文化形态的村落，用传统村落的概念来界定，比仅以历史年代表述古村落，在体现物质文化遗产和非物质文化遗产的内涵上更贴切、更深刻。

《通知》还制定了传统村落具备的条件：(1) 传统建筑风貌完整：历史建筑、乡土建筑、文物古迹建筑集中连片分布或总量超过村庄建筑总量的 1/3；(2) 选址和格局保持传统特色：村落选址具有传统特色和地方代表性，村落格局能鲜明体现出有代表性的传统文化，且整体格局保存良好；(3) 非物质文化遗产活态传承：拥有较为丰富的非物质文化遗产资源、民族地域特色鲜明。传统村落明确地提出了村落保护的对象是村落物质文化遗存、自然文化遗产和非物质文化遗产三方面的内容，全面地概括了传统村落蕴含的人文、地理、民俗的综合价值。鲜明地突出了非物质文化的“活态”遗存，是我们对传统村落认识升华的表征。

二、生态文明建设与传统村落保护

党的十八大以来，以习近平同志为总书记的党中央遵循社会发展规律，高度重视生态文明建设，密集推出一系列顶层设计与战略部署，将生态文明提升到国家战略层面，不仅对中国自身发展具有重要而深远的意义，而且对维护世界生态安全具有重要意义。[2]从工业文明向生态文明转型，意味着现代化开始从只重视城市化到城市化与农村现代化并重的新时期，这为传统村落的保护迎来了重要的机遇。

习近平总书记指出：中国要强，农业必须强；中国要美，农村必须美；中国要富，农民必须富。[3]传统村落是现代化、城市化的根基，是人类共有的文化根脉和精神家园。在全国的传统村落之中，有着丰富多彩的乡土民俗和大量尚未开发的文化资源，保护和传承好这些生态资源，是中华五千年文明薪火相传和实现伟大复兴的“中国梦”的使命所在。传统村落保护工程的建设是建成美丽中国的重要组成部分，也承载着广大人民的新期待，是生态文明建设最坚实的载体。

我国作为一个拥有悠久农耕文明史的国家，在广袤的国土上遍布着众多形态各异、风情各具、历史悠久的传统村落，这些村落是在长期的农耕文明传承过程中逐步形成的，凝结着历史的记忆，也反映着时代的变迁。事实上，传统村落的保护不仅具有历史文化传承等方面的功能，而且对推进农业现代化进程、推进生态文明建设也具有重要价值。

传统村落的保护也有助于提升我国的生态文明话语权。在全球化的语境之下，核心是文化的全球化，美国学者托尼·米尔曾提出“文化劳动的新国际分工(New International Division of Cultural Labor，NICL)”[4]的观点，认为在以文化价值为核心的全球化竞争当中，由于文化本身的均质性和“固有资源不依赖性”，任何具有唯一性和创新性的文化都具有全球竞争性，可以通过文化“嵌入”的方式在全球城市文化价值链中占有一席之地。传统村落中悠久的历史、丰富的遗迹、传统的建筑、自然的空间、原始的居民等，都是打造自身独有“生态文化资本”的重要基础和要素。这些文化要素不仅仅是需要保护、留存的遗产，更是与民生、经济、产业和未来紧密关联的文化宝藏，生态文化建设又是生态文明建设重要的组成部分，因此传统村落固有的文化资本有助于提升我国在国际话语体系中的竞争力。

三、传统村落保护工程中的设计理念及原则

工程活动是人类有目的、有组织、有计划的人类行为，在工程活动中，人的主观能动性常常集中而突出的表现在工程设计之中，[5]在工程哲学视角下，设计是包括人的思维、想象、目的、意志及手段采取等的计划过程，作为工程实践活动核心的设计，对于工程活动起着巨大的或者说决定性的作用。

设计理念是指导工程活动进行思维和智力活动的理想的、总体性的观念。设计理念具有根本重要性，它渗透并影响到工程活动的全过程。对工程设计而言，设计过程是一个体现和落实设计理念的过程，设计工作必须在设计理念的指导下完成，不能脱离理念的支撑。而设计原则是工程活动中的具有指导意义的行为准则，对工程师的行为和活动具有规范性的功能，也是工程设计的基本要求。

设计理念及设计原则对传统村落保护工程意义重大，直接决定着传统村落保护工程的发展进程。目前，传统村落保护工程面临考验，随着现代化进程的不断加快，一方面，传统村落面临严峻的挑战：衰败还是复兴、遗弃或者是重建，这是每一个正在建设现代化的国家不可逃避并且必须面对的难题。另一方面，农村经济的繁荣，作为传统村落主体的农民在富裕之后开始向往现代城市的生活方式，村民纷纷营造新房或者改造旧房，导致传统村落基本的物质载体——乡土建筑的大量消失。同时，城镇化进程对传统村落冲击也很大，大量农民进城打工，自发的人口流动使一些传统村落人烟稀少，甚至有些村落在撤并过程中搬迁了全部原住民，使传统村落“空心化”。原住民的消失使传统村落失去了灵魂，对传统村落承载的文化造成了更大的冲击。

加之以往传统村落保护工程的既有设计模式需要变革。单一、静态、孤立和去特色产业化的传统村落保护理念，有时成为一种“建设性破坏”。保护与开发在本质上具有一致性与关联性，任何保护其实都已经成为了一种变相的“开发”，一味强调保护而忽视开发，往往因为缺乏经费而不能起到真正保护的作用，这只能是一种对传统村落保护工程的设计理念以及设计原则的错误评估，最终会造成了保护过程的不可持续性和不稳定性，危及到传统村落的自身发展。

因此，只有明确在工程设计阶段充分做好科学的理念和合理的原则，才能为传统村落保护工程提供切实可行、可操作性高的解决方案。

四、在传统村落保护工程的设计中融入绿色发展理念

做好传统村落保护工程，需坚定绿色发展理念，把整合村落中自然生态、传统人文与绿色科技三大要素、打造村落新业态作为目标。乡村新业态包括以下几个领域：① 以生态有机农业为主体，打造原产地品牌产品；② 以乡村文化休闲业为主体，打造原生态风情景观；③ 以美食健康养生业为主体，打造全产业链模式；④ 以垃圾污水治理业为主体，形成村落环保新产业；⑤ 以互联网+绿色能源为主体，打造乡村绿色科技新产业。

打造乡村新业态，关键做好工程设计。要解决如何合理地安排乡村土地及土地上的物质和空间来为人们创造高效、安全、健康、舒适、优美环境的科学和艺术，从自然和社会两方面来共同创造一种充分融科技和自然于一体、天人合一、情景交融的人类活动的最优乡村环境，使乡村成为一个可持续发展的整体生态系统。科学合理的乡村规划，既协调生态、人文和科技之间的关系，又着眼于自然和谐的生态环境，是一个生态上功能健全、人文上特色鲜明、科技上绿色可持续，体现人与自然和谐共生关系的村落新业态。

同时，在保护工程设计中必须彻底贯彻“以人为本”的发展原则，要做到“原住民、原建筑、原文化、原习俗、原生活”的完整保留，要对传统村落实施有效地保护和利用，需要深入探讨不同传统村落得以定型的文化生态背景的差异。因为，这是传统村落得以稳定延续的灵魂所在，只有掌握其灵魂实施保护，相关对策才具有针对性和有效性，也才能落到实处。除了在保护阶段强调充分尊重村民的意愿和相应习惯之外，更为重要的是，在发展的过程中必须将“富民福民”的民本经济发展导向放在首位，着力提升居民的生活水平、收入水平、就业水平，提升居民的幸福感与自豪感。

只有从生活的土壤、从文化的肌理、从民族精神情感的寄托与凝聚等更深的层面出发，保护和传承好祖辈留下的文化财富，才能行之久远，农村才有更幸福的未来。“土地平旷，屋舍俨然，有良田美池桑竹之属。阡陌交通，鸡犬相闻……黄发垂髫，并怡然自乐。”陶渊明勾画的质朴自然和谐美好的桃

花源，能够流传一千多年而温馨如故，是因为它是我们很多人心目中理想的美丽乡村。

步入二十一世纪的现代社会，只要我们用绿色发展理念引领传统村落保护工程，并依此出发、不懈努力，美丽乡村梦就一定能现实！

★ 参考文献及注释

[1] 中央人民政府网. 关于加强传统村落保护的通知[EB/OL]. [2012-04-16]. http://www.Mohurd.gov.cn.

[2] 赵建军. 如何实现美丽中国梦生态文明开启新时代[M]. 2 版. 北京：知识产权出版社，2014：101.

[3] 中国网新闻中心.习近平：中国要强农业必须强中国要富农民必须富[EB/OL]. http://news.china.com.cn/ 2016-04/29/content_38348373.htm

[4] 花建. 文化产业集的集聚发展[M]. 上海：上海人民出版社，2011:119.

[5] 殷瑞钰，汪应洛，李伯聪，等. 工程哲学(2 版)[M]. 北京：高等教育出版社，2013:175.

(作者单位：中央党校哲学部)

红旗渠工程对现代工程建设的生态启示

岳晓娜　张永青

摘要：通过运用工程哲学理论，从生态哲学视角认识工程、理解工程，审视红旗渠工程中的工程思想、工程方法及生态措施的科学合理性，对现代工程建设有怎样的生态启示，对探索水利生态发展规律以及对生态文明建设的可持续发展有重要的理论实践意义。

关键词：红旗渠；生态哲学；工程价值；可持续发展

红旗渠即“引漳入林”工程，在 20 世纪 60 年代兴水利除水害的时代背景下修建而成，工程沿革了我国古代著名的水利枢纽工程都江堰、漳河十二渠中的治水思想和水工技术方法，充分遵循自然生态发展规律，是投入五千多万人，投资一亿多元耗费十年的艰苦奋斗建造而成的一项复杂庞大的人工天河。相对于 20 世纪 60 年代工业生产对自然资源造成了极其严重的生态破坏、环境污染问题，红旗渠的工程建造追求生态环境影响最小化，工程质量最优化，工程方法节能化、工程生态价值最大化，合理利用水资源，形成了沿渠为中心的产业经济带，实现了饮、蓄、灌、景等自给自足的循环经济体系，彻底改善了林县十年九旱的恶劣生态环境，真正实现了工程与自然的和谐发展。红旗渠使林州变成了绿水青山、又由绿水青山形成了金山银山，因此红旗渠是我国当前绿色生态文明治国理念的前瞻性思考和实践创举。

一、红旗渠工程“以人为本”的思想，始终是现代工程建设所追求的根本目标

在林县的干旱历史(1436—1949 年间发生自然灾害 100 多次，大旱绝收 30 多次)中，恶劣的自然环境是人类难以生存的原始自然环境，早在马克思的《1844 年经济学哲学手稿》中的生态哲学观点认为，自然界就他本身不是人的身体而言，是人的无机的身体，人靠自然界来生活。认为自然界是与之形影不离的身体。要同生物共同消费自然界的水、空气、阳光等物质资源，但有能动性的人类的消费是以改造自然为目的，满足自身生存需要的消费与其他动物的消费有着本质区别[1]。从马克思的废弃物的资源化思想理论中认识到，人和自然之间的物质变换是为了在对自身生活有用的基础上有目的地利用、改造、享用自然的劳动过程。有学者认为，人不仅要有合理开发利用自然资源的能力，还要充分发挥人类主体的主观能动性，维护生态系统自我恢复的能力，维系自然界不可估量的生态价值，实现人与自然的和谐发展。红旗渠工程“以人为本”的生存理念，解决了林县人的生存生活、农田灌溉、动植物生态繁衍的问题，有效改善了当地的生态环境。从当今林州的生态环境现状来看，红旗渠的整个工程建造过程及投产运行中带来更多的是以人为核心的水与自然的和谐。这是对马克思的 “自然向着人的生成”的具体实践，是以带有目的性因素的生态思想，由此在实践的历史的唯物主义自然观视野中，红旗渠工程正是在人类的实践过程中(“人通过人的劳动的诞生”)，实现了这一生成的过程[2]。红旗渠工程是以人为主体，对天然自然进行的改造后的人工自然，促进了现代工程建设的人的主体性反思，工程中形成的“引、蓄、灌、提、排、电、景”的综合饮水系统，都是以适宜人类生存生活为目的性

因素对自然进行的改造活动，工程与人的密切关系以及工程的可持续地利用实现了自然向着人的生成。

二、红旗渠工程、人和自然界的和谐工程观依然是衡量现代工程实践的最高标准

人与自然的和谐发展是红旗渠从顺应自然到改造自然、征服自然的基本思想，从无法生存的荒山秃岭到绿水青山、以水致富，真正征服了自然。工程活动作为人与自然的中介，对自然、环境、生态产生了直接的影响。工程活动改善了已经失衡的生态环境并对其加以优化和再造。在工程实践中，人们通过认识自然规律，正确运用科学技术，合理科学地改造自然，使林县已失衡的生态环境得以恢复，那种认为人类对生态系统的任何干预都是破坏生态平衡的观点是片面的，生态系统在人与自然的互益影响下可以建立新的平衡，实现更好的生态效益。红旗渠工程是人们在遵循生态规律的引领下建构的有益的工程活动方式和能不断优化的动态工程体系，工程的建造向着自然、人、工程的和谐统一、保护与优化自然环境相协调的可持续发展方向演进，促进自然生态系统的平衡发展。由此，自然生态循环对水资源的依赖性和人对水的依赖性使人和水、生物的关系更加密切，融合为一个整体的可自我修复的自然生态链，工程最终体现了人类、生物、生态环境的生命共同体，在运动着的自然生态维护中，现在的人工天河已经与自然融为一体，达到了“天人合一”的理想的生存生活境界。我国著名学者李伯聪在《工程哲学》中提出，做到工程的社会经济和科技功能与自然界的生态功能相互促进和相互协调。工程活动必须要顺应和服从生态运动规律，最大限度地减少对生态的不良影响，还要在认识生态运动规律的基础上去改善和优化生态环境[3]。红旗渠工程在 60 年代的规划设计、工程建设理念中就已经体现了对生态自然地保护意识，其工程思维难能可贵。

三、红旗渠工程独特的生态循环经济系统奠定了当今生态可持续发展的理论和实践基础

早在 1996 年第八届人大四次会议通过的《关于国民经济和社会发展“九五”计划和 2010 年远景目标纲要的报告》中，已将“可持续发展”战略放在突出位置，明确指出“可持续发展战略”是指经济、社会的发展必须同资源开发、利用和环境保护相协调，在满足当代人需要的同时，不危及后代人满足需要的发展模式。①“在地球诸物种中，只有人类才具有生态意识，从而有行使调节其他物种种群的权利，如猎杀某物种的部分个体和保护濒危物”[4]，人类应当根据自身生存需求，在自然界中有意识地进行科学有序的工程活动进而改造自然，同时合理地保护自然，工程建造中破坏最小化，实现从一始终保护环境、改善生态的可持续发展目标。红旗渠建成后实现了以渠带库，以渠带地，以渠带站，以渠带井，以渠带电，以渠带路，以渠带岸，以渠带林，以渠带线，以渠带卫生的“一渠十带①”生态循环经济政策，充分体现了对水能资源的循环利用，工程至今仍在林县的生态环境保护治理中担任重要的角色。据 2006 年统计，红旗渠通水近 40 年来，总引水量达 85 亿立方米，灌溉面积达 8000 万亩，共增产 15.9 亿公斤，发电 4.7 亿千瓦……其创造的财富等于总投资的 23 倍②。近十年来大力发展红色旅游、生态旅游经济，对当地政治、经济、文化及社会生活带来了巨大效益。正如马克思在《资本论》第一卷中提出的“化学的进步……还教人们把生产过程和消费过程的废料投回到再生产过程的循环中去。”[5]一样。红旗渠工程中将牛粪、锯末变废为宝，二次利用制成了工程急缺的爆破材料土炸药，对

---

① 《红旗渠志》注：一渠十带：一带站(水电站、加工站)，二带蓄(“长藤结瓜”水库群)，三带路(渠道路通)，四带树(渠边造林)，五带副(工副业)，六带平(平整土地)，七带深(深耕)，八带堤(沿渠建堤灌站)，九带挖(挖掘地下水源)，时代卫生(改善村容村貌).

② http://blog.sina.com.cn/s/blog_42c64be40100073j.html

土吊车、简易拱架和开凿工具的反复循环使用，尽量少的破坏生态环境，形成了工程自身独特的生态循环经济系统，更印证了红旗渠在规划之初已预先做出了对工程后果负责任的生态考量，促进了工程建设的生态化发展。反观现代许多工程的生产对生态环境所造成的恶性后果，如雾霾、PM2.5、建筑垃圾、工业及化工材料废弃物等，都是由于没有在工程规划初期形成系统完整的治理体系和对工程后果的处理意识，红旗渠工程对未来生态环境的整体性生态思考，值得引起全社会对现代社会的哲学反思。

四、红旗渠工程为现代工程建设向绿色生态产业转向积累了实践经验

在当今社会，人们越来越意识到生态环境对人类的重要性，习近平同志在十九大报告中对新时代坚持和发展中国特色社会主义的基本方略中提出，“坚持人与自然和谐共生，必须树立和践行绿水青山就是金山银山的理念，坚持节约资源和保护环境的基本国策，像对待生命一样对待生态环境，统筹山水林田湖草系统治理，实行最严格的生态环境保护制度，形成绿色发展方式和生活方式，坚定走生产发展、生活富裕、生态良好的文明发展道路，建设美丽中国，为人民创造良好生产生活环境，为全球生态安全做出贡献。”[6]红旗渠的成功建造对环境的改善有利于各生物物种的恢复和水生态平衡，维持了自然生态的可持续发展。工程的存在与没有此工程之前的环境对比，自然生态环境有着天壤之别。红旗渠从水源选择、规划设计之初到工程思维、工程技术实践经验和工程方法，就已做了一系列生态考量，从工程前期构思到竣工投产，整个工程活动过程始终都坚持走绿色循环可持续发展道路，为现代生态文明建设理论积累了生态实践基础。然而，社会中对工程是否具有生态价值存在诸多争议，工程运行中出现的一些水权纷争以及断流和炸渠事件等社会问题，势必会影响局部的生态环境，导致一些人开始质疑工程的生态价值，片面地认为红旗渠造成了生态灾害，我们应从辩证发展的历史唯物主义角度来审视工程，应当避免用现代的发展的科技文化视野去衡量过去的科技而否定它的实践成果。应从工程与自然和谐相处的整体上综合评价其工程。事实证明，红旗渠至今仍对林县的生产生活、农业灌溉和生态环境起着不可替代的作用，我们不能否认工程所带来的不可估量的政治价值、社会价值、生态价值和经济价值及综合效益。

据我国当前的生态环境现状来看，全国贯彻绿色发展理念的自觉主动性显著增强，生态文明建设和可持续发展规划战略理念已经从理论指导落实到实践应用中工业、农业、科技产业，已逐渐向绿色科技进行经验转向。对于现代社会的工程化发展，红旗渠的工程方法和生态思想为现代工程建设的生态化产业发展转向积累了丰富的实践经验，值得在现代工程建设中推广和借鉴。特别是对当前“172项节水供水重大水利工程”①等一些工程的建设具有借鉴意义。用辩证的思维反思现代社会中出现的利用关停工厂、工厂外迁、工地铺设防尘网、限时段施工、多样化路面洒水车等多种改善空气污染的措施，以降低工业生产对人居环境的污染。但仍存在头疼医头、脚疼医脚的现象，解决不了雾霾、气候变暖等污染环境的本质问题。这些显然都是在为城市工业快速发展造成恶劣环境后果所承担的代价而采取的被动治理措施，更说明了生态环境对人的重要性和人们日益对生态环境的生存依赖性。因此在现代工程建设中，从规划思想初期阶段，就要建立起如何对自然界污染破坏最小化的责任伦理意识以及如何承担处理工程建造后果的责任，如何使现代产业形成一套完备的生态工程体系，都需要我们用哲学的眼光去反思人工造物活动，如何创造出更适宜人类生存的人工物。而不是在对工程肆意的建造之后才意识到对生态的破坏进而采取被动的解决措施，这是与自然发展规律和生态文明建设相违背的，应摒弃那些对自然环境和人类健康有危害的产业，从红旗渠工程实践中吸取经验，唤醒人类的社会生态责任道德意识，进而迈向生态可持续发展的绿色产业时代。

---

① 注：2014年初步落实重大水利工程中央投资390亿元，加快推进东北三江治理、黄河下游治理、治淮、治太等在建项目建设，积极做好西藏拉洛、四川红鱼洞、安化等多个水利枢纽工程。

总之，自然界中的生物之间，以及生物与非生物之间的相互联系、作用、分解、功能转化和吸收，是自然界自身具有的动态平衡联系，人虽作为主体但不能逾越界限，应尽可能维持这种动态平衡，这种平衡意味着人类的历史的生存和发展。我们在马克思主义生态哲学视野下对工程进一步认识和思考，60 年代的工程思想已经与当前的“树立尊重自然、顺应自然、保护自然”的生态文明建设方略高度符合，从习近平主席提出的“生态兴则文明兴，生态衰则文明衰”的思想到树立发展和保护相统一的理念、树立绿水青山就是金山银山以及山水林田湖是一个生命共同体的哲学理念中，无不强调了生态发展与人类文明息息相关，生态发展对人类文明的重要性。红旗渠工程对水能资源合理有效地利用，实现了“渠道网山头，清水到处流，旱涝都不怕、林茂粮丰收”山水林田渠库的和谐生态景象，实现了工程、人与自然的和谐共生的生命共同体，促进了当地生态环境和经济的可持续发展。从红旗渠工程中，我们试图寻求一些尊重自然、顺应自然、保护自然的生态思想，去引导现代工程建设思想走向绿色生态化。当今世界正走向工程化、国际生态全球化，我们应积极践行绿色发展、循环发展、低碳发展的绿色生态文明理念，这是对生态文明建设的具体实践。因此，对红旗渠工程的研究不仅对生态文明建设具有重要的实践意义，也是对红旗渠现有工程史料的丰满和补充，这些都需要我们去做更深入地探索和研究。

★ 参考文献

[1] 马克思. 1844 年经济学哲学手稿[M]. 北京：人民出版社，2000.

[2] 郁乐，孙道进. 试论自然关于自然的价值问题[J]. 自然辩证法研究，2014(09)-113.

[3] 殷瑞玉，汪应洛，李伯聪，等. 工程哲学[M] 北京：高等教育出版社 ，2013.7：230-244.

[4] 卢风，肖巍. 应用伦理学概论[M]. 北京：中国人民大学出版社，2008: 222.

[5] 杜秀娟. 马克思主义生态哲学思想历史发展研究[M]. 北京：北京师范大学出版社，2011-1:49.

[6] 习近平同志代表第十八届中央委员会向大会作的报告摘登(EB/DL). [2017.11.8] http://jhsjk.people.cn/ article/29595277.

[7] 赵祖华. 现代科学技术概论[M]. 北京：北京理工大学出版社，1999，2：274.

(作者单位：中原工学院 马克思主义学院)

作为工程共同体的“大庆人”及大庆油田工程管窥

梁　军

摘要：正如哲学体系除了元理论还必须有哲学史研究一样，工程哲学理论体系的建构同样需要关于工程史的哲学反思。而工程史的梳理又必须聚焦在具体的工程案例上，没有对典型案例的深度剖析，工程史研究必然流于泛泛而论。大庆油田工程作为特定时空下中国工业工程的成功范例，关于工程主体“大庆人”的哲学分析对于当下中国的工程强国具有重要现实意义。特别是从政治话语下的群体典型到工程哲学视野下的“工程共同体”视角的转换，能够更加理性、客观、全面地剖析大庆油田工程中工程共同体的结构和功能，促进科学家、工程师、主要领导及管理层、工人以及相关利益群体在工程活动中更好地统筹协调，同时也有利于进一步树立中国本土的工程文化自信。

关键词：大庆人；工程共同体；结构与功能；工程文化；文化自信

工程活动的基本主体不是个人，而是一种特定形式或类型的共同体——工程共同体。“大庆人”作为特定时期油田开发建设“工程共同体”的总称，从广义上讲，这个概念可以包括会战初期从中央到地方政府的党政领导，石油工程技术人员、石油工人，以及随同会战大军来到大庆的家属，还有当地的农牧民等各个行业的利益相关者在内的一个集合性概念。从狭义上讲，它是直接从事大庆油田勘探、开发建设的科学家、管理者以及石油工人、工程师和其他相关群体。从理论层面剖析“大庆人”和大庆油田“工程共同体”在油田开发建设中的重要作用，是新时期继承大庆油田开发建设中的宝贵经验，开展科学的工程管理和研究，统筹协调“工程共同体”不同部分、不同成员之间的关系和力量，促进工程决策和工程建设科学化水平不断提高的重要内容，更是在工程文化领域提炼中国特色、中国气派和中国风格的应有之义。

一、大庆油田工程与“大庆工程共同体”界定

1. 工程与“工程共同体”

“共同体”英文翻译为“Community”，它有三层意思：一是公社、村社、社会、集体、乡镇、村落以及生物学的群落、群社；二是共有、共用、共同体，共同组织联营(机构)；三是共(通)性、一致性、类似性。这三层意思反映出“共同体”作为“人群共同体”的各种形式和组织方式，表明共同体具有某种性质，其成员具有某种共同的东西，如共同的活动、共同隶属于某一组织机构或社群。人是社会性的存在。换言之，任何一项社会活动，总要形成一定的共同体。从科学共同体、宗教共同体、政治共同体、经济共同体等现象来看，人们的活动总要通过特定的共同体的形式来完成，而某种共同体又必然服务、服从于特定的活动。从事现代工程活动的工程共同体是由工程师、工人、投资者、管理者等其他有关的利益相关者组成的。在工程共同体中，工程师是绝不可少的，同时工人、投资者、管理者等其他成员也是不可或缺的，此外工程活动必然牵涉到许多其他利益相关者，使他们在一定意义上

也成了工程共同体的组成部分。

2. 大庆人与大庆工程共同体

与科学共同体追求真理的目标不同，工程共同体的基本目标是实现价值追求。具体到大庆油田数十年的开发建设中来说，多发现油田，多出油气产品就是大庆油田工程共同体(大庆人)的基本价值目标。不同于科学共同体的“同质性”，工程共同体是由工程师、工人、投资者、管理者等多种成员组成的“异质共同体”。工程共同体不但在成员的数量上大大超出科学共同体，而且更在整个共同体的性质、社会功能、内部的类型划分、组织形式和制度安排、内部关系和外部关系的具体内容和复杂程度方面都与科学共同体有深刻的区别。这种复杂性体现在工程共同体这个整体可以分为“工程活动共同体”与“工程职业共同体”两大类型，“工程职业共同体”是包含在“工程活动共同体”中的核心圈层，是前台，是主角，而其他成员则是外围圈层，是后台的导演、剧务等角色。采用工程共同体及其分类的理论分析大庆油田开发建设过程，我们可以看到，大庆油田的“工程活动共同体”与“工程职业共同体”基本对应着“大庆人”在广义和狭义两个层面的解读。换言之，当我们在广义上分析“大庆人”的外延的时候，它是包括石油工程师、石油工人、相关政府管理者以及前期提出“陆相成油理论”的科学家以及众多的利益相关者在内的集合，而在狭义层面，“大庆人”就是指大庆油田企业内承担石油勘探、开发、加工等业务的工人、工程师、管理人员等。因此，从工程共同体的不同角度解读“大庆人”的历史内涵和时代意义，对于从工程哲学、工程社会学等理论层面更为广阔地思考大庆油田开发建设的未来，更加充分地发挥新时期“大庆人”的主人翁精神，更加有力地推动大庆油田科学发展，树立中国本土工程文化自信具有重要意义。

大庆油田的开发建设作为新中国在上个世纪 50 年代末开始一直持续到今天的一项巨大能源工程，涉及不同时期社会各个层面的群体。在大庆油田开发建设这个特定的工程活动下，为实现新中国的石油战略目标，形成了一个有层次、多角色、分工协作、利益多元的复杂工程活动主体的系统。这个系统，在日常语境的意义上人们一般称之为“大庆人”，而在工程社会学的语境上则称之为“大庆工程共同体”。作为工程活动主体的工程共同体在大庆油田的勘探、开发、规划、建设等一系列活动中发挥了举足轻重的作用。

二、大庆油田工程共同体的结构与功能

一般地，工程职业共同体是指工程活动中同一职业的人员构成的“同质性”群体，主要指工人、工程师、雇主等。工程职业共同体是工程共同体中的核心构成部分，是工程活动前台的“在场者”。由于大庆油田工程的开发建设是在计划经济时期开发建设的，是属于国家投资、国家主导的大型企业工程，所以，在论及大庆油田工程共同体的时候，其工程职业共同体一般只限于工人、工程师，对于雇主这个层次一般不予涉及。“工程职业共同体”是工程活动中基本的、直接从事工程活动的共同体，而“工程活动共同体”是派生的、不直接从事工程活动的共同体。

1. 大庆工程共同体中的科学家

从科学与技术的关系来看，古代和近代技术主要都是实践经验的积累，科学对技术的发展影响还不大。但是到了 19 世纪中叶以后，科学走到了技术的前面，并成为技术发展的先导。因此，作为现代技术集成的工程必然也需要先进的科学技术理论来指导。在一般的工程活动中，充当科学知识与工程活动中介的大多数时间是工程师，他们依靠自己所掌握的基础理论科学、技术科学和工程科学的专业知识，努力实现科学知识的物质化，使科学通过工程活动而变成直接的生产力。在大庆石油工程中，由于其特定的时代背景和曲折的发现过程，科学家在其发现、建设的过程中发挥了重要的作用。

新中国成立之前，从最早提出中国贫油理论的美国地质专家到日伪时期日本的石油科学家，都认为中国是个石油资源贫乏的国家。尽管我国地质科学家李四光、潘钟祥以及曾任国民党资源委会主任的翁文灏等人都相继撰文驳斥中国贫油论，提出“陆相成油”学说，但是，中国是否拥有油气资源，还需要科学家更严密的论证，需要石油勘探的实践来证明。

1951 年，潘钟祥在《略论中国石油》一文中，提出了中国石油大多生于沉积盆地之中的“盆地理论”；1953 年，谢家荣在《探矿基本知识与我国地下资源发现》一书中指出：从我国大地构造角度来预测探矿方向，华北、松辽两大平原下面，都可能有石油蕴藏；1954 年，李四光在《从大地构造看我国石油远景》一文中进一步肯定，在华北与松辽平原摸底工作是值得进行的。上述科学家提出的观点，都为我国石油工业在更大范围内布局发展提供了理论上的支持，同时，打消了中国贫油的担心，统一了从决策层到普通石油工人的思想，鼓舞了士气，增添了干劲。

大庆石油会战开始之后，由于时任会战指挥部的领导集体从一开始就树立了尊重知识、尊重人才的思想，对科研人员采取“充分信任，大胆使用，严格要求，热情帮助”的方针，为科研人员全身心投入石油科技开发研究创造了较好的外部环境。一大批地质勘探、石油钻采等方面的科研人员投入到工程实践中，以他们的科学知识为大庆石油工程顺利进行作出了突出的贡献。科学，发现了大庆；科学，同样迅速地发展了大庆。新时期铁人，攻克大庆油田“表外储层”科研项目的首席科学家王启民，他所取得的科研成果相当于为大庆增加了一个地质储量 7.4 亿吨的大油田，按 2 亿吨可采储量计算，价值高达 2000 多亿元，而国家要探明同等储量的石油资源，光勘探费就需投入 100 多亿元。

2. 大庆工程共同体中的领导者和管理者

1) 大庆油田的诞生及领导者和管理者的角色定位

在工程哲学或者工程社会学的理论范式中，当论及工程活动共同体这个范畴的时候，投资人、管理者和企业家的角色是不可或缺的。但是，大庆油田开发建设工程是在计划经济的特殊时期开始的一项巨大工程项目，在那个特定的历史阶段，投资人、管理者和企业家的角色是混合的，是不曾分化、边界不是很清晰的一组概念，这些角色很多时候由当时的各级党政领导，主要是石油部、勘探局、会战指挥部等各级领导代表国家或者政府担任和客串。因此，在论及这个范畴的时候，我们把投资人、管理者和企业家不加区别地放在一起，并且笼统地把他们称作领导者和管理者，因为，在那个激情燃烧的年代，他们很可能就是几个人、一个团队或者从上而下的呈层级分布的一个群体。

由于大庆油田是在计划经济的背景下建设的工程项目，因此，企业家的角色是被隐藏在厚厚的体制帷幕之后的，因而也是不被提及和凸显的。他们履行了企业家的角色，但是他们没有企业家的名号。在投资行为中，他们没有投资家的经济收益和头衔，但是他们却主导了大庆油田工程的一系列投资行为。在管理活动中，他们是油田工程层级网络上从金字塔顶端到基层的大量管理者、执行者和协调者，履行了工程活动管理协调的职责，但他们却不被称作普遍意义上的经理人，他们是各级相关政府机关、主管石油工业的组织以及基层勘探、科研、施工单位的领导或者管理者。

2) 大庆工程共同体中的管理者

就大庆石油工程管理而言，在宏观方面，从石油部一直到会战指挥部的各级领导成为管理和企业运营的主体；在微观层面，就是分管勘探、钻井、注水、运输等各个流程的每一个井队、单位的负责人。按照理论上对于管理者角色的解读，管理者就是具有一定管理知识和经验的人，他们通过特定的制度安排而具有一定的权力和威信，影响、感召被管理者，实现资源的合理有效配置，进而提高管理效益，达到管理的目标。李伯聪教授形象地指出，管理者的活动就像是在共同体中搭建蜘蛛网一样，使得工程项目的各个部门协调配合，保证项目井然有序地实施，并最终实现预定的目标。大庆油田工程活动之所以取得最大的成功，不同层级管理者把管理活动的效能发挥到最佳程度是一个重要的因素。

在基层管理方面，除了众所周知的铁人精神的缔造者1205井组负责人王进喜，还有创造了“三老四严”作风的三矿四队队长辛玉和，提出“四个一样”作法的采油二矿五队5-65井组井长李天照等人，在夺取石油会战胜利的主人翁精神的激励下，他们在自己的岗位上，以自己的行为和感召，实现了各自项目内资源的高效配置，达到了那个体制下管理的最高境界。例如，李天照井组自从1961年7月成立以来，到1964年，安全生产2045天没有发生任何大小事故，成为安全生产的标兵。这个井组累计录取各种资料数据上万个无差错。

在宏观管理方面，由于大庆油田建设工程开始是由当时的石油部主导的，因此当时担任石油工业部部长的余秋里、副部长康世恩等人发挥的作用最为典型。他们出身军队，富有坚定的革命精神和战斗能力，在石油工程活动中，他们就像毛泽东对余秋里谈话中要求的那样，他们抱定一个信念：在一切领域，强迫自己克服困难，学会自己不懂的东西，向一切内行的人们学习专业知识、管理知识、经济知识，拜人为师，恭恭敬敬地学，老老实实地学。不懂就是不懂，不要装懂。不要摆官僚架子。钻进去，几个月，一年两年，三年五年，总可以学会的。

3. 大庆工程共同体中的工程师

在工程共同体中，工程师具有十分重要的地位和作用。大庆油田的开发建设和持续发展，是一个典型的现代复杂大型能源开发工程。从早期的石油会战到今天的科学发展，无数工程师在大庆油田工程的发展中发挥了极为重要的作用，作出了突出的贡献，充分体现了工程师在工程共同体中的重要性。在大庆油田地质勘探和开发建设的过程中，一大批具有工程专业知识和能力的工程师或者工程师出身的领导人发挥了关键的作用。

在确定“三口油井定乾坤”的重大决策中，一个年轻的工程师发挥了重要的作用。1959年12月，时任石油部部长余秋里在大同镇主持召开干部大会，确定1960年的主要任务。会上，一个来自四川设计院的年轻的技术员王毓俊发言说，萨尔图一带可能是大庆长垣上的油气富集地带。他建议在重点勘探南部葡萄花等构造的同时，能够把钻探的步子向北甩得更大一些。王毓俊的观点得到余秋里以及其他地质专家的支持，由此，确定了三个探区，并划定了“三口关键探井”，此后在钻井过程中，这三口井相继喷油，证明了大庆长垣南北140公里长，东西10多公里宽的800多平方公里的范围内都有工业性油流，令人振奋地显示出大庆油田的轮廓，而且越往北油层越厚，原油产量越高。因而，在大庆油田开发历史上被誉为“三口油井定乾坤”。在组织上，会战初期就设置八大总工程师，实行技术责任制，让工程师有职有权地进行工作。在这种氛围下，一大批工程技术人员兢兢业业，在工艺流程的优化上作出了突出贡献。

4. 大庆工程共同体中的工人

1) 工程共同体中的工人及其作用

工人是工程共同体中必不可少的成员，在工程活动中起着非常重要的作用。工程活动最终必须靠工人来完成，工人的素质和能力是工程共同体工程能力的基础和直接表现。工人在工程技术活动中的基础地位首先表现在他们是工程技术标准的最终执行者，工程活动最终必须由他们来实施和完成，工程质量也需要由他们来保障。工程活动是一个“造物”的过程，工人是操作活动的主体，工程设计目的的实现和完成的效果与工人的技能和素质存在着直接的关系。一流的产品需要一流的工艺，因此，也需要一流的技术工人，因为有了先进的设备并不等于能够生产出一流的产品。李伯聪教授强调，工人在工程活动中“在场”的特殊地位，使其具备能够直接发现工程技术活动中存在的问题的优势。他们拥有丰富的经验，凭借着经验，他们能够比较快地解决实际生产中的难题。实际上，一个有经验的老技工甚至比工程师更了解机器的性能和故障的症结。据统计，在欧洲一些国家，工人的技术水平每提高一级，劳动生产率就提高10%到20%。

2) 大庆工程活动中的工人群体

在石油钻井工人队伍的组织上，当时主要采用了三种形式，时任石油部主要领导的康世恩赋予每种形式一个形象贴切的比喻：一是“拔萝卜”，点名抽调一些标杆队。比如，玉门的王进喜钻井队，新疆的张云清钻井队等；二是“割韭菜”，把原来的队伍成建制一个不剩地调来；三是“切西瓜”，把原来的队伍一分为二，调来一半，留下一半。铁人王进喜就是从玉门油田来到大庆，支援大庆石油会战的一名普通石油工人。王进喜身上所体现的工作劲头和奉献精神感染和鼓舞了所有人，后来被石油战线和工业战线概括为“铁人精神”。时任石油工业部部长余秋里概括说：铁人精神，就是为国分忧、为民争气的爱国主义精神；宁肯少活二十年，拼命也要拿下大油田的忘我精神；有条件上，没有条件创造条件也要上的艰苦奋斗精神；干工作要为油田负责一辈子，经得起子孙万代检查的认真负责精神；不计名利，埋头苦干的无私奉献精神；当了干部还是个钻工，永做普通劳动者、廉洁奉公的公仆精神；同志间互相关心，互相帮助的团结友爱精神。

三、大庆工程典型案例与工程文化

从大庆工程共同体与“大庆人”的分析中，我们发现工程共同体不但是工程活动能够顺利进行的主体，也是工程文化始终在场的重要内容。工程文化的画卷中最为精彩的篇章不仅仅是由工程师、工人等创造的，很多时候，承担决策责任的领导与管理者在工程活动中也能对工程文化做出突出的贡献。从大庆工程共同体所创造的工程案例中，我们分析提炼的关于大庆工程文化的一些特点，具有很强的现实借鉴意义。

例如，为了树立地质工作的科学态度，进一步搞清油田地下情况，大庆石油会战之初，余秋里、康世恩等领导在会战过程中推行“五级三结合”技术座谈会。所谓“五级”，是指部、局、指挥部、大队、基层，“三结合”是指干部、技术人员、工人。在遇到技术、管理等难题的时候，召集部、局领导、专家教授、工程技术人员、基层干部和工人代表等各个部分人员参加的会议，讨论如何做好钻井、试油、采油工作，如何取得地质资料，如何搞清地下情况等问题。经过这样的座谈、讨论，解决了大庆石油工程中一些根本性的问题，比如关于石油勘探开发过程中地质技术规范关于“20项资料，72个数据”等要求，就是通过这种协商平台形成的。

再例如，在大庆的矿区及城市规划方面，周恩来以及当时余秋里、康世恩等石油部、勘探局的领导们力排众议，发挥了重要作用，形成了延续到今天的大庆油田城乡结合，生产、生活两不误的规划格局。大庆油田建设之初，有人提议在油田建设地区附近的安达市建设一座石油城，在那里建设职工住宅和生活设施。职工上下班用汽车接送，或者往返乘坐火车。由于资金以及诸多原因，当时的石油部领导没有采纳这种建议。与此相反，大庆油田的规划思路一开始就采取了生产、生活相结合的蓝图，在油田生产设施附近，增加一些生活设施和商业网点，逐步按单位形成了若干个大小不一的居民点。1962年，大庆总结前两年的实践，进一步在生产岗位固定的采油队和油水泵站等生产设施附近建设居民点，相近的几个居民点，逐步建成一个中心村和若干卫星村。对流动生产和施工的钻井队、井下作业队和基本建设单位，就在油田边缘地区建设居民点、中心村，作为职工的后方生活基地。家属们则在油田外围开荒种地。周恩来视察大庆时，对大庆矿区结合实际情况，分散建设居民点、工农村很赞赏。他指出，大庆这样的矿区，不搞集中的大城市，分散建设居民点，家属组织起来参加农副业生产，可以做到工农结合，城乡结合，对生产、生活都要好处。这样可以实现工业结合，城乡结合，有利生产，方便生活，还可以真正缩小城乡差别。从城市规划的科学性上看，分散建设居民点，职工住宅离矿井近，便于组织职工家属种地，既有利于工业生产，又有利于农业生产。到1965年，大庆工矿区生产的粮食，就已经解决了几万名家属的口粮，粮食产量按劳动力折算已经超过1500公斤/每人。分散建设居民点，还有利于降低建筑标准，简化市政设施，方便生活交通。大庆居民点的用水、用电、道路等设施大部分可以和生产设施结合使用；污水、粪便就近用作肥料，因此不必另建专用设施。据测算，按照当时水平，大庆的城建投资比一般新建城市大约低一半左右。

当时，大庆石油会战工委就决定，每个居民点都要把生产、生活和社会活动统一管理起来，实行工农业紧密结合，做到工、农、商、学四位一体，人人生活在组织之中。到 1963 年底，大庆已经初步建成了萨尔图生产管理中心、让胡路科研中心和龙凤石油化工中心三个较大的居民镇，以及分散建立的 10 个中心村和 40 多个居民点，一个新型的石油矿区从此崛起在松嫩平原上。进入新时期后，新兴的大庆市继续沿用了这种城市格局，同时又增加了一般中等城市应有的诸多功能。这种工程规划，顺应了当今世界城市建设中的卫星城市、田园城市理念，避免了人口过于集中的城市通病。

四、余论

2002 年，大庆成为我国内陆地区首个环保模范城，大庆的工程发展对于发展新时代中国特色的工程文化，树立本土工程文化自信具有积极的现实意义。比如大庆的“嵌入式”工程规划理念，在当代中国大规模城市化的进程中，具有特殊的导向作用。今天全国各地的大中小城市都在盲目扩大规模，都按照工业革命以来城市发展过度功能分化的路径在发展，城市在摊大饼式地扩大。在一个城市工作生活，从工作地到生活区要走几个小时，随之而来的车辆拥堵、能源浪费、空气污染、社会管理失范等城市病纷至沓来。而大庆矿区早期生产、生活水乳交融的东方式工程思维不失为解决问题的一个途径。大庆工程文化的特点，对于在决胜全面小康的进程中树立中国本土工程文化自信，在理论与实践的结合上进一步创新，有效防止城镇化过程中千城一面、丧失地方性特点的发展趋向，推动各种工程建设持续健康发展具有重要的现实意义。

★ 参考文献

[1] 宋连生. 工业学大庆始末[M]. 武汉：湖北人民出版社，2005(6).

[2] 李伯聪. 工程社学会导论：工程共同体研究[M]. 杭州：浙江大学出版社，2010(11).

[3] 余秋里. 余秋里回忆录[M]. 北京：解放军出版社，1996.

[4] 孙宝范，等. 铁人传[M]. 北京：石油工业出版社，2000.

[5] 田润普. 大庆石油会战[M]. 北京：中国文史出版社，1990.

[6] 焦力人. 当代中国的石油工业[M]. 北京：中国社会科学出版社，1988.

[7] 陈道阔. 余秋里与石油大会战[M]. 北京：解放军文艺出版，2002.

[8] 张海陆. 铁人王进喜[M]. 哈尔滨：黑龙江人民出版社，1994.

(作者单位：陕西省委党校)

大力推动“国家协同技术创新”

夏保华

摘要：关于国家本身在技术创新中的角色与地位，源于西方社会经验的技术创新经典研究者很少加以深入讨论。而与西方社会相比，中国从古至今取得的一系列令人惊赞的科技创新成就，都大多与中国技术创新的国家主义历史传统有关。中国国家主义技术创新实践传统特色突出，但这种自觉或不自觉的实践传统在创新理论层面没有得到严谨的反思。为此，我们提出“国家协同技术创新”概念，以期反映中国独特的创新经验，实现对西方“国家创新系统”话语的超越。国家协同技术创新的本质在于其“工程本性”，系统工程思维是其不可或缺的最基本的思维与组织方式。国家协同技术创新是一种国家技术战略行动，对发挥社会主义大国优势等具有重要的战略意义，应大力推动国家协同技术创新。

关键词：国家协同技术创新；国家协同创新；大科技创新工程；创新哲学

一、技术创新研究中被忽略的“国家”角色

关于国家本身在技术创新中的角色与地位，技术创新经典研究者很少加以深入讨论。熊彼特在《经济发展理论》(1912)中提出“创新”概念时，将“发明”与“创新”严格区分，认为“企业家”是创新的源泉，明确将“企业家”视为技术创新主体，没有特别说明“国家”的作用。①后来在《资本主义、社会主义与民主》(1942)中，熊彼特已不再强调“发明”与“创新”的严格区分，转而强调进行研究开发的大企业作为技术创新主体的作用，认为“大企业”是创新的源泉。他指出：“一个现代企业，一旦发觉它力所能及，它首先要做的一件事就是建立一个研究部门，这个部门的每一个成员都懂得，他的生计取决于他设计改进办法的成功。”②此时，熊彼特虽然强调“创新”与“资本主义”的关联，认为这个创造性破坏的过程，就是“资本主义的本质性事实”，是“资本主义存在的事实和每一家资本主义公司赖以生存的事实”，但依然没有具体研究国家在技术创新中的作用。

新熊彼特主义者在 20 世纪 80 年代引入“国家创新系统”概念，由此开始了在“创新政策研究”范畴内对“国家”的关注。自 20 世纪 70 年代始，美国等发达工业国家增长放缓，而日本作为一个主要经济和技术大国迅速崛起。日本通商产业省在技术创新中的角色和作用受到研究者的特别关注。在日本，国家角色扮演决定性的作用。日本大企业长期受通产省引导与扶植，进行一系列重大的技术推进计划。“明显地，一种可称之为‘技术国家主义’的新的理念正在传播，这种理念强烈地认为，一国企业的技术能力是其竞争力的关键性源泉，而技术能力是国家意义上的，并且能够通过国家行为加以

① 约瑟夫·熊彼特. 经济发展理论[M]. 何畏，译. 北京：商务印书馆，1997：98.

② 约瑟夫·熊彼特. 资本主义、社会主义与民主[M]. 吴良健，译. 北京：商务印书馆，2002：163.

构建。”[①]正是在这样的思想认识基础上，弗里曼等新熊彼特主义者提出了“国家创新系统”概念。“国家创新系统”概念突出创新的系统性，突破传统的关于“技术创新主体”的个体主义成见，更强调技术创新是发生在一个社会系统之中，是一项社会的集体成就，在这样的思路下，很快又出现了“区域创新系统”、“产业或部门创新系统”等概念。[②]“国家创新系统”概念理所当然需要并也突出了“国家”概念。譬如对“国家”是“国家创新系统”建构者的强调；对国家创新系统为国家目标服务以增强国家竞争力的强调等。但与“国家”在技术创新实际中的重要作用相比，人们对“国家”技术创新行为的研究还很有限，亟待加强。

有必要指出“国家”在技术创新中的无可替代的作用。就一般意义而言，国家有独特的“强制力”属性，能在社会各个方面扮演决定性的作用。如社会学家吉登斯(Anthony Giddens)指出国家的“第一特征”是：“凡是国家都会牵涉到对归其统辖的社会体系的再生产的各方面实施反思性的监控。”[③]就实际技术创新历史实践来看，那些成功实现基于社会技术转型的自主创新国家都突出了国家作用因素。前文已述及德国技术国家主义特点，这里不再赘述。对于美国技术创新，人们通常讲美国奉行“市场万能”原则，事实上美国政府在技术创新中扮演的关键角色也不能低估。美国资本主义从一开始实行的就是某种程度的“混合经济”，美国商业史学者麦格劳(Thomas K. McCraw)概括指出，独立后200年间美国资本主义最显著的特点有四个，其中第四个特点就是：“政府对促进经济发展所采取的有效措施。”[④]美国政府通过军事研究计划在当代信息技术创新中扮演决定性角色，这是众所周知的。美国国防部先进研究计划局(DARPA)被认为是相当杰出的创新单位，它在美国担当的角色与通产省在日本技术发展里发挥的作用相当。所以，著名社会学家卡斯特有理由说，在美国，“国家才是信息技术革命的发动者，而不是车库里的企业家。”[⑤]

二、中国技术创新的国家主义历史传统特色

与西方社会相比，中国古代取得的一系列科学技术成就令人惊叹，中国在长达数百年乃至数千年的时间里曾是世界的技术带头者，而更值得注意的是，中国古代科学技术创新成就绝大多数是由政府及其官吏臣僚取得的，中国政府比欧洲政府在造就和传播创新上扮演了积极得多的角色。《中国科学技术史·通史卷》对此总结道：“长时期一直延续不断的天象记录，代代相传不绝的历法的编制，以及与之有关的大型天文仪器的制造，大规模的纬度、恒星的测量，一些大型药典的编修、水利工程的兴建和治水理论的探讨，还有地理志的编纂等，都是在‘士’的积极参与并由统治者组织大量人力、物力的情况下完成的。技术的绝大多数精华也都掌握在官办手中。精美的丝绸，历代的官窑瓷器，郑和宝船的建造，从万里长城直到王宫寝殿的修筑，甚至从《考工记》到《营造法式》、《武备志》等技术著作，也都是在官办的情况下编纂的。”[⑥]中国古代这种政府主导的国家主义创新模式塑造了中国技术的性格。中国有学者称中国古代技术主要是服务于大一统皇权的“大一统”技术，并指出：“它的发达完全是由大一统的社会组织形态和相应的地主经济所决定的。”[⑦]无独有偶，近年西方学者莫基尔、卡斯

---

① 理查德·纳尔逊. 经济增长的源泉[M]. 汤光华，译. 北京：中国经济出版社，2001：312.

② Charles Edquist.Systems of Innovation: Perspectives and Challenges, in Jan Fagerberg,et al(eds) .The Oxford Handbook of Innovation[M]. New York: Oxford University Press，2005：181-208.

③ 安东尼·吉登斯. 民族-国家与暴力[M]. 胡宗泽，译. 北京：三联书店，1998：19.

④ 托马斯·麦格劳. 现代资本主义：三次工业革命中的成功者[M]. 赵文书，译. 南京：江苏人民出版社，1999：338.

⑤ 曼纽尔·卡斯特. 网络社会的崛起[M]. 夏铸九，译. 北京：社会科学文献出版社，2001：81.

⑥ 杜石然. 中国科学技术史·通史卷[M]. 北京：科学出版社，2003：936.

⑦ 金观涛，樊洪业，刘青峰. 文化背景与科学技术结构的演变[M]. 中国科学与科学革命. 辽宁:辽宁教育出版社，2002：345.

特等人也都将中国古代技术的兴衰与中国古代独特的国家主义创新模式联系起来。他们认为，这种国家主义创新模式的优缺点十分显著，即当政府热衷于技术创新时，技术奇迹就会发生，而当政府失去技术创新的兴趣时，技术发展就会停滞衰落。[①]

新中国成立后，中国传统特色的国家主义创新模式在新的历史时期再次焕发生机。在以“两弹一星”、“人工合成牛胰岛素”为代表的新中国早期重大科技创新工程中，国家主义创新模式十分突出，并卓有成效。“两弹一星”、“人工合成牛胰岛素”创新工程是国家直接主导的，采取集团协作作战的组织形式，全国上下一盘棋，把有限的人力、物力、财力集中起来，优化组合，形成合力，重点取得突破。实践证明，在物质技术基础比较落后的情况下，集中国家力量发展那些一旦突破就能对经济发展和国防建设产生重大带动作用的关键科学技术是可取的。这样的国家主义创新模式有利于集成合力，赢得时间，迅速缩小同发达国家的差距，能保证在一些重点领域里尽快进入世界高新科技发展的前沿阵地。固然，这种国家主义创新模式所突出一些做法，如采用“军事体制”，强调“政治责任感”、“民族荣誉感”等，有其特定时代特征，但有必要指出，即使是在改革开放后，中国当前取得的有世界影响的重大技术创新成果依然是国家主义主导的创新。

譬如，我国杂交水稻技术创新是世界作物育种史上一项伟大创造，它包括三系法和两系法杂交水稻，以及正在进行的超级杂交稻研究。该系列技术成就的取得与以袁隆平为带头人的科研团队的不懈努力有关，但也必须注意到国家政府的作用。首先，党和政府历来重视杂交水稻技术发明与推广，给予经费的大力支持。朱镕基总理曾特批1000万元总理基金支持超级杂交稻研究，温家宝总理也曾为“杂交水稻创新工程”特批2000万元。其次，党和政府组织大量的人力、物力和财力在湖南省乃至全国的范围内形成合力，研究开发和推广杂交水稻技术。早期曾以“科研大协作”的“群众运动”形式开展杂交水稻研究，从1972年到1982年共召开全国科研协作会议九次，参会省市几乎遍及全国，参会人数逾千人。由湖南省内协作到全国范围内的科研大协作，加快了“三系”配套的进程，大大提高了优良“三系”及优良杂交组合的筛选几率。在杂交水稻两系法研究中，全国又有16个单位参加了协作攻关。可以说，无论是计划经济时期，还是社会主义市场经济时期，杂交水稻技术创新都浸透着国家意志、国家需要和国家力量。

再譬如，我国青蒿素类抗疟药物的发明是世界抗疟疾药物研发史上的重大突破，是继奎宁、氯喹之后的里程碑式发明，2011年青蒿素主要发明人屠呦呦获得拉斯克临床医学奖，2015年又获得诺贝尔医学奖。同样，在青蒿素类抗疟药物的发明中，无论是早期青蒿素的成功发明，还是后来青蒿素衍生物的发明研制和青蒿素复方的推广，每一步都渗透着集体的汗水，是大协作的结晶，都体现了国家主义创新风格。1967年5月23日，国家科学技术委员会和中国人民解放军总后勤部在国务院和领导部门的审定批准下于北京召开了“疟疾防治药物研究工作协作会议”，成立523办公室，开始新疟疾防治药物的发明。在523办公室的统一协调下，全国各专业协作组，思想上目标一致，计划上统一安排，任务上分工合作，专业上取长补短，技术上互相交流，设备上互通有无，通过举全国之力集体协同，最终实现了青蒿素的发明。全国523办公室于1981年被撤销后，为实现青蒿素及其衍生物的国际化发展，加强与世界卫生组织的合作与联系，国家卫生部和国家医药管理总局于1982年成立青蒿素指导委员会。在1982年至1987年之间，众多科研力量在青蒿素指导委员会的组织协调下，按照世界卫生组织的标准，对青蒿琥酯重新进行研发，从精制原料药到改进制剂工艺再到毒性药理试验的完善，每一环节都渗透着众多科研单位的努力。

总之，无论是在古代还是在现代，中国政府都在技术创新中扮演着特别积极的角色，有力推动了

---

① Joel Mokyr. The levers of Riches:technological creativity and economic progress[M]. New York:Oxford University Press，1990：236-237.

技术创新的开展。

三、“国家协同技术创新”概念：对“国家创新系统”概念的超越

中国国家主义技术创新实践传统特色突出，但这种自觉或不自觉的实践传统在创新理论层面没有得到严谨的反思。通常人们提到中国国家主义技术创新实践传统时蕴藏有贬义的意味，将其与中国封建社会“大一统政治结构”、新中国“文化大革命”相勾连，这样做固有其合理性的一面，但也妨碍了人们以理性的态度深入把握中国国家主义技术创新传统的本质。中国国家主义技术创新实践传统有没有内在的合理性？有没有一定的普遍性？还有没有未来？

从正面肯定的视角看，卡斯特提出一个值得注意的观点，即中国国家主义技术创新实践传统证明，“国家能够是，也曾是技术创新的指导力量”。[①]中国国家主义技术创新实践传统恰恰也与当代一些理论家对技术创新中的“国家角色”的关注相暗合。如波特(Michael Porter)所言，与人们通常想象的相反，“国际化与自由化使国家的重要性不减反增。国家之间的特征与文化差异，非但不会受到全球竞争的威胁，反而会被证明是企业在全球竞争中成功所不可或缺的部分。”[②]所以，中国国家主义技术创新实践传统所展现的“国家角色”，当前有必要从理论上进一步加以概括提炼。显然，这种在技术创新中的积极的“国家角色”，在当前流行的“国家创新系统”概念中还不能充分反映出来。由前所述，“国家创新系统”概念虽突出了“国家”概念，但其中反映的国家角色主要集中于制度创新方面，如对整个技术创新环境氛围的营造等，但忽略了国家可能扮演的更积极、更直接的技术创新行为角色，如中国国家主义技术创新实践传统所展现的“国家角色”，包括直接参与某项重大技术创新的重大决策、组织领导、资源配置等。

因此，基于中国国家主义技术创新实践传统这一“硬事实”，我们提出“国家协同技术创新”(或简称“国家协同创新”)这一理论概念，旨在反映国家，作为一种特殊的组织形态，直接参与技术创新的行动与过程。为了准确把握这个概念，我们选择创新文献中常常使用的“企业技术创新”和“国家创新系统”两个概念做参照比较。

“国家协同技术创新”概念对“国家”概念有所特指，明确表示，“国家是进行协同创新的主体”，这与“企业技术创新”概念包含“企业是进行技术创新的主体”是一样的。“国家是进行协同创新的主体”，明确了国家在技术创新过程中应扮演的积极角色，对国家扮演好这种角色提出了要求，“国家应积极主动、自觉地进行协同创新”。这一点与“国家创新系统”所蕴含的“国家”意义有些不同。“国家创新系统”中的“国家”主要还是指地域边界意义上的“国家”概念，而且并不一定包含“国家作为行动主体积极有意识地建构创新系统”的意思。创新研究学者查尔斯•埃德奎斯特(Charles Edquist)对国家创新系统研究的评论就是一个很好的证明，他指出，“国家创新系统”概念“并不意味着国家创新系统可以进行有意识的设计或规划”，相反，国家创新系统“以一种很大程度上没有加以规划的方式随着时间而演进”。[③]

另外，“国家协同技术创新”概念显然对“协同创新”概念特别倚重。“协同创新”概念包含“协同”和“创新”两个概念。“协同”，作为一个科学理论概念，可以溯源到马克思的“分工与协作”概念，伊戈尔・安索夫(I.Ansoff)企业战略论的“协同”概念，哈肯(H.Haken)协同学的“协同”概念等，

---

① 曼纽尔・卡斯特. 网络社会的崛起[M]. 夏铸九，译. 北京：社会科学文献出版社，2001：13.

② 迈克尔・波特. 国家竞争优势[M]. 李明轩，译. 北京：华夏出版社，2002:28.

③ Charles Edquist.Systems of Innovation: Perspectives and Challenges, in Jan Fagerberg,et al(eds) .The Oxford Handbook of Innovation[M]. New York:Oxford University Press，2005：191.

主要指“协调合作”之意。[①]“创新”，作为一个科学理论概念，源于熊彼特，主要特指技术创新及相关组织、市场创新等。“协同创新”中“协同”和“创新”包含两层相关联的关系，其基础层关系是“动宾”关系，即“协同”行动作用于“创新”上，可形象表示为“协同→创新”；其引申层关系是“修辞”关系，即“协同”是形容词“协同性”一词的略写，用以修辞“创新”。“协同性创新”，是基础层作用关系的必然结果，即这种通过“协同”而实现的“创新”，具有整体协同效应，表现出“开放性”、“系统性”、“复杂性”、“动态性”、“集约性”、“学习性”、“合作性”、“共享性”等系列协同属性。显然，“协同创新”概念的重心在“协同”上。

综上，“国家协同技术创新”是指在国家层面或国家范围内，由国家主导，围绕具有重大战略价值的科技创新工程而展开的各创新主体间、各创新要素间、各创新单元间、各创新系统间的大协调、大协作、大联合、大联盟，通过发挥整体协同效应而实现国家技术战略意图。

四、国家协同技术创新的大工程组织体制

国家协同技术创新往往采取“大工程”的组织形式进行，这是由国家协同技术创新的“工程本性”所决定的。典型的国家协同技术创新本身就是一项“大科技创新工程”，其中涉及的工程维度包括：多学科知识综合与原始性创新的“大科学工程”；与社会深度纠缠会通的多门类技术集成与创新的“大技术工程”；人员队伍庞大、创新性人才高度聚集和实现自我创造性超拔的“大人才工程”；目标任务宏大、组织管理复杂、投资规模巨大的高风险的“大管理工程”。

国家协同技术创新是一项旨在实现“高效”、“协同”、“创新”的社会管理系统工程。系统工程思维是其不可或缺的最基本的思维方式。系统工程思维包括从系统看工程和从工程看系统两个基本维度。从系统看工程是指用系统的观点和方法解决工程问题，突出整体性思维、层级性思维和最优化思维；而从工程看系统则是指用工程的方法去建造系统，突出运筹性思维、集成性思维和价值理性思维。由此，国家协同技术创新意味着国家成为系统整体的主导者和建构者。

从行动者网络理论视角看，国家协同技术创新是各种异质行动者相互协商、改造和联盟，以建构行动者网络的动态不确定过程。这是一项充满偶然性和风险性的社会工程事业，其中国家作为行动者网络的系统建构者的角色十分关键。下面以我国杂交水稻的发明与推广为例做些具体说明。

建构杂交水稻协同创新行动者网络大体可分为五个“转译”过程，即问题呈现、利益赋予、征召、动员和异议。[②]

(1) 问题呈现。1964 年，袁隆平开始水稻雄性不育研究，1966 年发表《水稻雄性不育性》，提出水稻三系法杂交育种的科学构思。[③]国家了解到研究情况后，以行动者身份参与进来。鉴于粮食安全的重大社会价值，国家以系统建构者的身份决定建立杂交水稻技术创新网络，该网络的目标是发明杂交水稻技术，解决粮食短缺问题，实现粮食增产。

(2) 利益赋予。国家通过行政指令将利益和资源有效分配给各行政管理机构和科研机构，使他们各自发挥作用，确保所有行动者都积极参与进来。国家建立了合理的利益分配机制，将管理和决策权分配给相关管理机构，将研究资源分配给杂交水稻科研机构和高校等研究团队。

(3) 征召。在这个阶段，国家作为核心行动者为网络中的其他行动者规定各自的利益，每一个行动者都被赋予可以接受的任务，通过征召，成为网络成员。在技术研发阶段，国家先后征召了科研机构和高校。例如，水稻雄性不育科研项目由湖南省农科院组织管理，并成立了湖南省水稻雄性不育科研

① 赫尔曼·哈肯. 协同学:大自然构成的奥秘[M]. 凌复华，译. 上海：上海译文出版社，2005：1.

② 夏保华，张浩. 行动者网络理论视角下民生技术发明机制研究[J]. 科技进步与对策，2014(15)：1-4.

③ 袁隆平. 水稻的雄性不孕性[J]. 科学通报，1966(4)：185-188.

协作组。国家先后征召了湖南省农业科学院、安江农校、湖南省贺家山原种场、湖南农学院和湖南师范学院生物系等 5 行动者。为了满足技术上的需要，它们的分工十分明确：前三者负责雄性不育系和保持系选育工作；湖南农学院负责水稻雄性不育生理生化研究；湖南师范学院生物系承担水稻雄性不育形态解剖研究。杂交水稻技术发明后，为了顺利推广技术，国家征召了由科研人员、技术推广人员和农民技术员等组成的技术推广队伍，通过技术人员的示范、培训和指导，使得杂交水稻技术迅速推广。另外，国家还责成相关技术管理部门和市场管理部门对水稻种子及其推广进行有效的监督和管理。同时，在联合国粮农组织的支持下，通过技术转让、技术支持等方式，实现了杂交水稻技术在世界范围内的推广。

(4) 动员。为了充分发挥他们的积极性，保证整个网络朝着预定目标前进，国家作为系统建构者提出一系列方案、策略及相关的激励机制。例如，在计划经济时期，建立了杂交水稻技术产业；为了适应市场经济环境，提出了杂交水稻稻种的育、繁、推、销一体化发展路线，并且颁布了《种子法》，为提高杂交水稻稻种质量提供了法律依据。杂交水稻技术发明研究曾获得总理基金的支持。国家对杂交水稻技术发明研究人员及其团队给予了多渠道的物质和精神奖励，比如各种奖金以及国家科学技术奖、国家技术发明奖、国家人才奖等。

(5) 异议。异议指在行动者网络联盟形成中，行动者对技术发明所要解决的关键问题持不同意见和观点，是影响整个技术发明行动者网络稳定性的障碍。核心行动者需要找到整合网络利益的机制，消除行动者的异议，平等协商、共同合作。国家从 1973 年起，每年都会组织全国水稻科研会议，各研究机构和人员相互交流杂交水稻技术发明经验，针对不同的见解，共同探讨，一起制定研究计划。

在上述五个过程中，国家始终发挥着主导作用，组织管理整个协同创新网络的运行。从召集行动者、分配任务、解决冲突，到发明创新成功，国家起到了总揽全局的作用。国家建构的全国性的协同合作机制，大大加快了杂交水稻技术创新的进程。袁隆平深有感触地说："无论是在艰苦攻关的岁月，还是在协作奋战的日日夜夜，我们的科学研究一直是在党和政府的高度重视和大力支持下进行的。" ①

国家协同技术创新旨在强调在科技创新过程中国家的"协同角色"，不仅不排斥"企业"等技术创新组织的主体作用，而且要以它们的自主创新尤其要以"企业技术创新"为基础。

国家协同技术创新并不意味着国家对所有技术创新的集中的有计划的控制。国家协同创新可以发生在计划经济体制中，也可以发生在市场经济体制中。

五、国家协同技术创新的战略意义

国家协同技术创新是一种国家技术战略行动，具有战略行动的性质。它的中心目标是实现那些具有重大战略价值以及全局性影响的科技创新工程，它的决策权、领导权归于国家。这样的科技创新工程一旦成功完成，将对国家经济、政治、文化生活产生深远的影响。譬如，"两弹一星"研制工作就是我国国家协同创新的典范。经过缜密研究，国家做出重大决策，制定了一系列重大方针、原则和政策措施，全国"一盘棋"，集中攻关。26 个部委、20 多个省区市、1000 多家单位的精兵强将和优势力量大力协同，表现了社会主义中国攻克尖端科技难关的伟大创造力量。"两弹一星"，是新中国建设成就的重要象征，是中华民族的荣耀与骄傲。关于"两弹一星"的评价，邓小平深刻地指出："如果六十年代以来中国没有原子弹、氢弹，没有发射卫星，中国就不能叫有重大影响的大国，就没有现在这样的

---

① 袁隆平. 在国家科学技术奖励大会上的发言[J]. 中国科技奖励，2001(1)：12.

国际地位。这些东西反映一个民族的能力，也是一个民族、一个国家兴旺发达的标志。”①

综上，从人类社会技术转型运动的视角看，中国自主创新只能是一种基于转轨性社会技术转型的国家自主创新。这种旨在实现更高层次人与自然、人与人和谐可持续发展的生态技术范式的塑造与开发，必将是一个困难重重的漫长道路。不仅要突破大量科技自身的难题，而且还将遭遇大量经济、政治和文化的阻碍，所以，这种自主创新道路的选择要求上升到国家意志的高度，要走这种自主创新道路就必然要求发挥国家的积极引导作用，必然要采取国家协同创新这种技术战略行动方式。

(作者单位：东南大学哲学与科学系)

① 邓小平. 邓小平文选(第3卷)[M]. 北京：人民出版社，1993：279.

工程伦理

工程风险分配进路：从资本到正义

傅畅梅　贾闻静　张 铃

摘要：工程风险分配如何从“有组织的不负责任”到“有组织的负责任”是一个必须面对的问题。可以说，工程风险是人类不愿面对却又无法回避的现实。如何使工程风险分配实现真正的正义，人们对其的认识经历了从经济学的定量化方式到伦理学的非定量化方式的转变，即从资本维度到责任维度，再到正义维度。基于工程风险分配思想的历史与逻辑考量，可以厘清工程风险分配正义的必要性与可行性，这无疑对指导工程活动实践与工程风险合理分配具有现实意义。

关键词：工程风险；分配；资本；责任；正义

现代社会是一个工程时代，工程活动在很大程度上影响着人类的生存状态。工程活动一方面拓展人类生存空间，给人类生活带来福祉；另一方面，工程活动所带来的工程风险又是人们所不愿面对和承担的责任。工程风险从根本的意义上讲，它不是自然的风险，是由于人类的工程活动造成的，是一种“人造风险”。工程风险一旦形成，人们必须去面对、去解决。对于工程风险的分配，经历了“有组织的不负责任”到“资本化”地看待工程风险责任，从“单一的工程师责任主体”到“多元的工程共同体责任”，再到“多元责任主体间工程风险分配协商的正义价值取向”。

一、工程风险分配的资本维度的提出

1. 工程风险分配的经济学考量：资本维度

工程作为人类有组织、有计划并按照项目管理方式进行的大规模的造物活动，涉及经济、政治、社会、文化等诸多因素，对自然和社会环境都会产生广泛而深远的影响。[1]在这个意义上可以看出，工程活动是组织行为而非个体行为。不论是按产业来划分的水利工程、矿业工程、机械工程、交通运输工程、化学工程、通信工程等，还是按工程活动的进行来划分的工程决策、规划、设计、施工、运行、退役等阶段，每一不同产业的工程活动或工程活动进行的不同阶段，都会存在风险。

工程风险的存在已是一个不争的事实，工程风险的分配离不开对工程风险的评估方式，传统的对工程风险的评估认为只要工程活动的收益大于工程风险，此项工程活动就是可行的，这是一种定量化的工程风险评估与分配模式，是按照“成本—收益”的方法评估工程风险，并进行工程风险分配，这种模式可认为是从经济学的资本维度思考工程风险分配问题。

2. 工程风险分配资本维度考量的困境

工程风险分配的资本维度体现了人们对工程活动的认知水平，随着工程活动造物的规模越来越大，工程活动对人类的影响也越来越深远，工程活动的集成性越来越复杂，资本化的工程风险分配的局限性也就越来越凸显。主要表现在两方面，一是工程风险的最主要特征是不确定性，但以“成本—收益”

作为风险评估和分配的依据其前提就是工程风险是可量化的，具有确定性的特征，而工程风险就其实质来说是无法被完全量化的，要对所有的风险进行定量化计算几乎是不可能的，这是工程风险分配资本化维度所面临的困境，需要新的风险分配方式来解决此困境，使之更为合理与可行。二是资本化的工程风险分配模式的计算是依托专家来实现的，也就是说，是由本领域或相关领域的专家或工程师来对工程风险进行评估与分配，而在很大程度上忽略了社会公众对于工程风险的认知并与之进行沟通，更多地只考虑工程自身，从专业的角度来进行思考，而没有将与之相关的民众进行联系，并且对工程风险有关注的社会人士的风险感知几乎也忽略不计。基于此，有必要对工程风险分配的资本化方式与责任主体进一步明确，以有利于对工程风险的评估与分配。

二、工程风险分配的责任承担：责任主体从一元到多元

1．工程风险分配：从经济学资本考量到伦理责任考量的必要性

风险总是和责任相互联系，一旦出现风险，责任问题必然产生。[2]那么，作为风险的重要呈现方式，工程风险的责任应该由谁来承担？谁是工程风险的主体？该如何分配？

资本化的工程风险分配在现实的工程风险评价中一度成为主要方式，这就表明这种方式具有一定的合理性，但同时，也应该看到，这种定量化的评估与分配方式是不合适的，因为工程风险自身的不确定性要求工程风险评估与分配要采取非定量化的方面。这也就是说，除了对工程活动进行经济效益上的考量外，还需要考虑工程风险的社会影响、生态影响及其对人的影响。工程风险的分配不只是经济维度的资本考量，还需要考虑其他方面的影响，包括对个人的影响、对人类社会群体的社会公正的影响、对自然生态的影响等。一个好的工程，对人的价值的影响不能只局限于货币价值的物质层面来分析，还应该考虑到人的尊严、人的生命等，因此，工程风险的分配其伦理要求是以不损害人本身的价值为前提；工程活动的目的是造福全人类，因此，工程风险的分配也应考虑到全体公民的利益；除此之外，工程活动作为人类的建造活动，必然会对自然生态造成影响，那么是否还应该继续坚持人类中心主义，而不顾及未来人类的发展呢？显然，这是不道德和不负责任的行为。[3]

既然对于工程风险的分配采用资本化的方式存在着定量化与非人文的特点，那么必然需要从伦理的维度对工程风险分配进行思考。

2．工程风险分配的伦理责任维度：工程师作为责任主体的提出

从历史的维度来看，对于工程风险责任的分配人们首先考虑到的是工程师群体的责任，所有的伦理课题都与责任密切相关，从工程风险产生的原因来看，人们首先认为工程风险的产生与工程师责任意识的缺失密切相关，工程师作为工程活动的灵魂，负责着工程项目的规划、设计、实施与评估。工程师的责任主要包括职业责任、社会责任、道义责任，工程师个体的责任伦理，既包括对人的关心，也包括对生态环境的关心。工程师作为工程活动的主要参与者，承担着由其职业所决定的职业责任以及由职业所决定的基本义务型职业责任。由于工程风险存在于工程活动的每一阶段，因此，工程师的职业责任贯穿于工程活动的全过程，从工程决策、设计、施工，一直到工程运行、退役，工程师应对其工程风险存在于其中的每一阶段、每一环节都有其相应的责任。

风险本质在于其不确定性，这种不确定性会给人类和自然界带来伤害，具体到工程风险，就是在工程活动中由于所运用的科学理论的知识基础不完备，工程设计、工程施工和工程产品运用中的不确定性所导致的风险的产生，[4]据此可以得出工程师的独特身份及其承担的巨大责任，因此，在一定意义上，工程师必须承担起工程活动的风险责任。但是，仅仅是工程师群体就能承担起工程风险的全部责任吗？工程师群体是否应该承担工程风险的全部责任？

3．工程师作为责任主体的局限

工程师的职业及其在工程活动中的独特地位，决定了其对于工程风险的产生及其大小会有一定的影响，因此，相对于工程共同体的其他方面，其技术性、专业性、权威性决定了其要承担更大的责任，但同时也应该看到，工程师的风险责任承担不可能是全部，也不应该是全部，这是由工程师群体自身职业权利的有限性决定的，由于其有限的权利，不应该要求其承担无限的风险责任。工程师的职业局限性主要包括：一是从工程师所从事的具体工作来说，每一个个体工程师只能负责整个工程中非常少的一部分工作，他们的工作更多只是局限于在某一技术领域展开，这就决定了工程师很难对自己的工作与未来整个工程可能造成的工程风险有一个全面整体的把握；二是由于大多数工程师作为群体中的一员，他们也是在具有层级的组织中工作，而组织具有利益效益最大化的目标，工程师的职业及其对风险的预测有可能会触犯组织的权威，如果有工程师将道德置于利益效益之上，很有可能遭到组织的反对等。总之，工程师群体在工程风险责任方面确实存在诸多因素的制约，基于此，在对工程风险分配责任时，要求工程师承担全部风险是不现实的，也是不可能的，工程风险分配问题需要工程共同体来共同承担。

4．工程风险责任主体由一元到多元的提出

时代是思想之母，实践是理论之源，理论必须关注现实，并依据现实提出新见解。随着人类征服自然能力的增强，工程活动的深度、广度、强度进一步加大，工程师风险责任也随之不断扩大化，这就要求学者们从工程师个体责任伦理转向工程共同体责任伦理。我国著名学者曹南燕教授基于工程师社会责任的分析，提出工程师责任的有限性；朱法贞教授则具体分析了工程活动中政府所应承担的伦理责任；肖锋教授指出，工程师、工程管理者和政治决策者甚至公众都负有工程风险责任；刘则渊与王国豫教授认为，工程风险责任的主体是由个人、团体和社会形成的一个责任类型的形态矩阵；李伯聪教授发表“工程共同体”研究以及“工程伦理学”系列文章，建设性地指出工程的责任主体不是个体，而是工程共同体。

三、工程风险多元责任主体的合理分配：正义作为首要的价值原则

1．多元责任主体正义诉求的必要性

工程风险的分配从根本的意义上说，它是工程共同体所不希望分配给自己的，是一种不情愿的意向，因此，为了避免“有组织的不负责任”事情的发生，在工程风险分配问题上，应将正义作为首要的价值原则。[5]

为了更好地分配工程风险，也为了社会更好发展，需要各责任主体承担“共同而有区别的责任”，它内在地蕴涵着正义地分配工程风险的价值诉求。[6]我国著名学者朱葆伟认为，由于工程风险涉及方方面面的问题，已经进入政治领域，要通过制度建设，确保工程风险分配的正义，具体实现途径就是建立对话协商制度，使不同风险承担者利益都尽可能受到关注。我国著名学者王前教授指出，在工程风险责任主体方面，政府、企业与工程师都应承担相应的风险责任，要通过“对话平台”的方式，使责任共同体之间的利益冲突与分配不公正的问题得到相对完善的解决。

工程风险分配的基础性前提是对工程风险的评估，克里斯汀·施雷德·弗雷谢特认为应当思考“多大程度的平等才是足够安全的”而不是仅仅思考“多大程度的安全是足够安全的”，[7]这也就是说，对于工程风险分配的研究不仅不能仅仅将工程风险用定量化的资本维度来衡量，还应该考虑用除了经济因素外的其他要素来对工程风险进行评估和分配。因此，对工程风险分配的思考，有必要从价值、规范等方面思考工程风险问题。资本化的经济学视角忽视了对人类价值，主要包括公正、平等、自由等

权利的关注，[8]有必要从资本化的经济学视角转向伦理学视角进行研究，而伦理学研究的一个非常重要的方面，就是责任。工程风险责任的承担经历了由一元责任主体到多元责任主体的认知过程，而多元责任主体很重要的一个需要解决的现实问题，就是多元责任主体的责任分配与落实问题。

工程风险作为人造风险，即人为制造的不确定性，在现代化进程中，导致了风险社会的形成，人类由工业社会走向风险社会，进而也就要求建立一种适应新的风险社会的需求的工程风险分配秩序，借此引发各责任主体间工程风险分配的思考。由于现代工程风险在空间上影响范围广，在时间上持续跨度大，在程度上危害又极大，有时甚至会对社会造成毁灭性的破坏，因此，工程风险的个体承担开始转向共同体承担，这也就必然同时凸显了工程师、企业、政府与社会公众等不同责任主体之间的利益冲突，那么，工程风险究竟应该如何在责任主体间进行合理分配，这就需要确定工程风险分配的正义原则，并在正义原则的指导下进行制度建设，以实现最大的善。

2. 多元责任主体正义价值原则可资借鉴的理论

分配正义问题的研究，可以借鉴有影响的伦理观点，即功利主义、权利伦理与义务伦理、契约伦理。功利主义强调行为后果利益最大化，即善的最大化。权利伦理的核心要求尊重人权，义务伦理注重个人的自主，契约伦理强调差异性平等。[9]借鉴功利论、义务论与权利论、契约论等伦理学资源，分析工程风险分配正义问题，无疑会有启示意义。按照功利主义的观点，工程风险分配正义就是要通过合理的制度安排使工程风险对工程共同体的总体伤害降到最低，进而可以为共同体提供最大的善。按照权利伦理与义务伦理的观点，工程风险分配不应该牺牲或利用少部分人，要充分尊重每个个体的基本自由权利。从契约论看，工程风险分配不是风险的平均分配，而是一种差异平等。由此可以得出，工程风险分配正义一方面是自由和平等等伦理价值的体现，另一方面又是多重伦理价值的平衡和限定。

关于工程风险分配的研究，既要求我们借鉴西方的优秀成果，又要结合中国的国情，用一个字来表达，就是“化”字，不是“西化”，而是“化西”。[10]对于工程风险分配的正义问题，关键在于要研究如何与中国本土的思想资源与工程实践相结合，提出我们自己的见解。

在当下，工程风险已不单是一个人、一个组织、一个国家的事情，而是关乎人类命运的大问题。因此，工程风险的分配是当下人类无法回避的现实问题。习近平总书记在十八届三中全会强调国家治理体系与治理能力的现代化，对于治理体系与治理能力，首先有一个价值取向，这就是正义。正义要求在对工程风险分配时，强调“人类命运共同体”的理念，强调“共同的行动”，[11]共同的行动秉承的原则就是正义的取向。要求在对工程风险进行分配时，既包括工程师群体也包括国家组织、非政府组织、企业和个人在内的相关群体。

3. 工程风险分配多元责任主体正义诉求的原则与制度

工程风险分配正义的关键在于政府、企业、工程师、公众以及其他利益相关者之间妥协性共识的达成。与财富分配不同，工程风险分配正义原则的确立应该既体现正义伦理的价值取向，同时又具有具体可行性。具体原则包括四点，第一，正义的原则首先表现收益与风险的关系，谁收益，谁就应当承担相应的责任，即收益与风险对等原则；第二，由于工程风险及其危害大小的不确定性，在某些情况下工程风险需要确定的、制度性的和规范的治理。[12]因此，工程风险分配正义需要坚持政府分担原则，即在工程主体无力承担全部责任的情况下，要由政府来分担相应的责任；第三，由于弱势群体本身在社会财富分配中就处于不利地位，在风险中应尽量保证弱势群体免伤害，这也就是说，要坚持弱势群体免伤害优先原则；第四，对于已经发生的不公正的风险分配均须予以矫正，并对受到不公正对待的一方给以合理补偿，即坚持矫正补偿原则。[13]

原则要化为具体的实践，还必须通过社会设置，建立具体的制度得以保证。既要通过道德自律，同时又要通过具体的政策与制度来实现。工程风险责任的承担不是各责任主体的自愿行为，因此，仅靠工程共同体内部的、自觉的力量是不可以的，是不可能充分实现的，必须依靠外在制度与法律的力量来保证，要把工程风险分配正义的伦理价值原则外化为一套具体可操作的政策与条例。具体来说，工程风险分配正义制度包括完善协商制度，建立“对话平台”，保障利益主体间沟通渠道的畅通；完善监督制度，以维护协商的程序、原则等；建立公众参与制度，使公众的诉求得到合理地表达；建立风险强制分配补偿制度、风险转嫁惩罚制度、风险承受者社会保障制度，以化解收益与风险不对称的矛盾。

★ 参考文献

[1] 朱京. 论工程的社会性及其意义[J]. 清华大学学报：哲学社会科学版，2004(6)：44-47.

[2] 费多益. 科技风险的社会接纳[J]. 自然辩证法研究，2004(10)：91-94.

[3] 曾柳桃. 责任伦理视角下工程风险及其防范研究[D]. 昆明：昆明理工大学，2016：12-15.

[4] 高红杰. 工程风险与工程师的伦理责任[J]. 沈阳师范大学学报：社会科学版，2008(2)：24-26.

[5] 傅畅梅. 工程风险分配正义的现象学阐释[J]. 长沙理工大学学报:社会科学版,2017(1):20-24.

[6] 钱亚梅. 风险社会的责任分配初探[M]. 上海：复旦大学出版社，2014：140.

[7] Kristin Shrader-Frechette. The Real Risk of Risk-Cost-Benefit Analysis[M]. Boston：D. ReidelPublishingCompany, 1987：343-357.

[8] 朱勤，王前. 欧美工程风险伦理评价研究述评[J]. 哲学动态，2010(9)：41-47.

[9] 张嵩. 工程伦理学[M]. 大连：大连理工大学出版社，2015：17.

[10] 易显飞，苏东扬. 近 40 年西方技术哲学在我国的传播及学术影响探究[J]. 科学技术哲学研究，2017(3)：84-89.

[11] 许晶. 从风险社会到命运共同体[J]. 长沙理工大学学报：社会科学版，2016(2)：58-62.

[12] Stephen Healy. Risk as Social Process: The End of The Age of Appealing to the Facts? [J]. Journal of Hazardous Materials, 2001：(86).

[13] 张铃. 工程的风险分配及其正义刍论[J]. 马克思主义与现实，2014(2)：65-69.

(作者单位：傅畅梅，贾闻静：沈阳航空航天大学，马克思主义学院；张铃：洛阳师范学院马克思主义学院)

现代工程风险分配不公的主要成因分析

欧阳聪权　苏 盼　井 泉

摘要：现代工程风险的分配存在严重的不均现象，工程风险的制造者和主要工程受益者通常承担较少的工程风险却受益较多，主要工程风险受众则承担主要的工程风险但受益较少，引发群际不正义、代际不正义、区际不正义，乃至国际不正义等一系列社会不正义难题。究其根源，不同群体之间的工程风险认知的分化，工程风险的累加效应，以及工程风险公正分配机制的缺失是造成现代工程风险不公，引发社会不正义的主要成因。

关键词：工程风险；分配正义；认知分化；风险累加；机制缺失

现代工程风险是指现代工程活动对人、社会和自然环境带来的种种不确定性负面影响，一般包括安全与健康风险、生态环境风险、社会影响风险、经济影响风险等。现代工程风险的分配存在严重的不均现象，工程风险的制造者和主要工程的受益者通常承担较少的工程风险却受益较多，主要工程风险受众则承担主要的工程风险但受益较少，引发群际不正义、代际不正义、区际不正义，乃至国际不正义等一系列社会不正义难题。究其根源，不同群体之间的工程风险认知的分化，工程风险的累加效应，以及工程风险公正分配机制的缺失是造成现代工程风险不公，引发社会不正义的主要成因。

一、工程风险的认知分化

由于社会经历、知识结构、身份立场和信息不对称等原因，不同群体对工程风险的认知与评价往往是存在显著差异的。工程风险认知的差异引发不同群体之间的信任危机乃至社会矛盾。

1. 公众以日常体验与伦理考量的视角辨别工程风险

风险感知也叫风险认知，是人们对风险的最直接的判断和持有的态度，亦是人们对风险的主观感受和评价。社会公众立足于自身的日常体验和伦理考量，认为可接受的工程风险本应是在公众知情同意的情况下通过自愿认可的，或者可得到恰当的工程风险赔偿，并且分配它是公正地。对于垃圾填埋场而言，民众对于健康与安全风险的恐惧可能是最关键的，其次是民众担心企业或者政府对于邻避型设施的管理太过疏忽，可能导致不动产产值的降低、生活品质的破坏，并且担心大家共同所制造的垃圾竟然要部分人负担，欠缺公平正义。

2. 地方政府以经济发展为基准判定工程风险

改革开放以来，一些地方政府长期将发展的重心放在加快发展经济上面，这就将工程风险置于否认和回避的位置，一切阻碍经济发展的因素都会被有意轻视或忽略。受政府政策的导向，专家和专家系统也将自身关注的焦点放置在发展经济和推动科技上面，自动放大技术应用层面新鲜东西的积极方面而弱化其可能产生的负面社会效应，懒于或疏于对各种不确定性因素可能带来的结果和危害进行深入的探讨和研究。

工程风险预示着危机和灾难，而政府对工程风险危机感的缺乏，不仅威胁着自身对工程风险的应对效度和风险影响的减弱，并且会影响民众认知工程风险、规避工程风险，这就是如今政府陷入信任危机的关键因素。缺乏工程风险管理和危机意识，再加上不完善的管理体制，使得一些地方政府在工程风险应对中往往扮演“事后诸葛亮”的角色。一些地方政府应对危机的方法主要是依靠各级政府设置工程分管部门、独立地采取行动，而这些行动往往是在工程事故发生之后。另外，从体制外部来说，政府完全独立地主导、操控工程风险的整个应对过程，依靠自上而下、庞大复杂的政府体制来制定和实施工程风险决策，而忽略最庞大、最贴近风险的社会生活民众群体的权益诉求和信息反馈，与各种非政府组织的社会力量缺乏沟通、合作。除此之外，我国政府对工程风险的单一应对及缺乏危机感的工程风险意识，不仅会延误对工程风险最及时的预警和应对，而且形成风险事件中“有组织地不负责任”，影响工程风险责任的公平分配，从而造成结构和制度层面新的风险因素。重视部门责任、对上负责，这样在一定程度上是有助于组织行为的一致性和组织决策的执行力，提高组织行动效率。但是面对种类繁多、不可预测的现代工程风险时，极有可能成为相关工程风险责任者行径的遮盖面，相关责任部门掩盖、分散、模糊其本该承担的工程风险责任。

3. 企业以盈利为标准划分工程风险

工程风险制造者往往会为了实现利益最大化和逃避社会责任而转移工程风险，这也是导致工程风险分配不公的一个主要原因。这类企业的领导者，在作出涉及企业与社会关系的相关决策时，其考虑的首要因素必然是企业的利益而不是公众的利益，利润的最大化是这种企业的终极追求目标，主要表现有以下三个方面：第一，为了本企业的利润最大化，只要能赚钱什么事情都可以干，对于社会效益如何则漠不关心。这种企业何谈服务社会的精神，更不用说还有任何的企业伦理道德可言。第二，主观是从企业出发，客观才是为全社会。为企业自身是自觉自发的、积极主动的；为社会服务则是另一面，既不自觉更不自愿，常常是带有被强迫性质的。第三，把社会责任的履行当作一种为企业谋利的营销策略。第三类能够比较主动自觉地把企业利益统一到服务社会的目标中，相对来说具有略高一些的社会责任感，然而需要指出的是，这类企业其“为社会服务”的终极目标依然是“为企业服务”，本质并没有发生变化，只是表现形式有所不同。

4. 专家以科技乐观主义的视角界定工程风险

对于现代科技的发展，大部分科技专家认为工程技术所带来的风险难题最终都能用更先进的工程技术来加以解决。比如工业化带来的污染，最终的解决方案还是依赖于更高级别的技术。新技术缓解旧技术引发的工程风险，即通过工程技术的改进，降低或消除邻避工程风险。通过垃圾分类和循环利用等技术减少垃圾进入处理设施的量，减少对周边负外部性的影响；在垃圾焚烧过程中采用提高燃料条件、喷射无机添加剂等措施，有效控制二噁英污染带来的影响；碳捕获和储存技术是近年来新兴的技术，可缓解化石燃料电厂的温室气体排放水平；基于风险排查技术定量评估油库中原油储罐的风险，以便采取降低风险措施，避免原油泄漏造成重大环境污染和伤亡事故。专家从专业技术角度编织了一个至善至美、无懈可击的安全光环来从心理上驱散社会公众的担心与恐惧，从而取代了用以保障安全甚至可以抵御风险的预防预警机制。[1]

工程活动是技术性很强的经济活动，工程师是工程活动技术的专家，由于自身知识的有限性，专家对于工程技术的狭隘性和偏好性直接影响对工程风险的辨别，造成工程风险、引发工程伦理困境。工程技术乐观主义者们仅把工程技术看作是一种毫无道德价值性的工具与手段，没有看到工程风险的本质，从而造成工程师们产生一种认识误区：在既定的时间内保质保量地完成我的工程就是最好的，至于工程制造出来后是否合乎伦理、是否会对社会造成不良影响，那都不是应该考虑的事情。然而，专业技术属于科学，而科学允许反复实验，在不断地探索过程中是允许错误的。可是在核技术时代和化学技术时代的今天，工程风险引发的巨大灾难，足以毁灭人类的生存环境，是绝对不能出现一丁点错误，不能拿人类生存作为试验的。

在全球化持续进行的前提下，许多专家仍持有单一的科技解释角度以及以科技为首的概念。过去传统技术乐观主义在面对复杂的科技风险做决策时，常常设置专家咨询委员会，强调其科学知识的中立性和客观性。但其实专家评估也有问题，如不透明性以及借由不同的理论框架篡改和掩饰评估内容和结果，这种决策常常受到大众的质疑，使公众对政府的信任度降低。

二、工程风险的累加效应

工程风险的出现往往不是单一化的，这种多工程风险的不断累加，使得分配不公的现象持续下去，不断地造成新的不公正问题。

1. 多种工程风险的累加

多种工程风险累加包含两个层面，首先是指由于工程活动的复杂性，对居民所处的自然环境、经济、政治、文化等多方面造成损失的可能性。如工程建设中难免造成的搬迁、工程移民、生活环境破坏、风俗文化变迁等问题，尤其是对工程周边民众带来的多重影响。其次是指多个邻避工程设施带来的各种工程风险的积累，如在一个工业园区内，往往不只有单独的炼油厂工程项目，还会有发电厂、气电厂、重机场等多个邻避设施。

2005 年 11 月 23 日，中石油吉化集团旗下的公司车间发生了爆炸事故。由于车间与松花江距离很近(约 500 米)，在消防过程中，上百吨硝基苯等有毒化学物质随着消防用水排入松花江，导致严重的水污染，使得黑龙江省哈尔滨、佳木斯等大城市全面停水四天，松花江沿江地带的好几百万居民的生产和生活用水受到严重影响。松花江水体污染给沿江居民带来了饮用水、食品等安全风险，对其生存和健康带来了非常大的影响。而吉化公司对于松花江流域的污染问题自 30 年前就已存在，其中典型的有 20 世纪 80 年代的水俣病。中石油吉林石化公司那次事故成为了该病的主要污染源。经常吃松花江里的鱼的居民，头发中汞的含量是其他地区正常人的数十倍甚至上百倍。

工程风险涉及工程活动中的各种不确定性因素，包括政策、经济需求、人为失误、自然影响等各个方面。[2]工程风险的出现往往不是单独的，而是多重工程风险对环境、社会带来不同程度的影响。有些工程活动规模大、时间长、影响广，使得民众面临的工程风险多且集中，导致产生的问题更加严重。

2. 工程风险分配不均的现象不断累积造成新的分配不公

工程风险的这种空间结构分配与区域性和全球化密不可分。有些地区工程设施结构分布不尽合理，长期以来形成了以重型化工业为主的产业结构，石油化工、冶金、造纸等邻避产业是区域内的主导产业，也是污染严重的行业，然而这些工业产业对周边人类健康和安全带来严重的威胁，相应的补偿措施却没有及时到位，导致大部分人享受着这些产业带来的经济效益的同时，周边居民却要承受环境污染和破坏的恶果。邻避设施的分布形成了一定的地理空间结构，使得工程风险也依照这种机构分布。邻避设施往往以区域中心向边缘展开，使得工程风险也不断从中心向边缘扩散。工程风险中心所导致的工程风险会不断向边缘转移出去，而边缘的邻避设施产生的工程风险也向外扩散，这样，设施外围的民众不仅承担最边缘邻避设施所生产的工程风险，还要承担中心设施转嫁的风险。这就使得该区域附近的民众承担的工程风险不断累积。

从时间范围上看，当代人所遭受的工程风险也会随着时间的推移向下一代人转移。工程风险沿着这样的时-空间分配路径，不断地累积，不断地产生分配不公平的居民。分配不公的情况如若得不到有效地遏制，工程风险分配不均的现象将会不断累积，导致持续地形成下一轮新的分配不公，分配不正义的问题不断恶化，并出现恶性循环。例如，对于邻避园区周边的居民来说，他们不但要承担炼油厂的工程风险，还可能承担造纸厂的风险；不但要忧虑健康与安全，还要被迫承担环境污染等方面的风险。生态环境的破坏，疾病的增加可能导致居民失业，失业又会导致家庭失去经济来源，财富的匮乏又可能造成其子女无法享受到优良的教育和医疗资源，最终形成区域性的邻避风险危害居民生产和生活，居民因失业致贫、因病致贫、贫困代际转移等现象的恶性循环。工程风险分配不均导致的不正义情况不仅在当代人身上不断累积，还会延续到后代，加重对后代人的不公正。

三、工程风险公正分配机制缺失

传统的工程风险的分配，是以经济发展为宗旨的，并未综合全面的考虑工程风险的分配对社会、环境、居民造成的负面影响，缺乏系统的分配机制，这就造就了诸多的弊端，导致了工程风险分配不正义的难题。

1. 不完善的工程风险识别与界定机制

风险识别的方法有很多，依据和标准也不同，可以按照风险来源分类，也可以按照风险严重程度分类，同时也可以按照风险发生的概率分类。工程风险的识别与界定，是初步分类工程风险的一种过程。

传统的方法往往侧重于经济效应，技术时代的量化与理性的衡量标准，并没有从环境、社会和伦理角度来综合考量，一般在专家系统中，常使用量化的工程风险评估或分析，透过实验或观察，界定化学物质、辐射、电磁波等是否具有危险性，或排放剂量是否符合法规的标准，再决定其是否安全。然而这套看似是科学或客观的运作程序，往往侧重于经济和技术方面，与民众对于特定设施或科技风险的认知大相径庭。正如贝克所说："因为技术专家们提出这些数据和条目往往更多地考虑到生产企业所能达到的技术水平，却很少考虑到，或者说，并没有真正考虑到普通民众所能忍耐和接受的污染程度。"[3]从而呈现民众对于邻避工程隐含的环境威胁的忧虑，甚至对专家体系所提出的资讯和安全信息产生不信任。

不同的工程风险识别模式，是工程风险分配的前提和基础。但是由于没有准确的分类标准，如工程风险来源多样、工程风险严重程度不一等，没有严格的界限或者难以具体量化，所以工程风险识别的效率往往是很低的。对于复杂的邻避工程设施而言，政府和专家独揽大权，工程识别过程中缺乏与民众的风险沟通，在界定工程风险的时候未考虑民众对于工程风险的感知，专家单方面的风险识别宣导，造成专家系统与民众工程风险认知的"二元对立"。这种"二元对立"会造成工程风险识别的偏差，使得两者无法在平等的定位上进行工程风险识别与界定，这就造成了传统的界定方法缺乏客观性和民主性。

2. 政治制度的核心未从财富分配转向工程风险的合理分配

在工业社会中，人们的"需要"促进了财富的生产，财富分配的实质就是对人们"需要"的满足。但随着时代的发展、社会的进步，工业时代的人们凭借先进的技术，从自然界中获取了源源不断的能源，创造出了丰富的物质财富。然而，不可忽视的是，工业社会的发展在为人类创造琳琅满目的商品和五彩缤纷的物质世界的同时，也带来了无数的风险，风险分配取代了财富分配成为现代化的主导逻辑。在我国，为了加速发展，不断地建造工程项目。工程风险又在众多风险中凸显出来。工业社会所带来的风险不是瘟疫与自然灾害，而是由于人们在发展科学技术和经济决策时而产生的一种"人为风险"。工程项目带来的风险，与自然灾害大不一样，是人为导致的，是人类发展科学技术，然后承担了由此而产生的工程技术风险。工业革命以前，人们把遭遇的各种自然灾害归因于宗教神学的力量。但是当工程风险已经转化成更大的灾难时，人们无法再去把责任推给超自然的神灵，而是强烈谴责做出工程风险决策的政府、企业组织、工程师，还会从政治和法律层面来指控并且维护自己的利益。由此可见，随着工业化导致的风险问题越来越多，对社会问题进行决策时所应承担的责任和义务就不可避免地产生了。

在邻避设施兴建过程中，工程风险分配不均导致的邻避现象一直是“剪不断，理还乱”。然而，政府的政治结构中并没有给出可行的应对策略，政治制度的核心也一直关注于财产的分配。事实上，尽管很难全面计算工程风险所导致的具体社会问题，但是可以清楚地看到工程风险的社会化特征十分显著。这种社会化特征使得工程风险问题成为了一个政治问题。[4]

3. 工程共同体关于风险分配的责权难以划分

工程共同体是一项工程的实践主体，其实践活动范围覆盖工程的各个方面，同时伴随着一项工程的发展始终，因此工程共同体对防范工程风险有着不可推卸的责任。现代工程项目越来越复杂，涉及的利益相关者众多，工程主体的多元化使得工程主体责任多元化，责任承担问题也显得更为复杂。如前所述，工程风险分配受众由工程风险制造者、受益者和主要承担者三者构成。因此在工程风险分配中，分配受众的权利与职责应该如何划分成了最主要的问题。

工程风险制造者利用手中的权力和财富，常常在决策时，尤其是兴建的目的，根本不透明，标准不明，失信于民。在工程建造之前的准备阶段，应该提供全面完整的环评资料，但实际上，环评程序十分粗糙，鲜少进入实证调查阶段，他们往往欠缺地区整体的资讯，除了欠缺公众的参与外，事后也并未给予公众监督的权利。所以当他们成为工程风险的责任主体时，往往利用手中的权力、财富和社会关系掩盖其责任主体的身份，机关部门之间又容易互相推诿，很难找到造成工程风险的真实责任主体，从而导致了工程责任主体遮蔽问题。

四、结语

工程风险分配不公是由不同群体之间的工程风险认知的分化，工程风险的累加效应，以及工程风险公正分配机制的缺失等因素综合作用造成的社会不正义现象。这种现象会带来诸多不良社会效应，一是社会民众与政府、企业和专家之间的信任危机，二是形成许多不同于传统社会的新的社会不正义难题，三是催生和制造社会矛盾，引发社会对立和冲突。因此，系统地揭示工程风险分配不同的主要成因，可为化解因工程风险分配不公引发的社会矛盾提供有益的思想借鉴和参考。

★ 参考文献

[1] 乌尔里希·贝克. 从工业社会到风险社会(上篇)：关于人类生存、社会结构和生态启蒙等问题的思考[J]. 王武龙，译. 马克思主义与现实，2003.

[2] 孙长英. 水电项目风险管理评价研究[D]. 北京：华北电力大学，2010.

(作者单位：昆明理工大学社会科学学院)

“勒索病毒事件”的科技伦理思考

潘 军 罗用能

摘要：近来，两次勒索病毒事件均以大范围大破坏的特征迅速蔓延全球，引发了人们对科技工程研发与应用的理性化思考：一方面试图从病毒本身技术出发来研讨新技术进行制约；另一方面从根源上和广度上思考如何降低这一类似科技工程的社会风险。为此梳理这次病毒事件破坏力及其呈现的科技工程伦理问题，剖析勒索病毒事件中主要的四种应对措施及效度缺陷，并以“区块链”斩断幕后操纵手的利益实现，扭转了用户被动防护格局，彰显了以人为本的科技工程价值和为人类服务的科技工程旨归重要性，同时也助推了“科技伦理＋N 科技措施”的工程伦理事件应对策略形成。特别是为解决科技工程伦理问题再发生，在原有科技处理基础上又增添三个方面应对实操：要消解科技与人文分离的思想；科技工程伦理教育要终身制；科技发展要“好一点”，科技伦理建设要“快一点”。

关键词：科技伦理；勒索病毒；思考

近来，连续发生两次勒索病毒事件，均以大范围大破坏为特征迅速蔓延全球，引发了人们对科技工程研发与应用的理性化思考：一方面试图从病毒本身技术出发来研讨新技术进行制约；另一方面从根源和广度上思考如何降低这一类似科技工程的社会风险。为此，梳理两次病毒事件破坏力及出现的科技工程伦理问题，并剖析事件中相关应对措施及措施效度，有利于以人为本的科技工程价值和为人类服务的科技工程旨归得以进一步确立，为解决科技工程伦理问题再发生找到更为可靠的应对路径和依靠力量。

一、勒索病毒事件及呈现的工程伦理问题

梳理 2017 年 5 月 18 日、6 月 27 日新闻传媒界分别报道的勒索病毒侵袭事件，可见科技领域工程伦理失范现象较为突出。为此分析工程伦理失范现象的成因，尝试性探索防止科技工程领域工程伦理事件再发生，思考应对新路径与好方法，其研究意义重大。

1. 勒索病毒件事概况及破坏力

新华社等多家媒体于 5 月 18 日报道：“近日，名为‘永恒之蓝’的勒索病毒席卷全球。据 360 威胁情报中心监测，我国至少有 29372 个机构遭到这一源自美国国家安全局网络武器库的蠕虫病毒攻击，保守估计超过 30 万台终端和服务器受到感染，覆盖了全国几乎所有地区。”[1]针对这一事件，据多位国内外专家预测，本次勒索病毒事件是“史上最大规模”的电脑病毒事件，导致“全球数十亿用户、近百个国家的政府、高校、医院、个人等机构被‘感染’”。“据《华尔街日报》报道，硅谷网络风险建模公司 Cyence 的首席技术官 George Ng 称，此次网络攻击造成的全球电脑死机直接成本总计约 80 亿美元。”[2]同时域报还称：“比特币勒索病毒造成损失接近 100 亿美金。”

勒索病毒(WannaCry)，一种新型电脑病毒，主要利用 Windows 漏洞发起攻击。“即可扫描开放 445 文件共享端口的 Windows 机器，植入恶意程序，将电脑中的文件加密，只有支付黑客所要求赎金后，才能解密恢复。”[3]或者拿到秘钥才有几率破解，因为这种病毒是利用系统内部加密技术处理，且是不

可逆的加密技术。

仅过了一个多月，中国证券网报道：6 月 27 日，勒索病毒变种为 Petya 又一次在全球范围内展开疯狂侵袭，其中乌克兰、俄罗斯、英国等多个国家损失严重。这次事件与 5 月 18 日的攻击事件相比，增加了内网共享的传播途径，破坏性更强，速度更快，“在欧洲国家重灾区，新病毒变种的传播速度达到每 10 分钟感染 5000 余台电脑，多家运营商、石油公司、零售商、机场、ATM 机等企业和公共设施已大量沦陷。”[4]

2. 两次勒索病毒事件呈现的科技工程伦理问题

“工程伦理不仅只是工程安全问题，它还应该包括生态伦理、技术伦理问题及社会伦理问题等。”[5]勒索病毒以及变种后的 Petya 病毒，均是技术工程领域中安全层面的伦理问题：病毒技术工程及病毒工程师对社会现实中科技发展与应用问题的伦理关怀缺失。技术工程，本质上是人们将科学知识和研究成果应用于自然资源开发与利用上的有组织的社会活动。即技术工程是人类改造物质的物质性建造活动，是对人类改造物质自然界的完整的、全部的实践活动和过程的总称。[6]同理，病毒事件也是一种技术工程，只是这类病毒技术工程在一定程度上呈现出来的是负面的违背社会发展需要的却有利于部分人利益增加的“物质性建造活动问题”。同时，也揭示出科技工程活动中伦理责任缺失问题十分突出。

首先，科技安全依靠科技进步来抵抗类似病毒攻击的思想突出。纵观各界专家思考勒索病毒事件成果，导致病毒事件损失惨重的主要原因是“网络安全应急管理机制和管理体系缺乏有效的应急技术手段”，“终端防护措施不力”，以及“用户使用操作系统不及时自觉升级补丁”。这些以技术对抗技术的科技工程安全观，呈现给我们的感觉是受病毒之灾是防范(避)措施的执行力及时力问题；同时网络受攻击将可能是常态化态势及防止(治)类似技术工程事件只能依靠技术工程自身进步来克服。甚至误导我们认为未来科技的发展能解决当前社会发展中的一切难题，科学的胜利“是人类具有最大幸福和崇高道德的保证”。[7]然而古训“道高一尺魔高一丈”早已告诉我们，这样的循环对抗只能是逼着技术及技术工程发展，但终将不是追求为人类服务的科技精神，相反人类“生活在文明的火山上”。[8]因此这种对抗式的科技工程安全观，一定程度制约着建立一种用于缓和技术比拼式的科技矛盾与冲突的长效机制。

其次，科技工程价值观在一定范围内存在脱离为人类服务的现象。在两次勒索病毒攻击事件中，一方面我们从病毒的攻击目的、手段以及破坏力可以看出，科技权力与科技垄断在一定范围滋生着科技霸权，一般没有掌握科学技术的普通百姓难以成为这一类似病毒攻击事件的发起人和受益者，所以两次勒索病毒攻击事件均是典型的科技滥用现象，是一些科技从业人员和掌握科技研发与应用的权力人员在反对科技为人类服务；另一方面我们可以从一些专家对勒索病毒事件的思考中，总结出为人类服务不是科技的唯一旨归，至少还有一种可能是超越了科技为人类服务的理念存在——纯粹的科技进步，即科技进步与为人类服务似乎不相关，或者说相互的作用没有那么突出。正如普罗克特认为：“科学不受道德批判的干扰，道德和宗教不被科学知识的进展打上印记。”[9]

再次，科技活动一定程度缺失工程伦理教育。工程伦理教育的核心要义是实现科技工程的研发与应用为人类文明与进步服务，然而在两次勒索病毒事件中，却呈现出科技研究与科技应用等环节一定程度的工程伦理失范现象：以病毒技术工程破坏人类文明与强(抢)占他人利益。一方面从勒索病毒产生到前后两次大规模攻击，不仅能看出这两次事件显然不是一个偶然事件，且还能看出两次事件是一个长期科技积累的谋划活动，甚至有不断攻击的实践经验验证支撑而霸气地展示科技领先的狂妄；另一方面从勒索病毒波及范围及破坏力来看，防止这一类似病毒的科技本身是有能力支撑的，然而表现出来的是科技安全意识的疏忽。究其背后原因：科技领域工程伦理教育在一定程度上有所缺失。

最后，科技领域工程伦理建设与科技进步之间出现发展不平衡问题。科技工程伦理在宏观层面成果较多，但随着新时期的科技快速进步，更为专业性的工程伦理建设相对薄弱。例如在勒索病毒攻击事件中，加油站等有支付功能的行业被涉及，这些被涉及的攻击对象，有一个共性是新技术工程。这除了揭示出一些科技工程本身不成熟、不完善有待技术突破外，可能还揭示一个同样重要的原因：该新行业内的道德伦理建设不容乐观。因为技术问题都能通过系统补丁防御轻易实现，那么新行业内的道德伦理教育未能及时发挥作用，一定程度上还是科技领域工程伦理建设与科技进步之间出现发展不平衡的问题所致。

二、勒索病毒事件当前应对措施及效度分析

两次病毒事件后，均有一些科技工程领域专家呼吁从最便捷、最有效率、最核心的四个方面来提高用户对病毒的抵抗力，即终端防护、应用高质量的PC终端、隔网处置以及升级系统漏洞修复。这些措施的施行，一定程度上减轻了勒索病毒的攻击破坏力，但终究还是没有力挽狂澜，整个人类经济社会发展已然遭受了巨大损失。

1. 终端防护

终端在网络信息时代，泛指一切可以接入网络的电子设备。终端防护，也称“终端安全防护”，因为终端面临的主要威胁为“恶意代码(Malicious code)”或称为“恶意软件 Malware(Malicious Software)”，所以在终端产品上加入防护体系，目的是让终端防护具备防病毒、防间谍软件、防火墙、网络入侵检测、设备控制、程序应用控制、主机入侵防护的功能。在客观实际中，上述这些终端防护措施均有一定实效，但是从勒索病毒的攻击事件可以看出，这样的技术还是存在缺陷，或者说不是领先性技术和稳定性技术，还需要进一步研发更为先进的技术进行对抗才能提高应对效度；同时这样的技术应用广度受诸多因素制约，其防护效度并不高。这需冲破诸多限制性瓶颈，如进一步降低应用成本，扩大客户群体消费，从而提高类似事件中的应对效度。此外，这样的技术应用的安全防护意识还有待加强，客观现实中还存在不少的抱着病毒事件不会降临在“我”终端上的侥幸心理的终端用户。

2. 应用高质量的PC终端

“PC”是英文“Personal Computer”的缩写，中文指个人计算机和电脑。应用高质量的PC终端就是在硬件上下工夫，以PC终端的硬件质量作为抵御病毒攻击的应对措施之一。硬件质量提升，不可否认一定程度上能增强PC终端外侵抵抗力，但是在现实社会中，用户还是青睐购买一些经济实惠的终端产品，所以全面提升PC终端质量来应对病毒攻击，这不太符合一般性的消费心理。即便应用了高质量PC终端，还是难以在技术层面上长期性规避新技术病毒攻击。因为PC终端始终不能单一性地依靠硬件质量技术本身来长期处于最领先的技术地位，进而实现抵御病毒攻击；同时病毒技术工程也在不断发展更新，这需要我们正确认识其发展的动态性特征。

3. 隔网处置

隔离互联网而独立依赖局域网或在非互联网下运行，以此达到断裂病毒攻击路径。这样的应对措施，一定程度上有利于放缓依靠网络传播的病毒蔓延，但不能绝对性地切断病毒蔓延。因为这是一种保守处置办法且不是一项长远性、根本性地断裂病毒蔓延的办法，从病毒技术的动态性发展特性来看，技术的研发可能打破现有的隔网安全格局，即传播路径可能从互联网这样的载体外丰富起来。如6月27日报道的勒索病毒变种攻击事件增加了内网共享的传播途径，实质上是暴露了隔网处置的不可靠性。同时这一办法不能够让原来便捷的互联网技术保持便捷地服务功能，所以该应对措施是临时性、短期性的。

4. 升级系统漏洞修复

以软件升级的方式加强防护，即让病毒没有一般技术意义上的攻击入口。这样的应对办法有积极地防护价值，不失为一种应急措施，但同样存在技术比拼思想，一定程度上这是难以让用户在第一时间内自觉补住这样漏洞的非智能型应对措施。因为病毒何时来，漏洞何时有，需间隔多久时间升级修复，均是不确定的。在现实中，即使有准确预测讯息告之，也始终存在有一些终端用户系统修复因技术落后被黑客有可乘之机的情况，同时还存在一些抱有侥幸心理、始终不升级的用户。如 6 月 27 日报道的再次勒索病毒攻击事件大面积传播就是有力的客观现实证明。可见，这样的应对措施效度是不尽如人意的。

综上所述，这四种技术措施都是应急性、临时性的措施，同时也是“只守不攻”的保守性措施。一方面技术措施有效，但不能根治工程伦理事件再发生；另一方面应对办法有效，但永远是跟着恶意事件中的技术跑。为此，单从技术措施层面看，设法找出事件的幕后操纵手并进行消灭，才是扭转这一被动受攻击局面的上上之策。由于“勒索病毒”重在以“病毒”为载体达到“勒索”之利益目的，我们可以发现，应当从操纵者终极目的兑现上消灭或破坏利益现实的可能性。那么我们需要“存在一套系统，它不属于任何人或公司，由多数人共同维护和控制，可以免费的帮我们记录资产和交易，而且从来不会犯错，也无法被攻击。这个系统就是区块链。”[10]区块链是数据以“块状”结构加上时间戳(Timestamp)和签名技术链接起来且块数据均渗入密码学对其哈希(Hash)设置保护的数据链条。可见利用现代“区块链”特性，特别是分布式记账特性，管理好比特币的网上流通是一种斩断幕后操纵者利益兑现的“科技利剑”(见图 1)。但科学技术终究还是双面性的，这就需要我们在科技快速进步中同步发展与其相适应的科技文化来长期指导实践。

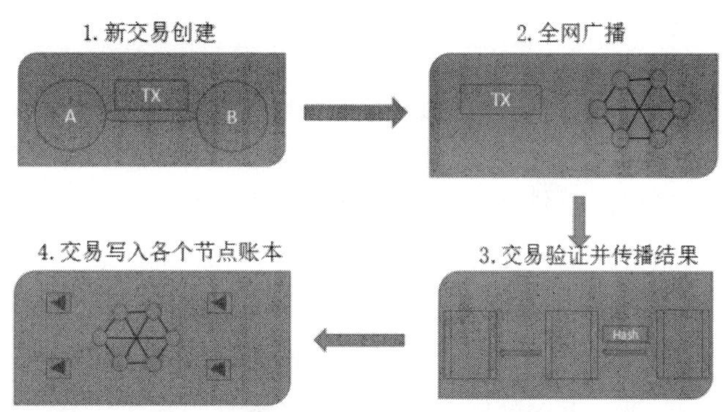

图 1　区块链的分布式记账流程图[11]

三、勒索病毒事件对加强科技伦理建设的启示

综上所述，科技及科技工程进步是科技及科技工程安全的可期盼力量之一而非唯一。特别是科技领先是科技安全的可依靠核心力量，但不是唯一力量，更不是永恒的最稳定的力量。因为随着公众对科技及科技工程的认识提高，“科学被迫越来越显著地在全体公众面前表现自己的窘迫、所有的局限和天生的缺陷，所有那些长久以来在内部熟谙的东西。”[12]那么，有没有一种力量，可以长期性、稳定性的提供安全依靠，并能从源头与使用广度上强化这一种可依靠的安全力量呢？显然这样的答案，只能从科技及科技工程是什么，其价值服务于谁中来寻求。即科技及科技工程是基于人的需求，为人的需求服务且是关于人的社会活动。因此科技及科技工程活动需要对人的社会活动进行规律把握与规制，也就是提炼成科技领域中的工程伦理，科技工程伦理是关于人的科技活动的规则，是科技安全中能动性的核心要素，自然是科技安全的坚实基础，是可依靠的永恒力量，是不可缺少的稳定性力量。

1. 要消解科技与人文分离的思想

最近两个世纪来，科技的力量使得人们产生了对科学技术的盲目崇拜，出现了科技能够解决一切问题，科技最终能够满足人们理想的思想。但勒索事件的出现，正源自科技的突破，人们受到了来自科技的当头棒喝。另外，目前还存在将科技视为一种独立事业的态度，他们认为对科技的需求可以不顾社会其他一切内容，而只寻求纯粹的科学。两种思潮的根本源头都来自对科学技术的孤立化处理，消解了科学技术中的人文内涵。然而，科技与人文是人类社会的两个不可或缺的共同元素。科技促成了人类生活的优化，而为人类服务又决定了科技工程的目标旨归。众所周知，科技一直从事服务于人类的生产生活实践，致力于人类社会活动中的生产力发展与生产关系的调节。也正是有这样的立足点和归宿感，科技得到职业化和产业化发展，而且发展的目的仍然是为人类服务。也正是这样的科技现实存在基础，马克思提出科技道德的目标是为人类服务、为祖国服务，“科学绝不是一种自私自利的享乐，有幸能够致力于科学研究的人，首先应该拿出自己的学识为人类服务。”[13]倘若科技不遵循这一基本立场，科技将被人所利用，成为某些人独占社会资源的武器，甚至演变成这些人离不了科技这一巧取豪夺武器，其人反成科技的奴隶。可见科技活动“不要损害人类得以世代生活的环境”；“在你的意志对象中，你当前的选择应考虑到人类未来的整体”。[14]为此，为避免科技异化的混乱局面形成，全社会必须深入宣扬和继续秉承科技为人类服务的科技精神。

2. 要形成科技工程伦理教育的终身制

勒索病毒事件，在某种意义上来说，是一次现代科技应用非理性的人为滥用科技事件。那么针对这一类似事件若一定要想有一种能彻底解决的办法，那一定是对从事科技的人及应用科技的人进行一种科技文化的教育。因为“科学只是关心技术的应用，而不是再去追问内蕴其中的人文意义，由此所形成的发达工业社会只能是一个病态社会。”[15]但人是发展的人，科学技术事业也是发展的事业，我们要以动态的眼光来看待科技工程伦理教育。在开展科技工程伦理教育的过程中，还需要建立终身制的教育模式，促使科技工作者终其一生都受到科技伦理教育所带来的人文思维的影响，促使科技工作者在研发与应用中都有理性的思想、情感与行为，也就是让他们理解、支持、认可科技价值与旨归是为人类服务，不是为某一私利服务。当科技工程伦理建立起来，并全面展开了施行，那么科技研究与应用就有较大可能发挥理性作用，实现为人类服务的目标。当然这一科技工程伦理建设，不光是这样的理念树立。还需要一些细化科技工程中的安全常识和操作常识以及行为规范，一方面是狭义的科技研发与应用的职业道德的建立；另一方面是广义的科技文化本身的建设。其中包括科技研发的目的、范围、深度都应当建立一定的论证机制，以及科技应用中的操作规程、保养与防护措施建设。这样既在技术层面有理性化的科技工程伦理制约，又在科技安全意识上有价值引领，那么科技研发与应用就会出现像人类文化一样的功能与价值，让科技研发与应用秩序化、人本化，在一定程度上降低大面积的科技滥用现象的发生。

3. 科技发展要“好一点”，科技伦理建设要“快一点”

从科技发展的历史来看，科技时代开启于16世纪中叶，盛于19、20世纪。21世纪是科技辉煌的延续，以至于现如今，科学技术主导着人们的生产生活，而科技文化却没有占据文化领域中应有的比例和地位。在此情境下，科学技术的发展走向了单面模式，出现了对科学技术的盲目追捧，而人也出现了走向“单面人”的势头。但反观现如今的社会，技术风险甚嚣尘上，逐渐成为悬于人们头顶的不定时的利剑，不断威胁着人类的既得幸福。在这样的背景下，科技的人文属性开始逐渐流露出存在的需要，人们发现，科技的发展不能孤立对待，必须注重科技与人文的结合，科技伦理与科技的协作。科技是改善人们生活的主动力，但人文却是驾驭科技这架动力十足的车手。没有马车的车手无法向前进步，而没有车手的马车却是盲目的。科技的力量经过近两百年来的发展，已经形成了庞大的规模，不仅在学科体系上品类繁多，在技术工艺上也越来越细腻精确。但科技的大发展却面临马车缺乏车手的危险，于是出现了“勒索病毒”这类利用高科技力量，戕害人类自身的行为。在这样的背景下，科技的发展需要放缓自己急促的步伐，来理性地思考自身发展，寻找自身的终极目的，明确自己的前进目标。而科技伦理的建设需要快一点，尽力减弱自身因柔性所带来的发展缓慢的影响，赶上科技发展的步伐，发挥自身在目标上的约束作用，促进科技的良性发展。

总而言之，思考勒索病毒事件的科技伦理观，我们可以得出这样的结论：技术措施包括区块链措施乃至今后时期与时俱进出现的各种新技术措施，均是应对勒索病毒等这一类似病毒事件的重要治标手段；面向未来，还要聚焦此类病毒及病毒事件的主要成因，要突出治本，实现标本兼治、标本兼防(避)，也就是应当取得理论共识，即务必以“快”的“科技伦理建设或科技伦理”来协同共治。同时还要强调治本共识与治标技术的社会共享以及全面实践。一句话，就是要在全社会自觉形成、传播“科技伦理+N 技术措施”应对共识，同时倡导及时、广泛地应用于勒索病毒等这一类似工程伦理事件的治理中。其中 N 技术措施主要为技术本身的升级、创新，新技术的发现以及区块链技术的应用；科技伦理主要包括政府立法，科技领域的职业道德和行为规范，科技研发申报、审查制度以及科技应用的为人类服务的价值旨归等方面。

★ 参考文献

[1] 齐向东. 勒索病毒事件的八大反思[N]. 经济参考报，2017-05-18(001).

[2] 伍康. 硅谷专家：勒索病毒造成的直接经济损失或达 80 亿美元[N]. 第一财经，2017-05-16. http://www.yicai.com/news/5285468.html.

[3] 刘艳. 勒索病毒疫情席卷全球[N]. 科技日报，2017-05-15(003).

[4] 李雁争. “永恒之蓝”新一轮袭击的最新进展：我国已有跨境企业欧洲分部中招[N]. 中国证券网，2017-06-28. http://news.cnstock.com/news，bwkx-201706-4095767.htm.

[5] 潘建红. 现代科技与伦理互动论[M]. 北京：人民出版社，2015：234.

[6] 李伯聪. 努力向工程哲学领域开拓[J]. 自然辩证法研究，2002，7：37.

[7] 张之沧. 论科学的道德属性[N]. 光明日报，2004 年 6 月 22 日.

[8] Urich Beck. Bisk society:towards a new modernity[M]. London:Sage Publications，1992：120-121.

[9] R.N.Proctor，Value-Free Science is Purity and Power in Modern Knowledge[M]. Cam-bridge: Harvard University Press，1991:266.

[10] 2017 中国国际大数据产业博览会. 区块链将如何改变世界[N]. 数博会前沿：2017-04-05.

[11] 陈龙强. 区块链技术：数字化时代的战略选择[J]. 中国战略新兴产业，2016(6).

[12] Urich Beck. Bisk society：towards a new modernity[M]. London:Sage Publications，1992:348.

[13] 拉法格. 回忆马克思恩格斯[M]. 马集，译. 北京：人民出版社，1973:2.

[14] Hans Jonas. The Imperative of Responsibility：In Search of an Ethics for the Technological Age. Chicago: University of Chicago，1985:11.

[15] Marcuse H. Industrialization and Capitalism in the Work of Max Weber in Negations, Essays in Critical Theory[M]. Boston：Beacon Press，1968.

(作者单位：武汉理工大学马克思主义学院)

矫正正义视域下的工程利益分配及协调

——以邻避性工程设施为例

安泽君　欧阳聪权

摘要：邻避性工程设施建设活动是众多的利益相关者共同参与的活动，各个利益团体所付出的成本不同，获得的利益分配也会有所偏颇，容易造成利益失衡现象从而引发大规模的邻避冲突，影响社会安定。为了防止因过度的利益分配不均而产生较为严重的后果，有人提出关于利益矫正的防范措施，而矫正正义理论是进行利益矫正、防范邻避冲突的重要理论基础，在矫正正义的基础上进行公平公正的工程利益分配与协调可以缓解部分的冲突矛盾，此类措施的研究是中国社会发展的迫切需要，也是建设中国社会主义和谐文明的重要依托。

关键词：邻避性工程设施；矫正正义；利益分配

矫正正义在亚里士多德看来是在交换和分配正义后的一种补充性正义，也是对交换和分配过程中的某些不正义现象的一种补偿性正义，此种正义必须符合法律性、公正性、文明性的原则。另外，亚里士多德把矫正正义看做是对侵占利益行为的一种惩罚和对被侵害者的利益的补偿，使侵害的利益与被侵害的利益重新达到平衡状态，这种矫正正义是社会正义中必不可少的一部分，起着维护国家秩序的重要作用。而邻避性工程设施是一种典型的利益博弈性工程设施，其具有利益收益与风险承担的双重特征，是大家都不喜欢建在自家周围的一种工程设施类型。邻避性工程设施涉及的利益相关者众多，利益冲突复杂多元，如果解决不当容易给周围民众甚至社会带来严重影响。但与此同时，邻避设施从某个方面来讲又是不可或缺的，它在一定程度上可以造福于人，为人们的日常生活增添便利，因此，邻避性工程设施的利益分配研究对邻避冲突的解决有着重要调节作用，而矫正正义是利益分配与协调的理论基础，在矫正正义的基础上进行利益的分配与协调有助于邻避性设施建设获得人们的支持，也有助于社会正义的实现。

一、邻避设施利益分配现状

经过经济的快速发展，中国的城市化进程在持续加速，社会的需求大量增加，因此对于邻避设施的需求量也随之大量增长。我国的邻避设施建设管理缺少行之有效的决策机制，公众的各种利益需求难以公平分配，由此产生了很多群体性事件。例如北京六里屯居民反垃圾焚烧事件、多次多地的 PX 事件、四川什邡市民反对钼铜项目事件等，其结果都是政府妥协，项目重新选址或者停建。另外，因为邻避设施“社会享受收益，部分承担风险”的突出现状；邻避设施在国内与国外的待遇截然不同，比如同样是 PX 项目，国内民众避之不及，国外民众(日本)却能与之和谐相处，除了对一些项目的有关知识有所欠缺外，一些民众认为邻避设施利益所得比不上利益所失，因此容易产生对政府的不信任，增长一些负面的邻避情结，使得邻避冲突呈现增长态势。目前国内的邻避设施利益分配现状大致分为如下两种情况：

1. 工程投资者占有大部分利益，却承担较少风险

邻避性的工程项目一般来看有着建设时间长、利益相关者众多、投资巨大、任务复杂等突出特点，需要各相关者的积极配合协调才能达到最优效果。但在实际建设使用过程中，由于设施的利益不均衡占有和风险分配上的失衡，相关利益者不甚满意而产生冲突。

工程投资者在设施建设的利益分配上占绝对优势。首先，如果按照投入的成本与得到回报成正比的投资比例来看，投资者占有大部分利益是正常的，但是人们在此种情况下显然忽视了一个重要的隐性影响因素：无形的风险承担。这里的风险主要指在邻避设施建设中或在邻避设施建设后引发的一系列不可预测的后果，包括对人类的、对自然的甚至是对未来的。在工程项目的利益分配结构中，大家并没有把这一因素考虑进去，或者这一风险因素只占利益分配结构的极少部分，这就导致了相关者利益分配上的失衡。其次，在利益分配结构中占优势的人占有更好的各种资源(住房、医疗)，这就意味着工程投资者可以承担较少的风险甚至防范一些无形风险。他们可以只担心经济利益损失这类型的有形风险，而无需担心环境污染、身体健康受到威胁这类型的无形风险。因为工程投资者并不会把自己的家安在邻避设施附近。

江苏启东人民抗议“南通大型达标水排海基础工程”建设的群体性事件就是经济利益与风险发生冲突的案例之一，事件起源于江苏启东人民严重抗议造纸厂(日本)排污启东，当时政府为了当地的经济发展将日企造纸厂引进南通，造纸厂却为了节省成本将污水通过南通环源排海工程公司排放到启东沿海。影响了居民的日常生活，使其产生了抵制情绪，造成了大规模冲突。究其原因，日企在此建厂获得大部分的利益收入，其自身只承担极少的风险。据相关资料了解，南通市排海工程之所以被排斥是因为它接纳的废水，除了王子制纸厂产生的高浓度有机物、大量的纤维、漂白硫酸盐木浆外，同时还将接纳南通、海门等地工业企业以及化工、制革、印染等行业为主产生的污水，故排海工程的污水具有极大的危害性，使当地居民承担了很大的风险。①类似这种邻避设施带来的利益分配不均衡属于环境方面的公正问题，即风险承担与收益分享成正比的正义问题。

2. 邻近民众与弱势群体(工人)占有少部分利益，却承担主要风险

一般来说，邻近民众与弱势群体在邻避设施利益分配中占弱势地位，邻避设施的建设与使用过程中所产生的利益不仅使民众感到了便利的生活条件，还使地区经济快速发展，增加了当地的企业效益。这些经济利益大部分被政府与企业吸收，社会利益用于满足大部分民众的便利需求。而风险则大部分被邻避设施周边的居民与建设邻避设施的工人等弱势群体所分担。并且他们所承担的风险不仅仅是因环境污染而引发的身体疾病，还有因移民、拆迁而带来的经济损失、生活质量的下降，甚至这些损失的累积会形成的一种新的社会不公平。由于利益受损的失衡影响心理、民众对此类无形风险的忧患意识加重、对政府公信力的质疑都会对邻避设施产生抵制情绪，甚至引发大规模的冲突行为。例如厦门反 PX 项目游行，此次事件的结果是厦门市官方决定将项目建设的地点改为漳州，造成漳州空气污染与水污染。从以上事件可看出，PX 项目具有极强的负外部性，它的收益是分散的、成本却很集中。其带来的收益由社会上的大多数民众共同享有，然而它引发的危害则具有区域性，仅仅对邻居民众和工厂工作的弱势人群造成伤害，它的成本不是由获得利益者共同负担的。在获得相同利益的条件下，周边居民要付出更多的成本，例如赖以生存的生态环境遭受污染、身体健康受到威胁、心理上的利益失衡和土地补偿少等不利影响。这些由负外部性引起的利益分配失衡容易使人们产生邻避情结。

---

① 参见《从什邡到启东：没有双赢的对抗？》天涯新知 2012 年 07 月 31 日 http://xinzhi.tianya.cn/ss/tj/2012/07/31/548464.shtml

二、邻避设施工程利益矫正困境的主要表现

由于邻避设施的风险性较其他工程设施更大，因此其利益分配无法按照资本投入的多少来计算，多投多得，少投少得的分配方式在这里容易造成社会的不公正，在利益分配不平衡的状况下，我们需要进行利益的矫正，把承担的风险因素加入利益矫正中进行补偿，但是利益矫正也无法做到完全的公平公正，因为各种政策以及环境的限制，邻避设施的利益矫正面临困境，如果无法更好地解决这些影响因素，有可能加深邻近民众与政府、投资者之间的隔阂，民众可能产生严重的抵抗心理甚至产生邻避冲突。以正确的方式方法去引导邻避设施中的利益矫正，可以使社会的公平公正得到保障，稳定且降低民众的抵触情绪，达到缓解邻避冲突的目的。邻避设施工程利益矫正困境的主要表现有如下三个方面：

1. 工程利益补偿方式简单化

工程利益补偿方式的简单化是利益矫正走出困境的制约因素之一。因为国家政策的影响和民众思想观念的局限，邻避工程利益补偿的方式十分地单一，仅仅只是经济补偿或者是等面积交换，一般用于征地工作中。对于经济补偿措施，目前对土地和移民进行补偿的依据都是简单的采取计算土地一年的产量进行几倍的补偿，邻避设施被征地或者移民的民众认为政府确定的土地价值与自己的内心价值存在差异、邻避设施可能造成的负外部性无法得到补偿而反对征地，这就给征地工作带来了一定的困难；对于移民补偿，政府仍然只会考虑给予民众等价值的占地补偿和一部分的工作补偿，并不会考虑移民在新的移居地的适应情况、未来的生活状况、工作发展等问题，在经过一段时间的适应期后，一些移民就会很快发现一些之前设想状况之外的新问题，比如现在的移民补助是很难使他们保持原来的生活状态的。政府那对现有的补偿可以为移民搬迁后的生计保持原来状态，并实现更好的生活标准的想法有点太过天真。就水利工程补偿方案来说，当前的安置补偿方式过于简单，难以确保移民在移居地的生活水平能跟得上当地本土居民的生活水平，这就容易造成居民之间的代际不公平。

2. 工程利益补偿不到位

一般来说邻避设施建设工程期限较长，并且资本投入较大，因此，在前期工程利益补偿过程中有可能有补偿不及时、不到位的情况发生。在邻避性工程项目建设中，特别是国家和地方政府都重点关注的基础设施项目中，其所实施的补偿方案大多是以政府的标准定价或者是省政府协商为基础。在此基础上为了能够更好地节约部分工程投资成本，给予移民或者附近居民的补偿标准是与国家规定的最低补偿标准持平或者往往是低于国家的补偿标准的，另外在一些地区征地安置的过程中，其安置的实施方和后期扶持方都是由人民政府组织进行的，工程项目的建设企业或者投资者基本不参与。而事实证明，这种安置方式可能会因为移居地可开发的土地资源不足、移民生产生活资金补偿不到位，造成移民的生活长期处于困难之中。

3. 工程利益补偿的有限性

邻避工程的补偿是有限的，其仅仅可以补偿民众的有形资产的损失而无法对民众的身体健康损失进行平等的补偿。在无法对邻避设施影响下的附近民众的利益损失进行具体估量的情况下，政府或者评估组对周边民众的健康和心情难以准确估计和以利益换算，也无法对民众不动产的增值可能性空间进行等价补偿。就湖北仙桃、随州和广东肇庆以及连云港抗议的邻避事件来说，不少抵制者就认为邻避设施的修建会导致周围房产的升值空间减少，从而使附近民众的利益受损。另外政府补偿范围有限。政府对邻避设施建设中被占地的民众进行一定数量的补偿，但是却不会对离邻避设施范围稍远但也受邻避设施影响的居民进行补偿。例如，漳州古雷 PX 项目爆炸事件，虽然古雷半岛的居民受到的影响最

大，但是 PX 项目范围外的对岸铜陵镇的居民也会由于环境的影响受到一定损失。再如，在高铁的建设过程中，只有列入工程占用土地范围内的利益相关者可以获得土地的等价值补偿，但是在占用土地范围外的受到环境、噪音影响的其他相关者却没有得到应有的补偿。这种对利益的分配感到不满的居民就有可能在表达自己的利益诉求的过程中采取较为激烈的方式，邻避冲突就此形成。

三、矫正正义基础上的工程利益分配与协调

邻避性工程设施的建设从本质上而言是不同群体在利益分配中的相互博弈，是多数人的便利行为与少数人的利益失衡形成的极大反差。由于邻避设施的公共性特征，政府在决策中往往处于主导地位，政府一方面通过改善相关的制度为利益相关方的利益相对平衡创造条件；另一方面主动有策略地对各方之间进行合理地引导与协调，促进利益相关者之间的相互妥协。

1. 建立社区通畅的利益表达机制

首先，社区应提前将信息进行公开。邻避冲突的发生一般都是由于邻避设施在决策之初的信息封闭所造成的，正如“厦门 PX 项目”冲突事件，从项目的立项、审批到建设的相关决策都是在民众基本不知情的状态下进行的，当社会公众突然通过相关渠道得知此项目会损害自身利益，并且将要在其社区周围建设时会产生一种不安甚至不公平的心理，最终使得民众不信任政府做出的任何决策，认为政府在其不知情的状态下损害其利益，进行集体抵抗行动，激发了邻避冲突。由此可见，政府信息公开是解决邻避冲突的基本前提。民众的知情同意是政府缓解邻避冲突问题的重中之重。而社区的信息公开是给政府和社区民众一个双方互相交流、进行沟通的机会，这不仅要求政府通过社区进行有关邻避设施的信息公开和政策交流，还需要建立通畅的信息反馈渠道即民众对政府所公布的信息进行收集和反馈，从而更好地促进在建设前期邻避设施的准备工作在良好的沟通氛围中进行，使民众的公众参与权利得以实现。

其次，建立健全社区沟通协调机制。社区随时召开相关会议进行成员间的沟通，就已经发现的邻避问题进行商议或者对还未发现的邻避问题进行预设并达成一致意见。通过一系列相关的会议，拉近业主和社区的关系，社区在相关会议过程中负责传达政府的关于邻避设施的所有信息，这样会使社区民众对社区邻避设施的情况有充分了解并达到知情同意，掌握了解邻避设施一切有利影响与不利影响，这种做法有利于缓解附近民众的抵制情绪，有利于社区团结，也有利于民众对邻避设施建设的理解和支持。

2. 建立公民有序参与协商机制

第一，建立客观科学的伦理评审制度。在一般情况下，政府对于公共性邻避设施的建设无法考虑到全部人的利益，在有许多的不确定条件下，民众对政府的建设选址、决策、环境等的评估都会有质疑心理。此时，就需要一个分离于政府、建设者的部门来对邻避设施进行专业、公正地评估，这个部门受到民众和政府信任，在容易发生邻避冲突的双方面前扮演法官角色。

第二，增强理性参与意识。在城市的逐步发展过程中，民众的环保意识日益觉醒、维权意识也在不断提高，因此关于邻避设施的冲突也会增多。但是在冲突中造成较大规模的恶劣影响的部分原因在于民众的不理性参与，民众在邻避冲突中会因为周围环境或者周围人的行为影响作出不理性的决定甚至极端行为，这种不理性参与的行为会给自身和社会都带来严重后果。因此，增强民众的理性参与意识是进行一系列协商沟通的前提。而增加相关的解决邻避问题的法律法规和相应的反馈渠道有利于增强公民理性参与的意识，对民众进行理性的决策参与有着重要的作用。

3. 建立合理的利益矫正补偿机制

投资成本和回收利益的不均衡是邻避冲突产生的重要原因之一，对于平衡成本和利益的做法我们可以借鉴国外的有用经验。例如美国常用的利益补偿机制。它能够将邻避设施投资的成本通过市场的引导，进行外部消化，降低设施所产生的负外部性影响。比如说对邻避设施的选址在一定的范围内进行拍卖，当价格达到一定的高度时，参与拍卖的社区就会自愿接受该邻避设施在自己的社区内进行建设。但是此种利益补偿机制也具有一定的局限性，如果是风险性较高的邻避设施，在其选址过程中，进行一定经济利益补偿可能会使民众在心理上提高邻避设施的风险级别，从而坚定抵制情绪或者使民众产生不合理的利益要求。因此，我国在对一些负外部性不高的邻避设施进行选址时，可以提供较为合理的利益补偿措施，同时进行公民理性参与，有效减少设施负外部性带来的经济利益损失，与社区居民形成一种公平的合作交易，使得社区民众心甘情愿地接受邻避设施的建设。

综上所述，邻避性工程设施是政府社会快速发展中必须要面对的必要的工程项目，而遭遇邻避冲突是政府无法摆脱的难题。在现代社会，随着公民利益均衡意识的觉醒和公民力量的壮大，公众的邻避情结会更加突出，这就对政府利益分配公平公正有了更高的要求，因此，政府应在矫正正义的理论基础上妥善协调利益分配，使得邻避性工程设施的效益得到最大化，避免因利益失衡导致邻避冲突的发生，确保社会的和谐稳定。

★ 参考文献

[1] 金通. 垃圾处理厂中的邻避现象探析[J]. 当代财经，2007.

[2] 徐祖迎，朱玉芹. 邻避冲突治理的困境、成因及破解思路[J]. 理论探索，2013.

[3] 胡象明，王锋. 中国式邻避事件及其防治原则[J]. 新视野，2013.

[4] 陈宝胜. 邻避冲突基本理论的反思与重构[J]. 西南民族大学学报，2013.

[5] 俞海山. 邻避冲突的正义性分析[J]. 汉江论坛，2015.

[6] 朱萍. 基于利益相关者的和谐理念下的水利水电工程项目管理[J]. 四川水力发电，2015.

[7] 施陆燕，陈国伟. 工程项目利益相关者利益均衡分配研究[J]. 水力发电，2015.

[8] 李玉娟. 利益相关者视角下邻避冲突解决机制研究[D]. 湛江：广东海洋大学，2014.

[9] 丘昌泰，黄锦堂，汤京平，等. 解析邻避情结与政治[M]. 台北：翰蘆图书出版有限公司，2006.

[10] 丘昌泰. 邻避情结与社区治理：台湾环保抗争的困局与出路[M]. 台北：韋伯文化国际出版有限公司，2007.

(作者单位：昆明理工大学社会科学学院)

工程教育

论工程教育中的人文教育

肖 平　刘丽娜

摘要： 工程是技术密集型的社会生产活动，这意味着它有突出的专业技术与社会价值双重属性。培养工程人才的工程教育自然应该包含工程技术教育与人文教育两大学科门类的内容。然而在实际的工程教育中人文教育却被大大忽略，论文着重研究现代工程教育中人文教育的重要性，旨在探讨问题的原因。

关键词： 工程教育；人文教育

我国的工程教育可粗略地分为两大阶段，即前现代与现代工程教育阶段。前现代工程教育主要以行业帮会内部的技术传承或师徒在实践中的传帮带为人才培养的主要方式。我国现代工程教育起步于近代，如1866年底李鸿章、曾国藩在上海兴建江南机器制造局时内设的翻译馆和同年左宗棠在福建马尾建立的船政学堂。现代工程教育推动了整个社会现代教育的发展。如同私塾教育带有强烈的家族个体目标一样，前现代工程教育也带有行业或师门个体的特征。而现代教育的出现才真正意味着社会开始主动地对自己的发展未来有计划有目的的施加影响。

一、人文教育为什么应当成为工程教育的重要部分

首先，工程是为社会造的，工程活动的本质决定了人文教育是工程教育不可或缺的部分。工程从本质上讲，它是为满足某一社会需要而进行的复杂生产活动，它的结果是为社会提供有用之物[1]。工程的本质决定了工程的目标、工程实施过程中的社会协作以及工程建成后的运营都具有强烈的社会性和价值评价属性。现代工程涉及的领域、学科、影响因素越来越复杂，不仅仅包括技术因素，经济、法律、伦理等其他因素也包含其中。现代工程活动既有不同学科技术领域的交叉合作，又有跨学科大类的科学精神和人文精神的交融。

1931年9.18事变，日本发动侵华战争，12月中国工程师学会就成立了战时工作计划委员会，择定针对兵器弹药、战地工程材料等14项内容进行研究。1932年2月中国工程师学会上海分会成立了国防技术委员会，一直工作到上海沦陷。1937年卢沟桥事变后仅仅两个月，中国工程师学会在战时工作计划委员会的基础上又成立了军事工程团，1938年改名为军事工程委员会，集中开展与军事有密切关系的土木、机械、化学、电信等工程的研讨[2]，这就是中国工程师对社会责任的理解与担当，他们用工程技术参与民族救亡图存的战斗。在工程师表现出的爱国情怀和民族大义的历史中，有我们最熟悉的茅以升与钱塘江大桥的故事。

新中国成立以来国家面临着严峻的国际压力和经济发展的压力，中国的工程师以极大的热忱投身到民族独立与国家富强的新中国建设中。不仅有受祖国召唤回国的年轻有为的洋博士，也有新中国的年轻人。那时高校的物理专业成为最热门的专业，抗战时只有几个学生的清华大学物理系，解放后年招生量达到几十人，甚至上百人。新中国的工程师以国家需要为自己的事业目标，他们创造出了“两

弹一星”的工程奇迹，也创造出了能源钢铁、交通运输、水利化工等领域的工程伟业，为新中国屹立于世界民族之林建立了卓著的功勋。

随着工程技术的发展和工程社会影响的日益复杂，工程师所面对的工程目标和工程方式的技术问题也日益复杂，工程所面临的特定政治、经济、文化、环境的综合问题更是价值多维。不过国内工程管理较强的行政化特征减轻了工程师处理政治、经济、环境问题的难度。行政管理代替工程界的判断，也让新中国的工程史随国家社会发展的迂回而迂回，工程界也经历了“大跃进”和“文革”，工程教育也出现过停滞不前的时期。今天“一带一路”面向世界的工程，将中国工程人员置于不同历史文化、不同民族国情、不同风俗习惯、不同价值观的复杂人文环境中。在中国工程走向世界的今天，工程界以自己的技术优势面对国际市场的同时，必须以独立责任主体的文化软实力面对复杂的世界文化环境。也就是说工程界必须在知晓各个国家政治、文化、历史的情况下做出工程设计，开展工程施工和运营管理，工程团队的人文素质和得体的行为方式就显得十分重要。因此中国要做世界的工程，要为世界培养工程师，人文教育就不可或缺。

其次，工程师是工程的核心，工程师的素质水平，不仅决定了工程的质量，甚至在一定程度上决定了国家的经济水平。美国工程院院长查尔斯·韦斯特指出，“拥有最好工程人才的国家占据着经济竞争和产业优势的核心地位。”现代工程师不再是单一的技术者，还要具备较强的分析能力、创新能力、沟通能力和团队合作能力以及较高的伦理素质。工程造福社会的价值是靠工程师来实现的，工程师没有价值立场，是不可思议的事。创新能力怎么来，团队合作如何有效率，价值追求始终都是人的精神力量所在。缺少人文精神的工程教育就像是失去了灵魂一样，既无法辨别是非，也无法理性地竞争。世界顶尖的地球物理博士枪杀导师和同行、复旦大学对同宿舍学生投毒就是这样的例子。

工程师生长的社会环境赋予他价值观底色，学校人文教育赋予他社会主流的文化价值观。也许你是一个专业技术和工作能力还不错的人，但却是生活能力较差的人；也许你仅仅因为家庭关系一团糟就影响到你的工作；也许你只是管理不好个人财务而陷入债务泥潭，可能这正成了你堕落的起点。美国海军陆战队对新入伍的士兵有各种提高生活能力的强制课程，最有趣的是他们教士兵怎样平衡收支、怎样存钱、怎样投资。这些课程还延伸到实践操作上，深入到你的购物和健康维护行为中[3]。他们所教的内容好像大大超出了军事训练的目标，但事实上一个自制自立的军人才是他们想要的军人。工程教育要培养的工程师，应该是有理想、有情怀且人格完整的人，同时是具有专业技术能力的人。

事实上，工程师群体并不是铁板一块。工程师浸润在社会环境中形成自己的人生观、价值观，如果工程教育放弃人文教育，放弃主流价值观的引导，他们势必会按固有的价值观行事。这样实质上就是社会放弃了有目的有计划地对未来社会主人的培养，而任由他们被随意碰到的社会环境改变成任意的人。在纽伦堡的审判庭上就有为虎作伥的科学家受到社会正义的审判。可见工程鲜明的社会性要求工程服务于社会，而工程师、科学家并不必然遵循“工程造福人类”的价值目标。人的世界观、价值观、人生观就像工程技术一样，它是人后天习得的文化品质与能力，虽然学校教育仅仅是教育的一部分，但却是不可忽视也不应该忽视的部分。在工程教育中人文教育给予工程师的是工程技术运用的价值判断，解决的是工程为什么目标服务的问题，它是工程的灵魂，所以人文教育是不可或缺的。

第三，科学技术的发展决定了工程师培养离不开人文教育。早期人类的技术发明与创造其威力远不能与今天的技术发明相比，人们对技术运用产生的负面影响，对人类活动产生的环境影响也相对认识不足。不过按照斯蒂芬·平克的观点，人类社会是在不断走向更加文明的状态，所以总体来说技术的运用还在人类的控制范围内。虽然如此，我们从国际社会 70 多年在控制核武器上的艰苦努力和为之付出的巨大代价中就可以知道技术运用的价值判断和选择是一件多么复杂和困难的事。更重要的是，今天工程技术已经发展到连它的创造者都很难预料它的使用将会产生多么复杂的利弊影响。高新科技不仅成了好莱坞大片的重要主题，更在生物、遗传、人工智能、人机交互、新能源、化学武器等诸多领域遭遇伦理争论，引发许多新的社会问题和恐慌。这正是因为科学技术不仅具有工具性，可以被用于不同的价值目标；同时科技具有利弊同器的特点，它对社会发挥积极功用的同时也产生负面影响。如何在利弊中权衡大小得失，如何避免或消除技术风险，在技术尚不能控制风险的情况下，是否可以强迫社会部分人群去承受，转基因技术、人工智能、人机交互的研究和全面商业化可能的前景有哪些不同的价值维度，科技将如何引领人类的未来。这些问题即使价值哲学没有讨论出令人信服的结果，但并不重要，因为人文教育压根不是要给出答案，而是提出问题。这些问题恰恰应该由科学家、工程师来回答，因为他们是专业的技术工作者。人文教育是要他们对技术发展的方向，对技术运用的多种可能性保持价值判断的意识与能力。

今天的人类已经走到知识技术改变生活，知识技术决定未来的关口。人机交互与人工智能正从两个方向上实现人机一体化，这将改变人在社会中的价值与意义，也许人类社会正在经历一个质变。这并不可怕，可怕的是它虽然由人的技术创新引起，却脱离人的控制。因此科技工作者的人文意识和价值敏感关乎人类发展的方向。

二、为什么今天工程教育中的人文教育不理想

工程是一种特定的社会生产活动，社会性是其无法逃避的属性。工程的社会属性和工程技术发展的内在规律是工程教育进入现代社会教育的重要原因，工程教育的目标必然会反映出特定时期社会发展的目标。我国现代工程教育的起点和几个重要节点都突出了特定时代的社会特征，于是工程教育客观地呈现出工程技术与人文精神关联的样貌。例如：现代工程教育起步阶段，实业救国、科学救国的工程教育目标就是对救国图存的社会目标的回应；新中国的工程教育，发展军工技术、核技术是对独立自主捍卫国家主权的社会目标的回应；院系调整学科分类向苏联老大哥学习是对社会主义阵营选边站的表态；工农兵管理学校是对防止技术挂帅政治出轨的回应；恢复高考后高校从量到质的发展是对发展经济人才缺乏的社会现实的回应。但是这种回应仅仅是工程教育社会性的被动体现，工程教育是作为民族独立或国家建设的一种途径，一个工具。不是说这不对，而是说这样的工程教育远远不够，它缺乏工程界主动的社会反思，缺乏工程界的价值判断和工程师个体精神和品格的反映。这也与工程组织和工程师在社会中的地位相吻合，即使是单纯的技术问题，工程界也难有独立的立场。

从中国工程教育的发展过程，我们可以看到人文教育在工程教育中发生的偏差。首先，以政治教育取代人文教育①。政治教育仅仅是人文教育的一部分，长期以来只有政治课是工程教育中的必修课，其他人文类课程都被认为是辅助课程，以选修课的形式出现在工程教育的课程体系中。有目共睹的是政治类课程在缺少人文知识或理论支撑时，工科学生运用政治理论解释社会问题的效果并不理想，甚至也不能较好地解释政治问题。工程教育缺乏对人文教育的认识，因此缺乏对未来工程师人文教育全面的明确的计划与目标。其次，工程活动的分工肢解了工程与人文教育。工程活动的复杂性决定了工程分工与技术的片段化、专业化，随着工程的复杂性加强，这一特性越加突出。管理整个工程确实需要了解社会方方面面的情况，需要具有与各个部门打交道的能力，要求管理者是多面手既能控制技术风险，又能预见社会风险，控制经济成本，还有能力处理好各种关系，排除万难让工程顺利进行。实际上工程决策、工程设计和工程施工在完全不同性质的部门中进行，决策更多地在政府行政部门，设计在事业单位(现在趋于企业化)，施工在生产部门，管理系统各有所属，管理方式也大相径庭。对于工程师来说他处在其中一个环节中，被要求只需要具备某项专业技术就行了。至于经济与社会、成本与效率、工程建设与资源和环境、工程利害与社会分配，工程师不在其位就可以不谋其政，不必考虑那么多。因此他不需要专业技术以外的知识、理论和全面的素质，不需要具备那么多的能力，担负那么

① 本文使用的是大人文概念，即包含社会科学和哲学、艺术在内的非理工科学(人文科学)。

多的社会责任。所以，工程师也不需要有那么多的人文教育，而是以有用性的眼光把项目管理、人力资源、成本核算、相关法规等实用的社会科学方法的学习搭配到工程教育中。于是我们今天发现不知道该由谁对工程决策的失误负责，不知道为什么我们有技术良好的工程师却频繁出现工程事故，更无从知道在以创新引领世界经济的今天却感叹原创技术的缺乏。第三，运动式的政治教育不仅取代了而且还歪曲了人文教育。不少工科老师把“文革”、“反右”等政治运动对工程技术学习的冲击视为人文教育对工程教育的冲击，甚至认为做“无用”之文科的老师都是搞事的人，无端地干扰技术教育，他们对人文教育有抵触。现在大学里有部分工科老师和学校管理者认为政治课设置太多影响了学生专业技术的学习。他们在教学活动中将这些认识和抵触情绪带给学生，引导着学生的判断与选择。多数工科老师至少认为无需刻意进行人文教育，在社会环境中，社会生活自然会渗透到每个人的生活中。更重要的是工程教育的设计者并不清楚人文教育对未来工程师培养的意义，所以20世纪末倡导的素质教育对文理渗透也无一定之规，有做法却无明确目标，无必修课程和实践环节之培养体系，且工程教育一直处在素质教育与专业教育争资源的拉锯战中。第四，严格地说我们的工程教育还远未考虑独立工程师的个人人生成功、生活幸福的目标，工程教育考虑得最多的是胜任工程职业，而不是教他做人。工程师个体的人文素养与工作、生活能力并不由工程教育负责，但它事关工程师的三观和他的工作状态、工作效率，这是必要的人生智慧的基础，而这些与他的工程职业品质密切相关。

以上因素综合作用，造成了今天工程教育中的人文教育不理想的状态。其中最主要的原因是教育管理者对人文教育之于工程师培养的价值与意义认识不足，拿不出工程技术教育与人文教育融合的工程教育方法体系。

三、人文教育在工程教育中实施的困难

首先是人文教育自身的问题。处在现代网络技术时代，社会对人才的要求不是人脑储存知识的量，而是具有自主学习和创新知识的能力。人工智能尚且有自主学习的能力，教育若不借助信息技术的力量，彻底改革教学理念和方法就不可能培养出适应社会需要的人才。人文教育本应在这之中承担“做人”的教育职责，把“U 盘”还原为人。但实用主义、功利主义还是只看到了它功能性的特征。学校的人文教育基本上是围绕社会应用进行的，专业设置也以就业为指标，就业情况不好的专业就取消。尤其是工科学校的文科专业，其教学、教师管理通常与工科一个尺度、一种方式。这样的教育管理生生地将人文教育的“生物活性”杀灭，成为另类“理工教育”。穆罕默德·尤努斯说：“学校的宗旨不只是要使孩子们学业有成，而且要教给他们作为公民的自豪，精神信仰的重要，对于艺术、音乐、诗歌的欣赏，对于权威与纪律的尊重。”[4]另外人文学科的老师也存在一些认知和教学方法上的问题，例如，强调权威轻贱学生，强调结论轻贱分析，强调成熟理论轻贱新知，强调知识学习轻贱实践能力培养。毫无疑问这些做法是对人文教育的反动，但它又与现行大学管理体制相吻合，或者说是这一制度的产物，而要改变这种状况绝非易事。

其次是学术风格的指向不同。人文学科与理工科从思维方式到心理定式都是不同的。人文科学的发散性思维和理工科轨道清晰的逻辑思维各有所长，又各有所短。想象力是创造力的基础，发散性思维与逻辑的单轨道相比具有多种可能性的优点，但却因多样性而具有不确定性。工程思维的精准性，在知识的传递和将工程从图纸设计到实物建造的过程中占据着重要的地位，因此模糊的区间会被严格限制。但要取各自之长而避各自之短却不容易。胡适讲“大胆假设小心求证”，应该有思维大胆的开启和落实到造物上的小心谨慎。这让文理工不同学科的老师思想和学术沟通都有困难，在一些工科和文科兼容的课程中，例如“工程伦理学”，我们文理工跨学科教学团队就遭遇了两种思维、两种语言沟通的困难。如果老师们都不能突破或驾驭这两种学术风格和思想方法，那么工程教育的人文教育是落不到实处的，而由来已久的文理分科教育使得这一突破十分困难。

第三，人文教育效果测定的困难和时间与学时分配上的紧张。如果工科专业教学计划的制订者不理解人文教育对未来工程师的意义，但在行政要求下勉强安排人文课程，那么人文教育效果的测定困难会大大削弱他们规划人文教育的主动性，现在许多学校就是这样的，所以不敢期待人文教育的效果。在整个大学教学没有作出适应今天技术进步速度的改革前，人文教育效果测定难和文理学时分配的争战只是整个教学改革的表象，它真正的问题是今天的教育还能持续把学生当 U 盘，把用高浓度强压力来增加知识储存量当作对时代的回应吗?如果教育真的如此，那就是对这个时代的侮辱。因为受教育者可能长于“储存”知识，但是 U 盘没有运算功能(学生不能运用知识的状况)，更谈不上创新。

今天的时代是以科技创新领导全球竞争的时代，教育输一步未来就输百步。我们知道有不少高校正在努力破茧，放胆尝试教学改革，探索新模式新方法。我们期待更多的跨学科老师深度交流合作，共同探讨新工科教育之道。期望教育管理者关注新世纪教育改革的研究，放宽管理尺度让一线教师的教学改革有更大自由创新的空间。

★ 参考文献

[1] 肖平. 工程伦理导论[M]. 北京：北京大学出版社，2009.

[2] 吴启迪. 中国工程师史[M]. 上海：同济大学出版社，2017.

[3] J.D.万斯. 乡下人的悲歌[M]. 南京：江苏凤凰文艺出版社，2017(4)：167.

[4] 穆罕默德·尤努斯. 穷人的银行家[M]. 北京：三联书店，2012(11).

[5] 殷瑞钰. 工程哲学[M]. 北京：北京理工大学出版社，2007.

[6] 肯·贝恩. 如何成为卓越的大学教师[M]. 北京：北京大学出版社，2014.

[7] 肯·贝恩. 如何成为卓越的大学生[M]. 北京：北京大学出版社，2015.

[8] 斯蒂芬·平克. 人性中的善良天使[M]. 北京：中信出版社，2015.

(作者单位：肖平：西南交通大学人文学院；刘丽娜：西南交通大学马克思主义学院)

混合教学模式下实现深度学习的探索

——以“工程伦理学”课程实践为例

刘丽娜　肖　平

摘要：混合式教学是近些年来教学改革中出现的多种教学方法的综合运用模式。它结合了网络教学和传统课堂教学的优势，通过丰富的教学资源，灵活多样的教学方法，调动学生主动学习，深度学习。混合式教学的目标在于要求学生学习并理解理论知识，创造性地应用理论解决现实问题。本文以“工程伦理学”课程教学为例，探讨混合式教学模式是如何实现深度学习的教学目标的。

关键词：混合式教学；深度学习

2017年3月，纳斯达克市值最高的几家公司的招聘信息中最常见的词汇是批判性思维、学习灵活性、创造力、团队协作能力。马云在谈到学习时说：“知识是可以学来的，但是智慧是另一种体验。所以，我们未来和机器人的竞争，是智慧的竞争，是体验的竞争。”随着社会进入到知识化信息化时代，时代的发展要求学校培养出具有深度学习能力和创造力的学习者。这对高校教学提出了全新要求，无疑是对传统教学方法的挑战。我们在教改实践中深切地感受到，各种教学方法都有自己的长处，但是都不能解决所有的教学问题，应该根据不同的教学内容选择相适应的教学方法。混合式教学模式就是，以学生为中心灵活运用各种教学手段的长处来推动学生从被动的知识记忆性学习向主动的理解运用性学习转化，即从浅层学习向深度学习转变。我们根据“工程伦理学”的教学目标从以下几个方面借用不同教学模式的优点形成我们的混合教学模式。

一、线上线下相结合

何克抗教授认为：“混合式教学模式把传统教学方式的优势和网络化教学的优势结合起来，既发挥教师引导、启发、监控教学过程的主导作用，又充分体现学生作为学习过程主体的主动性、积极性与创造性。”这种教学模式改变了过去老师单向讲授的“继承式学习”方式，将知识理论“知”的教学任务交由学生自学完成。当然条件是有相对应的网络课程。网络学习给学生自主安排学习的时间，选择学习地点和学习方式的机会，既提高了学生管理学习的能力，又为他们主动发现问题、跟踪问题、深度学习提供了可能性。比如在自学中遇到问题，他们可以找朋友讨论，可以查资料弄清问题，也可以与老师交流，将“知”的记忆引向“理解”的思考。

影响学习者深度学习的因素很多，首先是学习者对知识的有效接受。学习者接受知识的程度直接影响他们对知识的认同。这就要求知识必须体现时代的要求，贴近学生未来的职业活动。工程伦理慕课课件有丰富的教学资源，不仅包括老师的教学视频，还包括国内外最新的理论成果，以及国内国外成功或失败的案例和重大工程的精彩视频，甚至包括学生的优秀作业。教育者也不仅仅是哲学伦理学的主讲老师，还包括工科的老师和各行各业的工程界专家、学者，这扩大了教学的支持力量。

为了督促学生上网学习，我们在翻转课堂上做快速测验。针对学生网上学习的知识内容，快速测验其核心概念的掌握情况，在“知”的层面上保证学习到位。但我们更重视的是理解层面的掌握，主要通过小组作业和陈述答疑看学生的理解情况。在这些部分，学生往往有不少惊奇给我们，我们发现越是给学生创造空间较大的作业或任务，学生越是能给我们带来惊喜。比如在“知”的层面上，老师们常常能从学生那里学到知识。学生对所学专业的社会贡献介绍之尽心，热情之高都是我们始料不及的。计算机专业的学生找到了19、20世纪的机械机器人的影像资料，告诉大家最早的机器人梦想和原理；桥梁专业的学生在课堂上呈现了十分珍贵的美国大桥被风吹毁的全过程影像资料。我们网络上的课件直接采用了这些资料，并注明学生的贡献，这既激发学生的学习热情，锻炼学生查阅资料说明问题的学习能力，也教育学生相应的学术规范和正确对待他人学术贡献与成果的态度。

线下部分即翻转课堂上，主要实现深度理解的学习目标和学生各种学习能力的培养。以学生讨论为主要形式，围绕给出的主题(根据教学内容确定)以小组为单位发表自己的看法。翻转课堂实现了传统课堂不可能实现的学生之间、师生之间充分互动的学习，不设限制地鼓励学生表达思想，鼓励不同意见，以培养批评的意识和能力。

二、多种教学方法相混成

深度学习是与浅层学习相对应的学习状态。布鲁姆把教育目标分成六个层次，从低到高依次是记忆、理解、应用、分析、综合、评价。浅层学习指记忆和理解这两个层面。学习者被动地机械地接受知识，对知识主要是简单的记忆，没有深入理解和应用。深度学习是指包含了六个层次的全过程学习。学习者在理解知识的基础上，能够批判地学习知识，并将知识运用到解决现实问题中。简言之，深度学习是通过应用检验理解的学习，是将进入头脑的知识外化出来由实践证明其有效性的学习。这一知识的外化过程是对知识深入理解并转化为素质能力的过程，也就是知识理论不再是外在于我的书本而是内化在我身上的活的知识。这正是我们要改变的目前普遍使用的考试方法让学生考完就丢的学习效果。

“工程伦理学”课程以线上、线下、课上三个阶段为一个学习单元。线上阶段分别是线上理论学习和遇到问题的线上求助，查阅资料。教师通过网络教学平台，给到该课程完整的课程体系，根据教学内容选择适当的教学方式。线下阶段是小组讨论、完成作业报告或解决方案设计、小组服务实践设计的学习活动。课上是学生课堂分享作业和实践活动，演讲、辩论，交流质疑、建议评价等互动，教师学生总结反馈。与传统的课堂教学给学生灌输课本知识不同，混合式教学模式的课堂环节仍以学生为中心，充分发挥学生的主体地位。教师通过组织学生活动、评价作业和发布讨论题突出教学重点难点。

工程伦理学课程将协作、交互学习、体验式学习、任务驱动等多种活动方式混合穿插于课程中，意在激发学生主动学习、深度学习的潜力。我们以文献综述的方式展现专业成就，以求锻炼学生收集资料、整理资料的能力，以查学生学术规范意识和专业认同意识，落实职业责任感；以体验式方法发现身边日常的不便，提出解决方案，培养其仁爱之心和社会关怀意识；以服务式学习方法完成问题解决的全过程，以促成学生熟悉社会管理方式，修炼学生周全细致有效的逻辑思维和克服困难有始有终的工作态度；以讲台为学生小组交流平台，把每一次翻转课都让给学生，对每个小组的课堂陈述全班同学都可以提出质疑、评价和建议，以鼓励关注、尊重和批判、分析的良好态度；所有任务以小组为单位完成，以育其团队精神，培养合作能力。当然我们也采用游戏、辩论、演讲、参观的方法，只要能够服务于引导学生进入教学内容，保持深度学习的热情。而在这些方法的运用中学生的各种学习能力和品质素质都得到了提高。

例如体验式学习方法的使用。体验式学习是以学习者为中心，通过实践和反思的方式学习知识。强调的是学习者亲身经历和感受，形成情感。混合式教学理论知识在线上完成，理论内化和实践体验环节通过线下完成。我们的实践任务要求学生发现现实生活中的工程伦理问题，并解决它。比如有的小组发现了校园内有些道路的安全问题，开始组织学员讨论；收集信息，方案制定，这个过程有利于培养学生全面分析复杂问题的能力，然后根据分工，到学校相关部门反应情况，提出建议，最后解决。通过学习者发现和解决生活中真实的工程伦理案例，一方面有利于提高学生发现工程中存在伦理问题的敏感性，另一方面可以提高学生分析问题和解决问题、创新、批判思考、沟通表达、信息应用等方面的能力。通过学生的亲身体验和亲自实践，学生所学知识得到检验、修正并巩固，这样有利于促进知识的深化。通过提高学生的参与感和成就感，有助于激发学生学习的动机和学习需要，也有助于学生将来进入职场，能快速实现从理论到实践的角色转化。

例如以学习评价(考试)为另一学习方式，摒弃考知识点的评价方法。学生不用临近考试死记硬背，一考过关却不重视学习过程。工程伦理学课程对学生的考核评价包括两种方式：一种是形成性评价，一种是总结性评价。形成性评价是在学习中评价，是对学生在学习过程中的表现，态度，提问和回答问题情况，讨论区的表现等形成的评价。这种评价方式可以让教师了解学生知识理解和应用的情况，以及时调整教学。总结性评价包括过程性评价和学生作业成绩之和。工程伦理作业有三次，一是让学生展示所学专业的社会贡献，让学生了解自己的专业，提升学生的职业自豪感。二是让学生介绍所学专业的技术风险和前沿问题，让学生了解工程的复杂性，建立勇于承担技术责任的意识。三是发现生活中的真实问题，通过调查、分析，提出解决方案并实施方案直到解决问题。这三个作业是紧密相连的，是一个整体，有严密的逻辑关系，是理论和实践的结合。学生的服务型学习实践最后在课堂上完整展示，由同学和老师进行评价并给出成绩。这既是小组间的学习过程，也是分析、质疑、评价的过程，这一环节的学习也是学生收获最丰的。我们在这一环节中促使学生学习反思、批评，学习客观公平地对待他人，学习按照民主的方式表达意见，学习处理名誉与对待批评。

三、师生角色互换

前苏联著名心理学家维果茨基指出，对话过程是一种内化的学习过程，特别是小组或同伴的对话对学习尤其有效。[①]社会的变化也改变了学生对学习的期望和要求，以“学生为中心”的学习方式代替了传统的以教师为中心的教学方式。这就需要改变传统师生角色，建立一种以师生、生生平等对话交流的伙伴式学习关系。

混合式教学模式改变了师生关系，教师不再是知识的垄断者，而变成了学习的合作者，甚至变成了学生。教育者要真心地信任学生，并给予其表现聪明才智的机会。在师生互动的过程中，教师要勿吝面子，勿吝表扬，重视反馈在教学中的作用。根据传播学理论“如果不存在反馈，或者迟迟才做出反馈，或反馈是微弱的话，这种局面就会引起传播者的疑惑和不安，并会使传播对象感到失望，有时在传播对象中会产生对立情绪。”[②]教育不是一次性的单向性传播过程，学习者通过对学习内容进行选择，整合和外化实践活动，对教育者予以反馈，从而有利于教育者及时调整教学内容和方法。传统的教育忽视了反馈的作用，也没有有效的途径进行反馈。在混合式教学中，我们在网络教学平台上设立讨论区、答疑区，在课堂上师生更是可以直接沟通。当来自学习者的学习信息能够快速地聚合并呈现给教师，老师又能够及时解答反馈时，学生的学习积极性将得到提高。建立师生间双向互动的学习模式，不但能刺激学生的学习动机与创新、探究之精神，也能让教师轻松教学并且提高教学效果。

教学过程是一个师生相互学习的过程，这在我们“工程伦理学”的教学过程中体会最深。对于文科老师来说没有任何工程的知识背景，要说清楚工程中的伦理问题，要切中学生的思想问题是说不可能的。如果指手画脚地说行外话是不能说服人的，也是可笑且愚蠢的。多年的工程伦理学教学是我们不断向工科老师和学生学习的过程，我们努力借用一切机会参加工程实习、工程监理和工程学术会议，向学生学习最容易获得最日常的机会。当我们真心向学生学习时，我们发现学生作业的认真程度和参与程度会大大提高。

---

① 曾明星，等. MOOC 与翻转课堂融合的深度学习场域建构[J]. 现代远程教育研究，2016.

② 丹尼斯・麦奎尔_百度百科[EB/OL]. https://baike.baidu.com/item/%E4%B8%B9%E5%B0%BC%E6%96%AF %C2%B7%E9%BA%A6%E5%A5%8E%E5%B0%94/6597718?fr=aladdin.

我们主要通过几种方式让学生当“老师”，一是通过让学生自己完成对所学专业的成就介绍来代替老师的讲述。为激励学生的职业荣誉感，增强其责任心和职业热情，认识专业发展成就和对人类文明的推动意义是课程重要的内容之一。但是无论是文科老师还是工科老师都很难满足课程的要求，为不同的工科学生讲述清楚其专业的产生发展对社会的意义。而将这一任务交给学生去完成，调动他们去深度学习，去查资料找老师问师兄，去发现解决问题的路径，让学生努力给其他专业的同学和老师展示本专业值得骄傲的业绩。二是让学生互评作业和质疑专业问题，让专业学生有机会深入解释和带着解释不了的问题继续学习，让全班同学和老师有可能跟随问题进一步撬开某一专业知识领域，深入学习。三是聘请工科博士生作课程助教，他们在本科学生的心目中是学习成功的榜样，关键是他们对课程讨论的工程伦理问题可以给予专业性的意见。他们对学生作业和实践的指导意见可能比文科老师更恰当，不仅避免了外行的瞎指挥，也让文科老师眼界大开，学习到不少知识。老师向学生学习的教学角色互换既是为教学效果，也是向同学宣示科学精神和学习态度，破除陈见，尊重事实，谁懂就向谁学习。

同时，学习不能只通过学习者个人加以改善，学习氛围与同伴促成是重要的环境因素。每个人的知识具有差异性，这种差异性为新的观点和看法提供了很好的机会和条件，应该构建群体学习机制来影响个体学习，工程伦理把协作学习和自主学习结合起来。整个教学过程以学习小组为单位进行，学生在各种交互和协作中完成学习任务，学生之间通过组织和协商，互动和交流，相互激发、评价、修正，逐渐形成新的认知，加深对知识的理解和建构。例如，在一个激活脑力的头脑风暴活动中，老师要求计算剪纸的面积，风动专业的博士助教提出测出过风面积就是剪纸面积，同学们脑洞大开提出用计算机作投影计算，沙画计算，称重计算等多种方法。这就是互动激荡出的学习效果。

协作、交互学习不仅指的是学生之间，教师和学生之间的互动，还包括了教师与教师之间的协作和交互。工程伦理是文理交叉学科，每个人的专业背景不同，教师之间的相互交流教学经验、方法和专业知识，有助于每个老师的知识提高和教学效果提高。我们已经形成制度，每一轮教学后都有一次交流会，从教学内容到教学方法的采用，再到学生的反应、老师的体会无所不谈。我们课程团队是有意识作教学改革的团队，所以老师个体之间的教学交流更是经常的事，这些都让我们团队的教师保持着较高的职业幸福感。

四、结语

深度学习是教育的目标，是决定教学效果的关键环节。混合式教学模式通过整合教学资源，借用信息时代提供的技术便利，改进并丰富教学方法、改变教育者和学习者的关系等多方面的教改设计，实现从浅层学习向深度学习的转化。

混合式教学模式打破了传统课堂的封闭空间，建立了课堂、学校和社会的相互联通，大大地提高了教学活动五要素(学习资源、教学环境、学生、教师、教学组织形式)的效用，尤其激活了学生要素。

在实践中还存在一些问题：如何提高学生在线学习的质量，如何提高线下学生活动的效率，如何避免个别学生“打酱油”，如何制定适应学生个性化学习的方案等，这需要我们继续对混合式教学模式进行深入探讨。

★ 参考文献

[1] 苏珊·A. 安布罗斯. 聪明教学七原理[M]. 上海：华东师范大学出版社，2012.

[2] 肯·贝恩. 如何成为卓越的大学教师[M]. 北京：北京大学出版社，2014.

[3] 彭飞霞，阳雯. 混合学习如何加深学习深度：兼及大数据如何支持学习分析[J]. 2017.

(作者单位：刘丽娜：西南交通大学马克思主义学院；肖平：西南交通大学人文学院)

学术动态

（第八次全国工程哲学学术会议）

开 幕 词

中国工程院工程管理学部　孙永福

各位领导、专家、同学们：

大家好！

在党的十九大即将召开之际，全国工程哲学界及相关领域的专家学者和同仁们，聚首美丽的苏州，参加第八次全国工程哲学学术会议。我谨代表中国工程院工程管理学部，对会议的召开表示热烈祝贺！

工程哲学研究于本世纪初在我国和西方发达国家同时兴起。十几年来，我国工程哲学研究，科学技术工程“三元论”(工程演化论—工程本体论—工程方法论)开始进行探索，逐步形成了比较成熟的，具有中国特色、中国风格、中国气派的理论体系。《工程哲学》、《工程演化论》、《工程方法论》三本学术专著，集中反映了我国工程哲学研究的新成果、新水平。取得如此显著成果，得益于我国工程界和哲学界的通力合作，得益于一批像殷瑞钰院士、李伯聪教授这样的专家学者的孜孜追求，也得益于这些年来我国极其丰富的工程实践。正如习近平主席在去年哲学社会科学工作座谈会上所指出的：哲学社会科学体现的中国特色、中国风格、中国气派，是发展到一定阶段的产物，是成熟的标志，是实力的象征，也是自信的体现。今天，我们回看工程哲学发展，恰恰就是国家工程领域实力的象征、自信的体现。

本次会议主题是“工程方法论理论与实践”。这与上次全国工程哲学会议主题一样。那么，为什么连续两次会议都定位在同一个主题？

从理论供给侧看，工程方法论是工程哲学通往工程实践的桥梁，代表着工程哲学研究的前沿。工程活动是一种综合性、创造性和社会化程度都很高的人类实践活动。工程哲学是对工程实践活动的反思，关乎工程实践中带有根本性和全局性的问题。工程哲学的价值，则体现在回归并指导工程实践中，而要从理论过渡到实践，就必须经过方法论环节。可以说，没有工程方法论的工程哲学，恐怕会流于空洞，当然没有哲学思辨，也不会有方法论。因此，从工程哲学理论发展的基本逻辑看，必须大力推进工程方法论的研究。

从理论需求侧看，工程方法论研究面临着强大的现实需求。当前，新技术革命在世界范围内此起彼伏，新材料、新能源、互联网、人工智能、基因工程等一系列技术突破，正在推动工程领域的深刻变革。为了适应这些变革，我国正在实施创新驱动发展战略，一带一路沿线基础设施建设正在稳步推进。这些国家层面的战略性工程，涉及的工程要素更为多样、面临的社会环境更为复杂、带来的时代影响更为深远，因此决策复杂性强，工程实施难度高，极具挑战性、探索性，急需方法论层面的指导。

正是基于这两方面的认识，中国工程院工程管理学部于 2014 年初立项预研工程方法论，2015 年正式立题研究工程方法论。今天，终于能够将《工程方法论》一书呈现在各位面前。前后差不多已经四年时间了，我们在中国自然辩证法研究会工程哲学专业委员会的支持下，组织许多院士和专家学者进行协同研究，形成了体系化的“工程方法论”研究成果。如果说上一次会议算是工程方法论研究的“开题”，那么这次会议就算得上是“结题”了。我相信，通过这次 “结题答辩”和头脑风暴式的集中研讨，一定能够提升我们对工程方法论乃至整个工程哲学的理论认识，也一定能够推动工程哲学向工程实践的植入和转化。

真正实现工程哲学与工程实践的有机结合，关键是要从教育入手，要从工程师身上找答案。当前，高等教育界正在兴起“新工科”革命(Emerging Engineering Education，即“三 E”革命)，强调以立书树人为引领，以应对变化、塑造未来为理念，以继承与创新、交叉与融合、协调与共享为主要途径，培养未来多元化、创新型卓越工程人才。新工科革命面临的许多问题，有赖中国工程哲学研究予以回答。在此，我想特别强调，工程师要学习工程哲学、学习工程方法论。我是工程师出身，我深感哲学思维对工程师的重要性。我亲历的青藏铁路建设，是一个世纪工程，是一个世界难题，但难的不单纯是技术，如何实现工程与周边环境、与社会和谐共处，如何做好高寒缺氧施工管理等等，都是大难题。因此，整个工程系统都需要运用哲学思维来分析、统筹、综合，都需要密切沟通、权衡、协作，处处需要群体智慧、群体决策，只有这样才能创造性地设计工程、建造工程。所以，工程师要加强工程哲学的学习，学点方法论。当然，我们搞工程哲学的，也要面向工程师、走进工程师群体，深入开展工程哲学普及活动，真正把这个共同体的具体关切找出来、解答好，这样才能形成从实践到理论再到实践的良性互动。

中国工程哲学研究，我觉得最具中国特色的，也恰恰是工程界和哲学家相向而行、互相合作。正是有了实践智慧与理论智慧的相互交融，才造就了今天中国工程哲学的良好发展态势。这种传统，中国工程院工程管理学部会一直秉承下去，也会一如既往地支持工程哲学研究。在这次会后，我们要对未来几年工程哲学研究做出新安排。我相信，在创新驱动发展、建设科技强国的进程中，中国的工程哲学研究，一定能够不断地应对新技术革命、人工智能等发展带来的机遇与挑战，为我国全面走向工程强国提供有力的支撑。

这次会议由苏州太湖书院承办，我认为很接地气，很有意义。大家知道，苏州，不仅是一座文化历史名城，更是当代创新创业的一片沃土，长期勇立我国现代化进程的潮头。苏州太湖书院历史源远流长，源于唐、盛于宋、历时千载。2012 年，太湖书院重新创办后，秉承传统与现代相结合，致力于打造现代决策智库，注重在跨学科视野下的重大问题研究特别是工程哲学的应用研究，实属难能可贵。苏州太湖书院以“工程哲学开新篇”为主导，为我国工程哲学研究和普及做了大量工作，取得了丰硕成果。这次会议在太湖书院召开，彰显了工程哲学回归工程实践的旨趣，彰显了太湖书院学以致用的办院宗旨。在此，谨向太湖书院的同仁们表示衷心的感谢！

最后，预祝这次会议取得圆满成功。

谢谢大家！

欢 迎 词

中共中央宣传部原常务副部长　龚心瀚

尊敬的院士、教授、专家、女士们、先生们：

大家上午好！我作为太湖书院的发起人之一，对第八次全国工程哲学会议的召开表示热烈的祝贺！对来自全国各地的院士、专家、学者和朋友们表示热烈的欢迎。太湖书院是一个民间社会组织，能够接受中国工程院管理工程学部和会议主办单位的委托，承办本次大会，感到非常荣幸！我们全体员工将在苏州市政府的领导下，在苏州市科协和江苏乾宝投资集团的大力支持下，全力以赴，尽心尽力，做好大会的服务工作。

太湖书院是苏州市文广新局主管的、民政局登记注册的非盈利民间组织，成立五年来，以“吴越文化传古今，工程哲学开新篇，现代易学启智慧，太湖智库铸辉煌”为宗旨，在“学术自觉”和“时代担当”两方面做了一些工作。弘扬优秀传统文化，创新古老易学的现代形态，获得国家出版基金的资助，编辑出版第一套《跨学科视野下的易学》丛书(第一辑)；积极推进工程哲学进校园，与北京科技大学成功举办培养卓越工程师、与同济大学成功举办工程管理创新、与江苏理工学院成功举办工程教育、与苏州职业大学成功举办工匠精神等工程哲学高层论坛；以工程哲学为指导，研究建设苏州国际养生之都、探索治理雾霾新途径、提出“两山理论”实践的“苏州样板”等，并对习近平同志提出的“一带一路”、“人类命运共同体”等新理念、新思想和新战略，从理论与实践结合上做了探讨。总之，太湖书院以全局性、综合性、战略性、前瞻性和长期性的眼光，关注热点、难点，进行跨部门的交叉学科研究，打造民间智库，为各级政府、各类企业提供政策、创意、规划、决策等咨询服务，取得了丰硕成果。

书院制度有其特定历史背景，在现代完全复制并无必要。但是，太湖书院依托院士、专家和各级政府的指导，充分发挥四十多位高级研究员、顾问的聪明才智，对古代书院文化中的优秀传统进行现代转化、创新性发展，对当今学界和社会风尚的转变，或可产生良好的影响，太湖书院坚持在这方面做了有益的尝试。书院被苏州市和江苏省有关部门评为 4A 级社会组织，江苏省示范性社会组织，江苏省研究生人文工作站，这是对书院工作的肯定，也是鞭策和鼓励。

我们衷心欢迎参会代表关心、了解、支持并且加盟太湖书院，指导书院发展，到书院来研究问题，捭阖论道，著书立说。最后，预祝大会圆满成功，代表们身心愉快！

谢谢！(2017.9.19)

致　辞

苏州市文广新局党委书记、局长　李　杰　院士

尊敬的各位院士、教授、专家，女士们、先生们：

上午好！热烈欢迎各位代表来到苏州。全国工程哲学界这么多的顶级专家、学者会聚苏州，这还是第一次。这次盛会的召开，为我们苏州聚力创新、聚焦富民，高水平建设小康社会，送来了新的思想方法和实现路径。在此，我代表苏州市文化广电新闻出版局向本次会议的成功召开，表示热烈祝贺。

苏州建城已有2500多年，历史文化积淀深厚，是全国首批历史文化名城之一，是吴文化的重要发源地，苏州作为一个历史文化名城是一个综合性的、整体的概念。今天，我也见到当年我担任校长时让我们引以骄傲的，比如说殷瑞钰部长，我九九年在苏州市一中做校长时跟我们的很多学子们讲：我说我们苏州出了二十几位院士，应该讲苏州也是个院士之城，是园林之城，是戏曲之城，是博物馆之城，也是手工业与民间工艺之都。应该讲文化是苏州的一张名片，苏州的经济发展也不错，苏州总面积8488平方公里，下辖张家港、常熟、太仓、昆山、吴江、吴中、相城、姑苏、工业园区、高新区十个板块。2016年末，全市常住人口1064万人，实现地区生产总值1.54万亿元，人均地区生产总值2.19万美元，苏州园林、大运河苏州段等两个项目被列入《世界文化遗产名录》，苏州是中国经济最为发达的地区之一，当然也是文化最具活力的城市之一。所以太湖书院落户在苏州应该是恰逢天时、地利、人和，当然也是苏州的幸事。

目前，全市上下正以习近平总书记系列重要讲话为根本遵循，自觉践行五大发展理念，扎实推进供给侧结构性改革，大力实施创新驱动、民生优先、生态改善、城乡一体、开放提升、文化繁荣六大战略，努力争当建设“强富美高”新江苏先行军排头兵，谱写好伟大中国梦的苏州篇章。“强富美高”是习近平总书记视察江苏时对我们苏州提出的希望。

工程哲学是二十一世纪兴起的新领域，是哲学学科的新发展，也是中国哲学家和工程师共同的新创造。

诚挚欢迎各位院士、专家、学者常来苏州讲学，调查研究、传经送宝。最后，预祝大会取得圆满成功，祝愿各位代表身体健康！工作顺利！

谢谢大家！

2017.9.19

闭 幕 词

中国自然辩证法研究会 工程哲学委员会理事长 殷瑞钰 院士

各位院士、各位专家：

第八次全国工程哲学学术会议即将结束了。此次会议出席的各方面代表共120余人，其中包括了中宣部原副部长、太湖书院发起人之一龚心瀚同志，教育部原副部长、中国自然辩证法研究会理事长吴启迪教授。中国工程院有15位院士也参加了此次会议，可谓群贤毕至，为会议的成功举办增光添彩。

过去七次全国工程哲学学术会议是分别在北京、上海、西安、成都、长沙、哈尔滨、广州等中心城市召开的，分别就工程哲学三元论、工程演化论、工程本体论等方面的内容展开研讨、交流和展示，取得了很好的效果，展示了中国学派研究工程哲学的成果、水平和特色，同时对学术研究的发展和组织起到了有益的推动作用。

此次第八次全国工程哲学学术会议在文化底蕴深厚的苏州召开，出席人数众多，围绕着工程方法论研究展示学术研究的成果，交流学术观点，共收到论文52篇(其中全文41篇、摘要11篇)。代表们从不同视野、不同维度、不同层次讨论了工程方法论和工程方法。着重讨论了以工程本体论为基础的工程方法论，包括理论探索和现实意义。此次会议老、中、青几代人共聚一堂，学术气氛浓烈，大家论道，新锐劲发，百家争鸣，百花齐放，大家聚精会神，认真听讲，认真讨论，会风很好。特别令人高兴的是青年新生力量的蓬勃发展和产业界研究力量的突起。

中国工程哲学发展进程的特色是哲学界和工程界形成了牢固的联盟，相向而行、携手共进，哲学界面向工程、工程界需要工程哲学。中国工程哲学发展进程的重要基础是“组织化”，中国工程院工程管理学部和中国自然辩证法研究会工程哲学专业委员会结合在一起，连续14年持续立题开展工程哲学领域的研究，推动学科建设。

工程哲学特别是工程方法论、工程方法重在理论联系实践，在实践过程中验证、修正、升华和发展理论。工程方法论可以联系的实践领域应该是宽阔的，各行各业、各种工程活动都可以联系，并形成“交集”，例如在工程决策、工程规划、工程设计、工程建造、工程运行、工程评估、工程退役、工程生态等方面；例如在程序化、协同化、结构化、功能化、和谐化等方面。这些都具有战略性、时代性、前瞻性的意义。

工程哲学、工程方法论需要应用到各类工科教育中去。我们相信工程哲学(包括工程方法论)可以推动、促进工科教学的创新，呼吁教育界特别是工科教育人士重视工程哲学的发展进程并使之进入大学课堂。工程哲学是面向实践的、面向现实生产力的、面向工程思维的、面向工程知识的哲学。在这一点上，西安交通大学、中国科学院大学、东北大学、清华大学等高校已经有所行动，值得借鉴。特别是齐齐哈尔工程学院从2009年开始在全体本科生中开设工程哲学课程，是为数不多的地方高校开设工程哲学课程的高校。

工程哲学、工程方法论需要进一步交流 、深化，进一步结合基层单位的实际。在这一方面，我们进行了一些尝试，例如先后到宝山钢铁集团、大庆石油管理局、三峡工程总公司、鄂尔多斯、中石化等单位，开展工程哲学讲师团活动，得到了有关方面的支持和欢迎。今后如果有需要还可以继续开展此类活动。

在第八次全国工程哲学学术会议即将闭幕之际，请允许我代表会议主办单位(中国工程院工程管理学部、中国自然辩证法研究会工程哲学专业委员会、中国科学院大学人文学院)向会议承办单位(苏州太湖书院)和会议协办单位(苏州科技大学教育与公共管理学院)以及支持单位(苏州市科学技术协会、江苏乾宝投资集团)的人力、物力、财力支持和热情周到的安排以及服务表示由衷的感谢！同时也向各位与会专家学者的支持和参与表示感谢！

探工程方法底蕴，开工程哲学新篇

——第八次全国工程哲学学术会议综述

余永阳　王业飞

(中国科学院大学人文学院)

2017 年 9 月 19 日—20 日，由中国工程院工程管理学部、中国自然辩证法研究会工程哲学专业委员会、中国科学院大学人文学院主办，苏州太湖书院承办，苏州科技大学教育与公共管理学院、苏州市科学技术协会、江苏乾宝投资集团协办的第八次全国工程哲学学术会议在苏州太湖书院举行。工程哲学专业委员会理事长、中国工程院院士殷瑞钰主持开幕式。中国工程院工程管理学部主任孙永福，太湖书院发起人、中宣部原副部长龚心瀚以及苏州市有关领导出席开幕式并致辞。中国自然辩证法研究会理事长吴启迪教授，中国工程院朱高峰、王基铭、王礼恒、傅志寰、陆佑楣、何继善、栾恩杰、张寿荣、何镜堂、王安、胡文瑞、杨善林、刘玠等十五位院士，以及来自高校、企业和政府部门的百余位专家学者出席会议。在开幕式上，举行了《工程方法论》首发式，该书是继《工程哲学》、《工程演化论》和《工程哲学》(第 2 版)之后，中国工程院工程管理学部带领国内工程界和哲学界人士完成的又一部学术专著。本次会议的主题是“工程方法论的理论与实践”，与会专家围绕相关话题展开研讨，充分展示了我国工程哲学研究的新进展。

一、工程方法论的基本理论问题研究

自本世纪初工程哲学在我国和西方国家同时兴起以来，我国的工程哲学研究经历了科学技术工程三元论—工程演化论—工程本体论—工程方法论的发展轨迹，已形成比较成熟的理论体系。作为工程哲学通往工程实践的桥梁，工程方法论是近几年研究的热点。

殷瑞钰在主题报告中指出，工程方法论旨在研究各类具体工程方法的共性特征、规律和应遵循的原则，是关于工程方法的总体性认识；工程方法论研究应立足工程本体论，坚持开放、系统和动态的整体论思想；我国工程界急需强化工程方法论意识，提高合理运用工程方法论的自觉性和水平。栾恩杰回顾了钱学森关于系统工程的论述，系统阐述了“系统工程的实践观”，辨析了系统工程和工程系统的区别和联系。沈阳航空航天大学傅畅梅代表陈凡就工程方法和技术方法的异同进行了分析，认为两者在价值目标上具有统一性，但前者更强调适用性和集成性，后者更强调先进性和嵌入性。西安交通大学李永胜代表汪应洛院士阐述了基于工程全生命周期的工程方法论，认为工程活动的每个阶段都有其独特的方法论问题，而各个阶段的工程方法又有统一性。何继善讨论了工程管理方法论的三个层次，认为其核心要件分别是辩证思维、系统工程和项目管理方法，而工程管理是一个螺旋式上升、提高和发展的过程。中国科学院大学王佩琼讨论了工程美学方法，认为工程美是工程装置和设施带给主体的愉悦感受，它源于爱美天性和社会建构。中国科学院大学王大洲讨论了工程的社会评估方法论，认为社会评估具有包容性、建构性和试验性特点，其有效展开需要相关制度条件的配合。中国科学院大学李伯聪阐述了运用工程方法的六项“通用原则”，强调应基于相关理念和制度，确保工程方法的运用原则得以贯彻实行。

二、行业领域中的工程方法论案例研究

工程方法具有突出的行业特征。基于工程实践案例，研究不同行业的工程方法论问题是顺理成章的事情，也是工程哲学作为实践哲学的内在要求。

孙永福探讨了青藏铁路建设工程中的工程与自然之间、工程与社会之间以及工程与人之间的辩证关系，揭示了青藏铁路的规划决策、优化设计、技术创新等方法体系的具体内容。何镜堂分析了建筑设计方法论，认为建筑设计应遵循融贯综合的理念，努力创造出“整体观、可持续发展观，地域性、文化性、时代性”和谐统一的有机整体。王基铭探讨了石化工程建设项目生命周期各阶段的复杂界面关系以及与外部环境的众多接口关系，分析了数字化工厂的功能框架和构建方法。陆佑楣探讨了三峡工程建设中的方法论，他认为决策阶段应坚持科学民主，实施阶段应全方位管理工程投资、进度、质量、安全、环保等要素，而运行阶段则应实施客观公正的工程后评估。中国航天科技集团公司王春河代表王礼恒，阐释了载人航天发展途径综合论证中运用的“从定性到定量综合集成方法”，以及在神舟飞船和空间站总体方案设计中运用的多学科设计优化方法和工程试验方法。首钢集团有限公司张福明探讨了钢铁冶金工程设计方法，认为应从钢铁制造流程动态运行的特征要素、设计方法的路径、能量流网络等方面界定工程设计问题。港珠澳大桥管理局张劲文介绍了港珠澳大桥主体工程的管理实践与创新，提出复杂性工程管理是在目标驱动下“管复杂人、理复杂事”以及处理“人事纠缠”的过程。江苏扬子大桥股份有限公司饶建辉以江阴大桥为例，阐述了大跨度悬索桥的营运与养护方法。交通部交通科学研究院赵正松从需求—价值、施工—品质和管理—平安交通等三个维度讨论了桥梁工程方法论。

三、工程哲学相关问题研究

作为两年一度的全国性学术会议，本次会议像往届一样充分开放。与会学者还就工程教育、工程伦理、工程史及工程哲学基本理论等问题进行了研讨。

工程教育向来是焦点话题，如何将工程哲学的新理念融入工程教育改革很值得关注。中国自然辩证法研究会吴启迪理事长指出，当前我国工程教育应面向“一带一路”倡议，全面更新工程教育理念、学科专业结构、人才培养模式和教育教学体系。华中科技大学余东升揭示了中西工程教育研究传统的差异，呼吁完善我国工程教育研究学科体系。李永胜代表王宏波介绍了西安交通大学工程哲学开课情况，分析了存在的问题并提出了改进思路。西南交通大学肖平分析了当前我国工科学生培养中的人文教育存在的突出问题及成因，并提出了解决思路。西南交通大学刘丽娜以西南交通大学工程伦理课程为例，探讨了如何通过混合式教学模式促进学生深度学习。上海交通大学档案馆刘丽梅以交通大学为例，讨论了苏联专家对新中国高等工程教育模式建立所发挥的作用。

工程伦理问题也是关注较多的话题。傅畅梅认为，只有将价值原则作为工程风险分配的首要原则，才能避免“有组织的不负责任”现象的发生。昆明理工大学欧阳聪泉及其研究生提出，为消除邻壁设施工程风险分配中的不正义现象，需要构建技术正义、保障程序正义、实现实体正义。同济大学贾广社及其研究生从责任主体、创新过程和社会效益等方面，剖析了虹桥综合交通枢纽工程“负责任创新”的实践经验。贵州省水库与生态移民局罗用能与潘军从伦理角度分析了勒索病毒事件，认为工程伦理教育需要终身制。中国科学院自然科学史研究所张志会分析了三峡工程的“污名化”现象及其成因并提出了应对方案。

工程史是工程哲学的基础，工程史与工程哲学的有机结合，一直是我国工程哲学界倡导的理念。中国科协丘亮辉分享了自己早年的冶金史研究经历，告诫年轻人要紧抓一手材料在工程史领域勤奋开垦。上海大学安维复阐述了欧洲中世纪的工程思想并引出若干启示。王大洲的几位研究生分别探讨了武汉国家生物安全实验室、中国地壳运动观测网络、中国大陆科学钻探工程等三个大科学工程的历史。上海交通大学档案馆姜玉平讨论了上个世纪50—60年代我国飞机与导弹的战略定位及其影响因素。

在工程哲学基本理论方面，也有若干报告。绍兴文理学院卢锡雷辨析了工程的内涵并给出了自己的定义。东北大学尹文娟分析了“工程”与“Engineering”互译的不对称问题，试图消除学术讨论中的种种误解。苏州科技大学陈建新解读了我国工程哲学的创立和发展，分析了钱学森的先驱意义。中央党校赵建军及其研究生基于实地调研资料，阐释了用绿色发展理念引领传统村落保护工程。东南大学夏保华提出了“国家协同技术创新”概念，以期反映中国的独特创新经验。西北工业大学张云龙分析了工程时空概念及其理论意义。

四、走向工程哲学的中国学派

经过两天学术讨论，大会顺利闭幕。李伯聪主持闭幕式，殷瑞钰进行了会议总结。他指出，与往届会议相比，此次会议特点鲜明：一是院士出席人数多，参会人员老中青结合，年轻新锐力量迸发，特别是产业界研究力量突起；二是研讨话题丰富，覆盖面很广，理论与实践结合更为紧密；三是坚持问题导向，聚焦热点难点，百家争鸣、百花齐放，提问尖锐、讨论热烈。他认为，中国工程哲学发展具有鲜明特色，不但有很好的组织化基础，而且哲学界和工程界形成了牢固联盟，携手共进；历次全国会议充分展示了富有特色的研究成果，我国的工程哲学研究在世界上称得上中国学派。他强调，工程哲学重在理论联系实际，而可以联系的实践领域是宽广的，应进一步总结各行各业基层单位的实践经验；同时还要加强工程哲学教育，将工程哲学和方法论应用到工程教育之中，甚至成为工科学生培养乃至通识教育的必修课。

全国工程哲学学术会议于2004年首次举办，2005年之后每两年举办一次。第八次全国工程哲学学术会议圆满结束，相信两年之后的会议将更出彩，工程哲学的中国学派也必将得到世人的广泛承认。

会议概况

籍兆源　马宁

(中国科学院大学人文学院)

2017 年 9 月 19 日—20 日，由中国自然辩证法研究会工程哲学专业委员会、中国工程院工程管理学部、中国科学院大学人文学院主办，由苏州太湖书院承办，苏州科技大学教育与公共管理学院、苏州市科学技术协会、江苏乾宝投资集团协办的第八次全国工程哲学学术会议在太湖书院举行。

本次会议汇集了工程界、企业界、哲学界和管理界等相关领域的领导与专家，中国自然辩证法研究会工程哲学专业委员会理事长、中国工程院院士殷瑞钰主持开幕式。中国工程院工程管理学部主任孙永福，中国自然辩证法研究会理事长、中国工程教育认证协会理事长、联合国国际工程教育中心主任吴启迪，太湖书院发起人著名学者龚心瀚，江苏省科协调研宣传部范银宏部长，苏州市文广新局李杰局长，苏州市民政局胡跃忠副局长，苏州市科协张志军副主席等领导出席了开幕式并致辞。中国工程院王基铭、王礼恒、胡文瑞、栾恩杰、傅志寰、陆佑楣、何继善、朱高峰、张寿荣、何镜堂、杨善林、刘玠等十余位院士，以及来自中国科学院大学、西安交通大学、东北大学、东南大学、上海交大、同济大学、国防科大、中央党校、首钢集团、中国科协等全国众多高校、企业和政府部门的百余位专家学者与会研讨。整体、系统、全面地对工程方法论的相关研究进行了交流，主要研究了各类工程方法的共性特征和应该遵循的原则、规律，强化了我国工程界的工程方法论意识，提高了合理运用工程方法论的能力。

在为期两天的会议中，共安排了 19 个大会报告和 43 个分组报告。大会于 9 月 19 日 8：30 开幕，开幕式由中国工程院殷瑞钰院士主持，中国工程院工程管理学部孙永福主任和太湖书院发起人、中宣部原副部长龚心瀚以及苏州市领导分别向大会致辞。随后会议为《工程方法论》新书进行了首发揭幕仪式，孙永福院士和王安院士为新书首发揭幕，高教出版社代表为本书致辞。《工程方法论》一书的出版意味着我国在工程哲学领域，继《工程哲学》(2007 年第一版，2013 年第二版)和《工程演化论》(2010 年)之后，中国工程院工程管理学部带领国内工程界和哲学界人士，历时四年完成的又一部将理论分析与案例研究融为一体的学术专著，本次会议就是对此项研究成果的一次集中检阅。

大会报告的第一单元由傅志寰院士主持。殷瑞钰院士首先以“工程哲学的新进展：工程方法论研究”为主题进行报告，他对工程哲学背景进行了简要介绍，提出工程方法论是以各类具体工程方法为研究对象的、从工程本体论出发的“二阶性”和多视野研究，认为在当前形势下，我国工程界急需强化工程方法论意识，提高合理运用工程方法论的水平和自觉性，这是促进我国工程发展进入一个新阶段的关键要素和环节之一。中国自然辩证法研究会吴启迪理事长在题为“一带一路战略和中国工程教育”的报告中，介绍了中国工程师的历史地位与作用、相关制度沿革和教育发展，认为在当前“一带一路”背景下，中国工程教育正面临着新机遇和新挑战，提出我国应该高度重视工程人才的培养。栾恩杰院士以“系统工程的实践观：学习钱学森院士系统工程论述”为主题，指出钱学森院士是我国系统工程的理论奠基人和实践先行者，钱老在系统工程的概念描述、系统工程的理论深化和系统工程的实践推进上做出了巨大努力和成就，而我们的责任是需要不断完善工程方法论。

大会报告第二单元由栾恩杰院士主持。首先，王春河研究员以“中国载人航天工程的工程方法研究”为主题，论述了中国载人航天工程发展途径的综合论证与方法，核心内容是对神舟飞船总体方案设计与空间站总体方案设计优化，以及神舟飞船空间环境地面模拟试验及方法三个领域方法的运用和分析，并展望了航天技术的未来前景。何镜堂院士在“建筑工程的建筑设计方法”的报告中，以2010年上海世博会中国馆工程为例，讲述了中国特色的建筑工程与建筑设计的原则、思维方法及设计程序与工作方法。孙永福院士以“青藏铁路工程方法研究”为主题，从认识论、方法论视角剖析青藏铁路建设，构建青藏铁路工程方法体系，揭示青藏铁路工程方法价值，为深入开展行业层面的铁路工程方法论研究以及宏观层面的工程方法论研究提供了可资借鉴的宝贵经验。

当日下午，大会报告第三单元由孙永福院士主持，何继善院士以“人不能两次踏进同一条河流”为主题，提出工程都不是简单的重复，而是螺旋式的上升、提高和发展，以进藏铁路和绿色能源为例，指出我们需要用辩证思维看待问题，解决问题。李伯聪教授在题为“关于工程方法的‘通用原则’”的报告中，指出与“规律”的客观性不同，“原则”带有主观的制定性，而工程行业的相关性则适用于“通用原则”，如“硬件、软件、斡件”三件合一的原则等，并形象地把工程师比喻为“带着镣铐的舞蹈家”。李永胜教授以“基于工程全生命周期的工程方法论”为主题，从工程生命周期模型与工程方法论出发，在顺应工程全生命周期进程的方法论角度，诠释了全生命周期方法的统一性。

大会报告第四单元由王安院士主持，首先王基铭院士以“石油化工工程方法案例研究”为主题，讲述了我国石化工程建设工程项目管理的发展历程，论述了石油化工工程建设项目生命周期、工程集成化、数字化工厂等理念，认为当信息化、数字化和集成化等技术与手段构建协同工作平台成为现实，工程建设的质量和效率必将发生革命性地飞跃。张福明总工在题为“钢铁冶金工程设计方法研究与实践”的报告中，从钢铁工业的发展历程与现状讲起，讨论了钢铁冶金工程设计方法发展历程与演进和现代钢铁冶金工程设计方法，提出对钢铁冶金工程方法论的思考。陆佑楣院士以“长江三峡工程方法研究”为主题，讲述了三峡工程的全生命周期包括设想、规划、论证、决策阶段、实施阶段、运行阶段，提出了自己对决策阶段、实施阶段以及运行阶段的方法论体悟。最后张劲文总监就“桥梁工程工业化建设的哲学思维——中国港珠澳大桥主体工程管理实践与创新”这一报告，介绍了港珠澳大桥工程的总体规划、实施策划、管理创新以及对工程的反思；认为工程哲学是实践哲学、工程最基本的认识论和思维原则；一般工程与超级工程相比较，首先体现在管理思想建设的纬度差异上，然后体现在实践上的复杂性降解能力上。

9月20日上午，大会进入分组报告阶段：各小组分别以工程史、工程创新、工程伦理、工程教育、工程美学、工程方法、工程评估等为主题进行报告，并展开了友好并激烈地讨论。通过集中讨论，大家畅所欲言，碰撞出思想的火花。

20日下午，大会报告第五单元由丘亮辉教授主持，傅畅梅教授首先以“工程方法与技术方法的比较”为主题，讲述了两种方法比较的可能性、差异性、统一性以及比较的意义。饶建辉总经理在题为“基于工程哲学思维的大跨悬索桥营运与养护实践”的报告中，通过对江阴大桥养护中的突出问题及相应的工程实践，阐述了工程哲学在桥梁运行和养护过程中的巨大作用。余东升教授在题为“关于加强工程教育研究学科建设的思考”的报告中，介绍了国际工程教育研究：新兴的学科领域，中国的工程教育研究以及《高等工程教育研究》的任务和使命。李永胜教授以“工程哲学教材、教学中的几个问题”为主题，讲述了工程哲学课程对工科学生的启发，以及学生学习工程哲学中产生的一些问题，如工科与文科对哲学学习的要求不同，学生对于必修课与选修课态度不同等问题。

最后，李伯聪教授主持了大会闭幕式，讲道：“有人说工程是应用科学，其实科学也是学术工程”，并提出此次会议如同一部交响曲，而总指挥则是殷瑞钰院士。随后，殷瑞钰院士作了大会总结，高度评价并概括了本次会议：本次会议有 120 多名参会代表，涵盖了老中青三代专家人才，特别是新生力量的“劲发”，给工程哲学带来无限的动力。通过过去的 7 次大会，我们研究的内容从“三元论”到“演化论”再到“本体论”，现在到“方法论”，可以说我国的工程哲学研究已经处于世界领先的位置。这次会议在文化底蕴深厚的苏州召开，汇集了哲学、实践、教育三大领域的 50 余篇论文，从不同视野、层次、维度对工程方法论展开研究，既有理论探索，又有现实意义。同时呼吁教育界应重视工程哲学，要使工程哲学课程进入大学课堂，成为本科教育的必修课。如今，哲学界与工程界联系的领域是宽阔的，涉及设计、施工、建造、运行、生态等各个领域，具有程序化、协同化和功能化的特点，以及时代性、前瞻性和战略性的意义。

会议期间，各位嘉宾饶有兴趣地参观了苏州太湖书院“院士工作室”、“名家藏书馆”、“琴棋书画馆”、“吴越文化馆”、“非遗技艺馆”以及正在举办的“太湖书院·清风文化非遗传承保护合作基地”六位非遗传承人精品联展等。

据悉，工程哲学是以工程为研究对象的新兴哲学学科，主要探讨工程决策、设计、实施和运行过程中的深层理论问题，具有很强的实践导向。全国工程哲学学术会议是由中国自然辩证法研究会工程哲学专业委员会主办的系列研讨会，2004 年首次举办，2005 年之后每两年举办一次，旨在通过工程师与哲学家的对话，共同促进工程哲学的学术发展以及工程哲学与工程实践的有机结合。